科学原来如此

无限寥廓的宇宙

主编　赵君亮

上海科学技术文献出版社

图书在版编目（CIP）数据

无限寥廓的宇宙 / 赵君亮主编．—上海：上海科学技术文献出版社，2011.1
ISBN 978-7-5439-4683-5

Ⅰ．①无… Ⅱ．①赵… Ⅲ．①宇宙—普及读物 Ⅳ．①P159-49

中国版本图书馆 CIP 数据核字（2010）第 263403 号

本书出版得到上海科普创作出版专项资金的资助

责任编辑：张　树
封面设计：周　婧

科学原来如此丛书
无限寥廓的宇宙
主编　赵君亮
出版发行：上海科学技术文献出版社
地　　址：上海市长乐路 746 号
邮政编码：200040
经　　销：全国新华书店
制　　版：南京理工排版校对有限公司
印　　刷：常熟市华顺印刷有限公司
开　　本：787×1092　1/16
印　　张：15.25
字　　数：304 000
版　　次：2014 年 4 月第 3 次印刷
书　　号：ISBN 978-7-5439-4683-5
定　　价：30.00 元
http://www.sstlp.com

《科学原来如此》丛书编写工作委员会

《科学原来如此》丛书编辑工作委员会

《**科学原来如此**·无限寥廓的宇宙》分册编委会

主　编：赵君亮

编　委：王家骥　陈　力　林　清　赵君亮　傅承启

（以姓氏笔画为顺）

前言

“宇宙之大，无奇不有”。自古以来，日月星辰和它们所表现出的种种奇异天象一直吸引着人们的注意，并由此诞生了许多神话故事和美丽的诗篇，而天文学便是由人类对宇宙中天体的这种好奇心和探索精神孕育、发展起来的。日月食的发生有什么规律，如何准确预报？陨星和拖着长尾巴的彗星是否会对地球和人类造成严重威胁？太阳是怎样诞生的，有朝一日它会爆炸吗？超新星爆发是怎么一回事，从中我们能学到些什么？外星人能否存在，存在于何处，他们会不会比人更聪明，我们能和他们取得联系吗？宇宙是如何形成和演化的，它在未来又会有什么样的归宿？等等这类引人入胜的问题便构成了天文学的研究方向，它们有的已经解决或者基本上得以解决，有的并没有完全弄清楚或者还很不清楚，而对有些问题的研究还只是刚刚开始。正因为如此，类星体、黑洞、引力波、暗物质、暗能量等等新名词不断涌现，并日益为广大公众所熟知，以至引用。

本书编写的目的是要向读者概要而又比较全面地介绍近代天文学的一些主要内容。天文学是一门自然科学，它有着极为漫长的发展史和丰富的内涵。今天，天文学已经与物理学、数学、化学、地球科学、生物学以及高新技术紧密地联系在一起，这给通俗易懂地编写本书带来了一定的困难。另一方面，探索宇宙无疑是一门非常有趣的学问，重大天象（如日全食、彗木相撞等）的出现往往会引起全人类的兴趣和关注，而空间时代的到来更使天文学从纯粹的观测科学逐步向实验科学发展，这就为本书注入了大量日新月异的内容，从而对作者提出了更高的要求。

为了使读者能由浅入深、由近及远地取得对天文学一些重要问题的认识，本书内容的编排原则是，从人类所居住的地球出发，依次涉及月球、行星、彗星、小行星、流星、卫星、太阳、恒星、银河系、星系和宇宙，其间插入一些重要的相关知识、历史掌故、最新成就和公众普遍感兴趣的问题。尽管参与本书编写的几位作者有着比较丰富的科普创作经历，要想在“原来如此”的框架下，把天文学的基础知识、历史沿革、重大发现、天文学家的主要贡献，以及通过空间探测所取得的最新成果，以尽可能通俗的语言向读者逐一介绍是颇为不易的。天文学的内容太丰富了，本书自然不可能囊括其全部要点。我们谨希望在阅读本书之后,读者能窥一斑而略知全豹,他们的一些疑难和关心的问题能得以释然,或者能为他们进一步了解天文学打下一定的基础。如果有一部分读者,特别是年轻读者,因阅读本书而成为天文爱好者,以至于立志将来从事天文学工作,那不啻是我们之奢望了。

赵君亮

目　录

地球形状及其圈层结构

提出地球是球形这一概念最早可追溯至公元前五六世纪。不过，当时希腊毕达哥拉斯学派的哲学家们只是从球形最为完美这一观念出发而产生这种看法的，并没有科学根据。五百多年后，亚里士多德注意到月食时月球上地球的影子是一个圆，首次以科学的观点论证了地球是一个球体。

人们早就试图通过实测的方法来确定地球的大小。公元前3世纪，古希腊地理学家埃拉托斯特尼成功地用三角测量方法测得了阿斯旺和亚历山大城之间的子午线长度。中国唐朝开元十二年起，在著名天文学家、佛学家张遂(即一行)的指导下，由南宫说率领的测量队在河南省平原地区进行了类似的工作。从这类测量的结果，不难推算出地球的半径，即地球的大小。

通常我们可以说地球是一个半径约为6 400千米的球体，这是对地球形状最粗略的描述。比较严格地说，地球应该是一个扁椭球体，赤道半径约为6 378千米，两极方向略微扁一些，极半径比赤道半径约短21千米。地球的这种形状是由地球诞生初期的状态所决定的，其中一个重要因素是地球有自转。一个有自转的物体，只要它不是理想的刚体，那么经过或长或短的一段时间后，最终必然形成扁椭球体。说得更严格一点，地球的赤道也是一个椭圆，这样地球就是一个三轴椭球体。不仅如此，精确的大地测量表明，地球的南北半球并不是对称的，南极向外凸出约10米，北极向内凹进约30米。正因为如此，有人说地球具有梨状的外形，这个“梨子”的端部就在地球的北极。

固体地球大体上可以分为地壳、地幔和地核三部分，其间有两个间断面。位于地表以下平均约30多千米处的是莫霍洛维奇间断面，简称莫霍面。在地表以下约2 900千米处的是谷登堡—维舍特间断面。莫霍面以上是地壳，其厚度在大陆部分为数十千米，在大洋底部只有几千米，岩石的成分有花岗岩等。莫霍面和谷登堡—维舍特间断面之间的是地幔。地幔的厚度约有2 800千米，根据所含矿物成分的不同又可分为上地幔和下地幔，其中深度1 000千米以上部分为上地幔，以下部分为下地幔。地幔物质的主要成分可能与橄榄岩相类似。地核的半径约为3 480千米，其中外核是一种液态圈层，厚度为2 200千米，而固态内核的半径约为

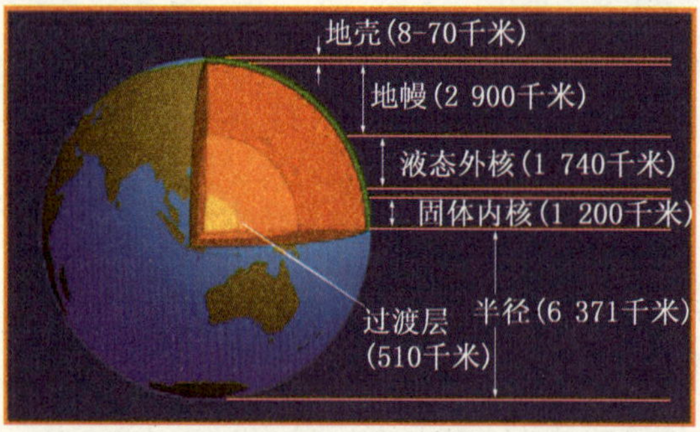

地球内部结构示意图

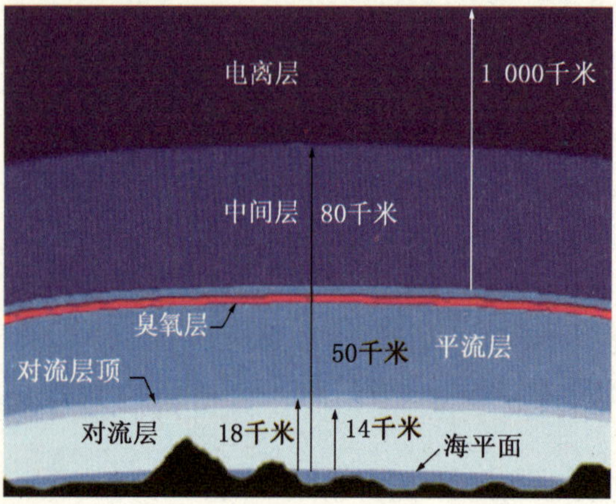

地球大气

1 280 千米。地核主要由铁和镍等金属物质构成。迄今为止,有关几千米以下的地球深层结构,都是通过对地震波传播规律的研究间接推测出来的。

地球除了海洋以及固体部分以外,周围还有一层厚厚的空气,称为大气层。地球表面附近的空气密度比较高,离开地面越远空气的密度越低,通常所说的标准大气压就是指海平面附近空气的压强。严格来说,大气层没有明确的边界,不过一般认为大气层的厚度约为 1 000 千米左右。大气层下部的 8～18 千米高度带称为对流层,具体情况随纬度、季节以及其他一些条件而异。总体上说,赤道地区对流层最厚,两极上空对流层最薄。在对流层中,大气对流运动显著,温度随高度的增加而迅速下降。对流层以上到约 50 千米高度处是平流层,大气主要是平流运动。在平流层中,大气的温度变化不大,随高度的增加只是略微上升,故又称同温层。臭氧层位于平流层的顶部。离地面 50～85 千米的一层称为中间层,温度随高度的增加而下降,最高处降为 −80 ℃。再往上就是电离层,电离层是以上诸层中最厚的一层。从温度变化来说,85 千米以上称为热层,温度随高度的增加而上升,最高处(高度 500 千米)可达 1 100 ℃左右。

总的来说,从地核深处到大气层,地球表现为一种圈层结构。最外面的是大气层,称为大气圈。地幔上部有一个厚度约为 200 千米的区域,其中的固态物质中混有少量液态物质,这一区域称为软流圈。软流圈以上的地幔连同地壳并称为岩石圈,厚度约为 100 千米。地球表面上由海水和陆地水组成的系统称为水圈,其中海水占总量的 97.3%,而大气中的水蒸气仅占 0.001%,水圈的形成已有 30 亿年的历史。地球上的各种生态系统,包括动物、植物、微生物等等,也构成了一个连续的圈层,称为生物圈。生物圈中的各种生物在地球上生活、繁衍、进化,从而使我们的地球变得生机勃勃、绚丽多彩。

(赵君亮)

地球上一天长度的变化

如果有人告诉你，地球上每一天的长度并不是严格相同的，你也许会感到惊讶或者不可思议。然而，事实的确如此，地球上一天的长度（日长）并不是恒定不变的，而是有着微小的变化，造成这种日长变化的原因是地球自转速度的不均匀性。1979 年 12 月 27 日，英国皇家格林尼治天文台曾宣布，1980 年的到来将迟 1 秒，或者说 1979 年的最后 1 分钟有 61 秒，而不是通常的 60 秒！为了说明这个问题，我们得从时间的定义谈起。

在天文学上和日常生活中，规定以地球自转一周所经历的时间为 1 天。为了使用上的方便，又把 1 天等分为 24 小时，1 小时等分为 60 分，1 分再等分为 60 秒。因此，决定昼夜变化规律的地球自转周期成为最基本的时间计量依据，这一方面是因为日常生活和工作的需要，另一方面在于长期以来人们认为地球自转是非常均匀的，相当于一台质量非常好的时钟，可以用来计量时间的流程。在天文学上，这种以地球自转为基础的时间计量系统称为世界时，并为世界各国所采用。

20 世纪以来，随着观测技术的进步和观测精度的提高，天文学家确认地球自转速度是不均匀的。这一重要发现动摇了以地球自转作为时间计量基准的传统概念，世界时的地位出现了问题。

地球自转速度有三种变化，即长期变慢、不规则变化和周期变化。地球自转的长期减慢使日长在每 100 年内大约增长 1～2 毫秒（1 秒＝1 000 毫秒），两千年来的累积效应是使以地球自转周期为基准所计量的时间慢了两个多小时。

所谓不规则变化是指地球自转速度除了有长期减慢的趋势外，有时会转得快一些，有时又会转得慢一些。

地球自转速度的周期性变化有多种成分。20 世纪 30 年代发现季节性变化，这种变化主要由太阳的潮汐作用引起。此外还有一些更短周期（主要是 1 个月和半个月）的变化，幅度只有 1 毫秒左右，主要起因于月球的潮汐作用。

鉴于地球自转速度存在上述变化，在今天用世界时系统来计量时间就显得不够精确、不够均匀了。1958 年国际天文学联合会决定，从 1960 年起采用历书时来取代世界时。所谓历书时是以地球公转运动周期（回归年)为基准,定义回归年长度(365.242 2 日)的 1/31 556 925.974 7 为一秒,称为历书秒,而 86 400 历书秒为 1 天。1967 年国际计量委员会进一步决定,以更均匀的原子时来代替历书时。

现在,新的问题又来了。尽管历书时或原子时系统的一天长度,要比世界时系统中一天的长度更为稳定,但人们的生活规律却必须纳入世界时系统,这是因为决定昼夜变化规律的是世界时,而不是历书时或原子时。要是不考虑这一点,经过一段时间后,历书时或原子时系统总的时间长度就会与世界时系统中同样秒数的时间长度相差 1 秒,两种时间系统中的时刻就会不同步,而这种差异的长期累积是不容许的。为了解决这一矛盾,国际计量局统一规定,自 1972 年起,在每年年底或年中,对世界时增加或减去 1 秒,以平衡因地球自转不均匀性所造成的日长变化,这 1 秒称为闰秒。闰秒由原子钟算出,如果与原子时系统比较,世界时时刻相对落后,则需要添加闰秒,以保证两种时间系统中时刻之间的同步,差异不超过 1 秒。

1972 年以后,到 1999 年之前世界时已添加了 22 次闰秒。然而,观测表明,长期以来一直呈减慢趋势的地球自转速度自 1999 年起开始加快,因而到 2003 年世界时已经连续 5 年没有添加闰秒了。

(赵君亮)

证明地球自转

一、牙签法

先用一只脸盆装满水,放在水平且不易振动的地方,待水静止后,轻轻放下一根木质细牙签,并在牙签的一端做一个记号,记住牙签的位置,过几个小时后(最好在 10 个小时以上),再去看时你就会发现,牙签已经转动了一定角度,看起来好像是牙签在转动,其实它并没有转动,而是地球在转动。在北半球,牙签作顺时针转动,因为地球自转在北半球看起来是逆时针方向的。南半球则与北半球相反。

二、炮弹法

地球时刻不停地自转,地面上水平运动的物体,必然相对地发生持续的右偏(北半球)或左偏(南半球)。根据这种现象,人们分析射出的炮弹运动的方向,就能证明地球在自转。

三、重力加速度法

地球在时刻不停地自转,由于惯性离心力的作用,地面的重力加速度必然是赤道最小,两极最大;地球不可能是正球体,而必然是赤道略鼓,两极略扁的旋转椭球体。重力测量和弧度测量的结果,证实了这些观点的正确性,也就从一个侧面证实了地球的自转。

人的重量因地而变

你也许看到过这样的镜头:宇航员在月球表面上行走,但他们的行走方式有点古怪,不是像地球上正常人的步行,而是有点像在跳跃式地前进。由于人到了月球表面,体重减少为地球上的 1/6,人的感觉有点"飘飘然",步子也就变得不稳了。理论上说,如果你在地球上能够跳过 1.2 米的高度,那么在月球上你就可以跳过 7.2 米高的两层楼房。

质量和重量是两个不同的概念。质量 m 是物质的一种固有属性,一个物体 A 的质量是指该物体中所包含物质的数量。重量则是对物体 A 在另一个很大的物体 B(如地球、月球等)上所受作用力大小的一种量度,一般情况下主要的作用力是物体 B 对物体 A 的万有引力。如果我们先来考虑地球这样的大物体,那么由于它有自转,地球上所有的物体除了受到地球引力 F 的作用外,还会受到因自转引起的离心力 f 的作用。因此,物体 A 的重量 G 可以用 F 和 f 的合力来量度,而物体重量的大小就与它所受到的引力和离心力的大小有关。对于有自转的天体来说,由于离心力的存在,物体所受到的重力(重量)总是小于或等于它所受到的引力。

根据牛顿定律,引力 $F = mg$,其中 m 是物体的质量,在地球上 g 就是地球的重力加速度。在地面以上,g 的数值取决于地球的质量 M 和物体 A 到地球中心的距离 r,距离越远,g 的数值越小。另一方面,离心力 f 的大小与物体 A 所在的纬度 φ 有关,赤道上的离心力最大,纬度越高离心力越小,在地球的两极离心力为零。

从上面的讨论我们不难知道,质量为 m 的一个物体 A,它的重量并不是固定不变的,而是与大物体 B(这里是地球)的质量 M、物体 A 到地心的距离 r 以及物体 A 所在的纬度 φ 有关。地球的形状大致是一个扁的旋转椭球体,因此地面上不同纬度处的物体到地心的距离也是不同的,纬度越高物体到地心的距离越小。综合以上因素可知,在地球上,离地球表面越远,物体的重量越小;另一方面,纬度越高,物体的重量越大。特别有趣的是,在地球中心,由于物体所受到的来自地球各部分物质的引力作用互相抵消,离心力也不存在,所以不管物体的质量有多大,重量总是为零。

现在我们来看月球。月球质量约等于地球质量的 1/81.3,月球半径约为地球半径的 3/11,因此月球表面的重力加速度(1.62 米/秒^2)只有地

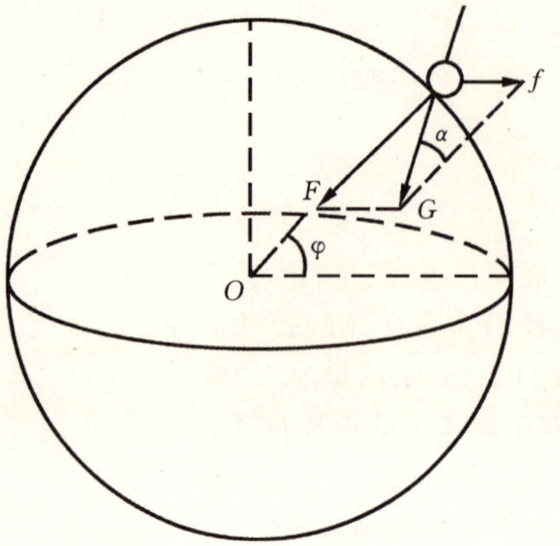

重力 G 与引力 F 和离心力 f 之间的关系示意图

球表面重力加速度(9.8 米/秒^2)的 1/6。由于月球的自转速度很慢,离心力的影响可以忽略不计。因此月球上宇航员的体重只有他在地球上体重的 1/6。于是,已经长期习惯于在地球上活动的宇航员,一旦到了月球上便会有一种轻飘飘的感觉,走起来就像是在一跳一跳地前进。

太阳的质量是地球质量的 33 万倍,太阳半径为地球半径的 109 倍,太阳表面的重力加速度是 274 米/秒^2,约为地球表面重力加速度的 28 倍。如果我们暂不考虑太阳的高温,那么一个体重 60 千克的人,到了太阳表面体重便增加到接近 1 680 千克! 人会因自身体重所累而寸步难行,甚至动弹不得。

大质量恒星到晚期会变成中子星。中子星是一种致密的奇异天体,其质量可能超过太阳质量,而半径却只有 10 千米左右,密度高达每立方厘米 $10^8 \sim 10^9$ 吨,比白矮星密度高出一亿倍。简单的计算表明,中子星表面的重力加速度为 1.2×10^{12} 米/秒^2,是白矮星表面重力加速度的 40 万倍,约为地球表面重力加速度的 1 300 多亿倍。60 千克体重的人在那儿就会重达 80 亿吨,简直令人匪夷所思!

不但地球,宇宙中的各类天体大多有自转运动,这样就必然存在离心力,也会影响到物体的重量。离心力的大小与大物体的自转角速度的平方成正比。有一类中子星的自转速度很快,可达每秒转动 1 000 周。对于这种快速自转的中子星来说,赤道上的离心加速度可达 4×10^{11} 米/秒^2,约为重力加速度的 1/3。这就是说,体重 60 千克的人在这样一颗快速自转中子星赤道表面上的实际重量应为 $80(1 - 1/3) \approx 53.3$ 亿吨。

物体的质量不会因物体所处的地点和条件的不同而发生改变。现在,你可以明白质量和重量这两个概念有多大的不同了吧。

(赵君亮)

投票决定地球上的经度起算点

现在，谁都知道地理经度是以通过英国格林尼治(Greenwich)天文台原址的本初子午线起算的。为了确定这个起点，人类着实费了一番周折。

地球上一个地方的经度值与经度的起算点有关，起算点不同，同一地方的经度值也不同，通过起算点的经度线称为本初子午线。要画出一张世界地图，首先必须确定本初子午线的位置，然后世界各国的地理位置才能相应地定下来。因此，具有国际性的本初子午线如何确定，必须为世界各国所公认。否则的话，如果不同国家各有自己的“本初子午线”，那么必然会造成很大的混乱和麻烦。

最早，古希腊天文学家喜帕恰斯用他进行天文观测的地点——爱琴海上的罗德岛作为经度起算点；而托勒密则用幸运岛为起算点，幸运岛即现今的加纳利群岛，位于大西洋中非洲的西北海岸附近。当时认为这就是世界的西部边缘，对于把地球当作一大块平地的人们来说，这就是世界的起点。

到中世纪时，各个国家更是我行我素，通常都各自选择首都或主要天文台作为本初子午线通过的地方。航海家们则另搞一套，他们往往采用某一航线的出发点作为经度起始点，因而就有“好望角东26°32′”这一类的表示法，今天来看这当然是很可笑的。直到18世纪初，大部分海图的原点仍取决于绘制出版这张图的国家所定的原点。在法国，甚至在同一张图上会出现多种距离比例尺，真是

在格林尼治天文台观测室门口脚踏东西两半球摄影留念

混乱不堪。

1767 年,根据格林尼治天文台提供的观测数据所绘制的英国航海历出版了。这时,英国已经取代西班牙和荷兰等国而成为头号海上强国,英国出版的航海历自然也广为流传,并为其他国家所仿效。这意味着,格林尼治已开始成为许多海图和地图的本初子午线。1850 年,美国政府决定在航海中采用格林尼治子午线作为本初子午线。1853 年,俄国海军大臣宣布,不再使用专门为俄国制订的航海历,而代之以格林尼治为本初子午线的航海历。这些决定为后来本初子午线的最终确定打下了基础。

1883 年,在罗马召开第七届国际大地测量会议,会议考虑到当时 90%的航海家已根据格林尼治来计算经度,因而建议各国政府应采用格林尼治子午线作为本初子午线。会议同时还提出,当全世界这样做的时候,英国应该把英制改为米制(公制)。拿格林尼治作本初子午线,来交换让英国改用米制,这里似乎还有一笔交易!

问题直到 1884 年才得以最后解决。那一年的 10 月 1 日,在美国的发起下,于华盛顿召开了国际子午会议。10 月 23 日,大会以 22 票赞成,1 票(多米尼加)反对,2 票(法国和巴西)弃权,通过了一项决议,向全世界各国政府正式建议,采用经过格林尼治天文台子午仪中心的子午线作为经度计算起点的本初子午线。这次大会的决议还详细规定,经度从本初子午线起,向东西两边计算,从 0°到 180°,向东为正,向西为负。这一建议后来为世界各国所采纳,而且也是今天我们用来计算经度的基本原则。

1953 年,格林尼治天文台迁移到东经 0°20′25″的地方,但全球的经度仍然以位于伦敦附近的格林尼治天文台原址为零点来计算。现在那里有一间专门的房间,里面妥善保存着一台子午仪,在它的基座上刻着一条垂直线,那就是本初子午线。房间大门的上方和门口的地面上同样也刻有标志本初子午线的白色直线,许多旅游者都要站在这间房间的门口摄影留念。日后,他们会向亲朋好友们夸耀说:你们看,我的两条腿分别站在东西两半球上!可惜的是,大名鼎鼎的格林尼治天文台几经搬迁,最后搬到了著名学府所在地剑桥,并且令人惋惜地寿终正寝:英国政府因某种原因居然把格林尼治天文台撤销了。

(赵君亮)

如果地球自转轴与地球公转轨道面垂直

现在我们都知道,由于地球绕着太阳作公转运动,周期是一年,而地球的自转轴又与公转轨道平面(黄道面)交 66°33′角,或者说地球赤道面与黄道面交 23°27′角(称为黄赤交角),因而地球上同一地点在不同日期所接受到的太阳光的能量是不同的,于是便造成了一年中四季气候的变化和交替。实际上,如果撇开局部性气候条件的影响,那么总的来说地球上只有在中纬度(温带)地区才会表现出明显的四季变化,赤道附近一年四季总是非常炎热,而两极地区则终年冰天雪地。

地球自转轴倾斜的另一个效应是不同纬度地区在不同季节昼夜长度的变化。以北半球为例,夏天越往北方(即纬度越高),白天越长而夜晚越短,在北极圈以内的地方有些日子会出现白夜现象,且纬度越高出现白夜的天数越多。冬天的情况相反,纬度越高白天越短,黑夜越长。极端情况出现在北极,一年中半年是白天,半年为黑夜。南半球昼夜长度的变化规律与北半球恰好相反。

那么,如果我们地球的自转轴与公转轨道平面相垂直,即黄赤交角为零,又会出现什么样的情况呢?这可是一个非常有趣的问题。

首先,地球上任何纬度的地方,一年 365 日天天昼夜近乎平分,只是因为大气折射的原因使太阳的位置略微抬高,白天比夜晚会略长一些。北半球夏季昼长夜短、冬季昼短夜长的现象不见了,北极圈以内不会出现白夜现象,即使在两极地区也是如此。

黄赤交角为零的另一个重要效应是,对地球上的任何一个地方来说,都不会出现有规律的春夏秋冬四季气候变化。在同纬度地区,全年气候不会有明显的变化。赤道附近白天终年烈日当头照,天气会变得更为炎热。两极地区太阳总是位于地平线附近,冰天雪地的景观全年不变,冰山会比现在难以融化。在上海这样的中纬度地区,一年 365 天的天气状态大体上保持不变,差不多就像现在的春秋天一样,你也许会因此而感到非常舒服。

不过,上面讨论的是全球性的天气状况,而局部环境的影响还是存在的。比如,在同样日照条件下,大陆和海洋对热量的吸收和释放情况会有较大的不同,大陆性气候和海洋性气候在昼夜温度变化和湿度上的差异仍然会存在。还有,尽管对某个地方来说全年的气温变化会变得不太

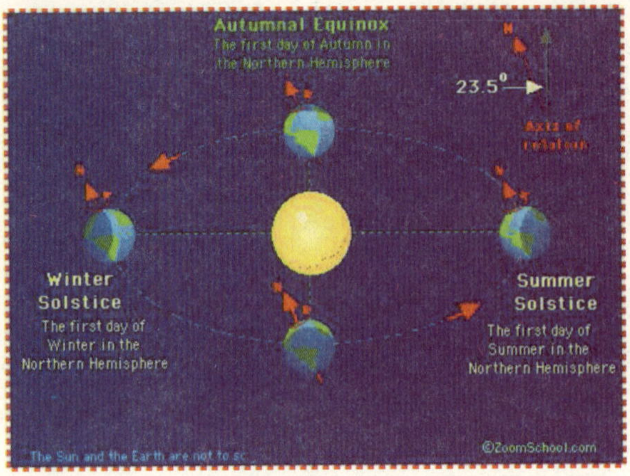

地球的自转和公转

明显，但不同纬度地区的差异仍然存在，或者说全球仍可以划分为热带、温带和寒带。因此，对中国来说，北方冷空气仍然会不时南下而影响到南方地区，但这种影响可能没有现在这么强烈。

动物和植物又会怎么样呢？目前地球上各种生物物种都是长期进化的结果，大环境气候条件的不同，必然会影响到物种的进化。一旦同一地点在不同时间寒暑变化基本消失，就不会有需要冬眠或者迁徙的动物，习惯在寒冷地区生活的北极熊和企鹅应该还是会有的，深海生物不会有太多的变化，但候鸟和洄游鱼类也许便不复存在。尽管如此，我们仍不能肯定现在生长在地球生物圈内物种极为丰富、五光十色的动植物世界，是否会因此而变得略微逊色。

上面的讨论当然不可能是完整的，地球也决不会出现这样的巨大变化。但是外星世界又会怎样呢？在有关外星人的种种讨论中，人们对能够通过进化生成外星人的行星设想了各种必要的条件，但迄今为止还没有考虑到，是否必须要求行星的自转轴与它的公转轨道平面不相互垂直，四季交替、气候有规律变化是诞生高等智慧生物的必要条件吗？这个问题只有让后人来回答了。

（赵君亮）

认北极星，感受地球自转、公转

找一个晴朗的晚上，找到北极星，并记录大熊座（或仙后座）相对北极星的方向。此后每隔一小时观测一次，你会发现这两个星座每隔一小时都转过 15 度的角度，原来这是地球自转的结果。

如果做定时长期观测，你会发现每天大熊座（或仙后座）的位置都有所不同。假如你在 20 点定时观测，第一次先找到北极星并记录大熊座（或仙后座）相对北极星的方向，以后每隔 15 天在 20 点观测一次，就会发现这个星座每隔 15 天都转过 15 度角度，这是地球公转的结果。地球每年绕太阳自西向东公转一周即 360 度，平均每天大约转过 1 度。我们就看到大熊座（或仙后座）绕北极星每天向相反的方向转过 1 度，一年后在 20 点你再观测时这个星座又回到了第一次记录的位置。

小天体撞击地球

地球发展史的撞击灾变说

地球的年龄大约是46亿年。关于地球形成后的演变史，有均变说和灾变说两种不同的观点。均变说认为一切地质变化都可以用诸如侵蚀、沉积、火山爆发等我们熟知的物理和化学作用来解释，并把地球作为孤立存在的世界来讨论它的演变史。灾变说则认为外部天体的撞击作用是决不能忽略的，甚至对地球史起着某种决定性的作用。19世纪早期灾变说曾经一度盛行，后来均变说渐占上风，到19世纪中期灾变说在科学界已销声匿迹。当时灾变说不受重视的最主要原因是人们习惯于从地球本身来寻找生物灭绝及大陆漂移等现象。

20世纪60年代前后灾变说重新受到重视。1980年美国人明确提出，白垩纪和第三纪地层的截然分界是由于一颗10千米直径的小行星以每秒40千米的速度猛烈撞击地球而造成的：这一事件的威力足以使地球上的生物和地质环境变得面目全非，造成全球性的灾变。撞击事件的发生有两种可能，即撞上陆地或击中海洋。须知，这样一次撞击所释放的能量相当于地球上每平方千米爆炸一颗氢弹！

恐龙灭绝想象图

陆地撞击灾变效应的相当一部分来自剧烈的大气扰动。小行星以超声速进入大气层时会形成激波，紧靠激波前沿后部的空气受到高度压缩而使局部空气的温度和压力急剧上升，全球的平均风速可达每小时1 500千米，空气温度升高到43 ℃。随着撞击而产生的灰和蒸汽会带着250 ℃的温度高高抛起，这对于一切生物都意味着死神的来临。陆地撞击发生时，在几分钟内会形成一个直径约为200千米的巨坑，同时抛出大约10万立方千米的物质，其中有许多以细尘形式出现，并很快传播到地球的各个角落。这块厚厚的尘埃幕布使阳光无法到达地面，时间可长达2～3年，期间植物由于无法进行光合作用而大批死亡，并威胁到动物的生存。同时，高温抛出物通过一系列化学反应使大气中的臭氧层被破坏殆尽，一旦尘埃幕布消失后，地球表面便直接裸露在太阳紫外线的暴晒之

下，其强度对生物是致命的。还有，伴随着撞击事件的是一场全球性的特大地震，并引起大规模的灾变。

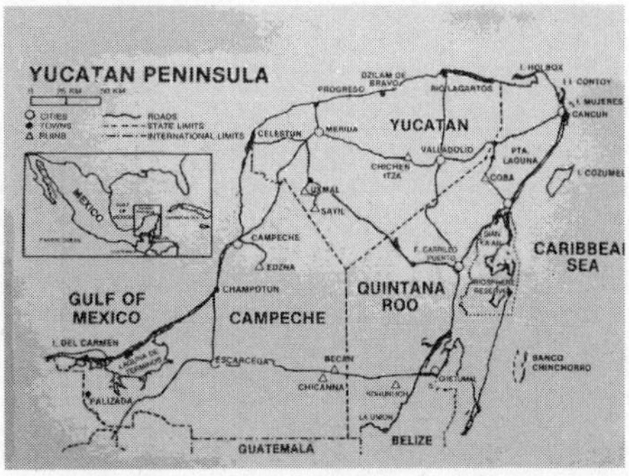

墨西哥尤卡坦半岛的位置

小行星冲入海洋的可能性要比撞上陆地更大些。直径 10 千米小行星的一次撞击可以在海底生成直径为 500～1 000 千米的巨坑，其形成过程可能长达 1 小时。出事地点会产生高达数千米的超级巨浪，即使距撞击点 1 000 千米以外的地方浪高仍有 500 米。滔滔巨浪最终会到达大陆架或浅海部分，那时大浪再度涌起，浪高可增大 10 倍，而数千米高的海浪涌上陆地时将会荡平一切。同时，地核的内部流动会受到强烈的干扰，使地磁场发生剧烈的扰动，并引起各类生物的大批死亡。另一方面，原来缓慢进行中的大陆漂移会因撞击而受到极大的干扰，结果引起大幅度板块运动，地壳会出现几十千米宽的大裂缝，造山运动十分剧烈，火山普遍爆发。一旦重新平息之时，地球表面的生物学和物理学环境已面目全非。

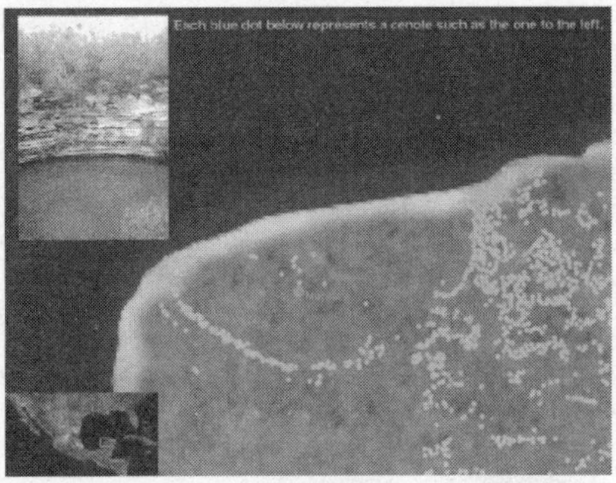

尤卡坦半岛的撞击坑

古生物学研究表明，地球上生命的发展并不是一种平稳演变，化石记录所揭示的是在这一过程中穿插着一些短时标事件，大量的物种几乎在同一时间段内突然消失，而后又诞生出一些新形式的生物。白垩纪末期，最著名的大规模生物灭绝事件发生在 6 500 万年前的白垩纪末，曾经在地球上生存了 1.7 亿年之久的恐龙以及其他一些大型爬行动物突然销声匿迹，凡是体重超过 25 千克的陆地脊椎动物统统都没有活下来。用小天体撞击事件来解释这种生物的大规模灭绝是十分自然的，在过去的几亿年内，这种撞击可能发生过 6～7 次，而同一时期内也出现了同样数目的全球性生物灭绝事件。

1980 年以来，地质学家们一直不停地在地球上到处奔波，试图找到直径 200 千米左右的撞击坑，并用以证明小天体撞击事件的发生。经过学者们的辛勤工作和百折不挠的努力，终于在墨西哥尤卡坦半岛海岸下找到了这个深埋着的大环形地貌，直径 180 千米。在那里，人们发现了含有玻璃陨体和冲击石英颗粒的岩石碎片，这类物质只能在猛烈的撞击作用下才能形成，而且地质年龄与恐龙灭绝的时间相符，灾变说取得了实证。

（赵君亮）

月球的诞生

月球是怎样形成的？这是一个十分古老的问题，从 18 世纪以来，许多科学家曾提出了各种各样的月球起源学说。把这些学说归纳起来，可以分为三类，即同源说、分裂说和俘获说。

月球的起源：(上)分裂说，(中)俘获说，(下)同源说

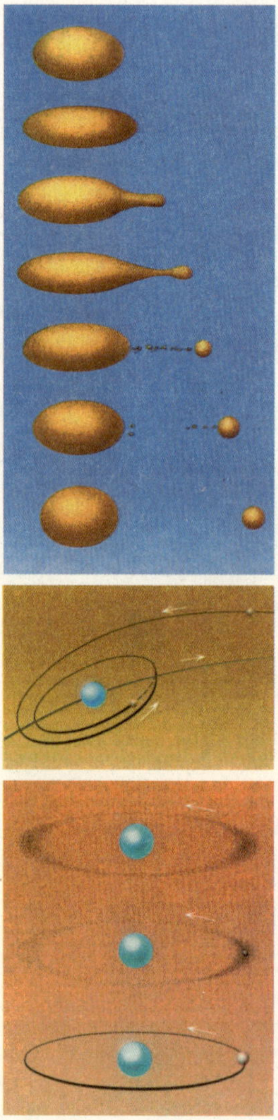

同源说是最早出现的一种月球起源学说，主张月球和地球具有相同的起源，认为月球和地球都是同一团弥漫物质形成的，这团弥漫物质的大部分形成地球，小部分形成月球。按照这种理论，地球的年龄和月球的年龄应该不相上下。在“阿波罗”登月以后，对月岩标本的年代测定结果证明，月球形成时间和地球形成时间相同。在这一点上，同源说获得了支持，但它无法解释为什么地球和月球的组成成分以至平均密度却有显著差异。

“进化论”创始人达尔文的儿子乔治·达尔文在 1879 年提出，月球在形成之前是地球的一部分。在太阳系形成初期，地球还处于熔融状态，转速相当高，以致有一部分物质被从赤道区甩了出去。后来，这部分物质演变成为今天的月球，而太平洋就是月球分裂出去后留下的疤痕。支持者们认为，分裂出去的是密度相对较小的上地幔物质，因此月球的密度与地壳接近也就合理了。然而，在这种情况下月球的轨道应该位于地球的赤道面上，事实上却是靠近地球的公转轨道面。另外，研究证明熔融状态的地球根本不可能分出去一部分物质。

1942 年瑞典天文学家阿尔文提出了“俘获说”，他认为月球和地球是在不同的地方形成的，一次偶然的机会，地球把运行到附近的月球俘获，成为自己的卫星。这种学说能很好地说明地球和月球在物质组成上的差异，而且太阳系中其他大行星的卫星的确有相当一部分是俘获的小行星，不过那些卫星全都很小，而月球实在太大了，在太阳系中像这么大的天体是非常稀少的，另外天体大了惯性也大，捕捉就更难，地球要俘获如此之大的一个天体是很难想象的。

大碰撞学说就是在上述这些学说遇到困难的背景下提出来的。这种学说的创始人是美国人哈特曼和戴维斯，他们的学说最早发表于 1975 年，其基础是关于太阳系大行星形成的“星

子学说”。

星子学说认为，大行星是在太阳系诞生的初期从环绕太阳转动的气体、尘埃云中在引力作用下聚结形成的。最先形成的是一些较小的团块，称为星子。小的星子逐步聚结成越来越大的星子，最后成为今天这样的大行星。在这样的背景下，在地球刚形成的初期，遭到一颗如火星般大的星子撞击，是完全可能发生的事情。

大碰撞学说能解释月球的平均密度为什么明显比地球的平均密度低。地球拥有一个巨大的铁质地核，但月球却没有。这是因为在大碰撞发生的时候，撞击的方向并不是朝向中心，而是偏向一侧。那时的地球尚处在熔融状态，比重大的铁质已沉到中心形成地核，浅层是由含铁量较少的熔岩构成的地幔，从地球上撞出去的正是这类比重较小的物质。

2001 年，美国西南研究学院的卡内普和加利福尼亚大学的阿斯福格在《自然》杂志上发表了他们重新用计算机模拟月球在大碰撞中诞生过程的结果。他们把地球和那颗“来撞天体”细分为 20 000 多个单元，就 30 种可能发生的情况，专门进行计算。他们的计算表明，一颗火星那样大小的来撞天体与地球之间的一次侧面冲撞，“似乎正好能把那么多质量的物质撞到绕地球转动的轨道上去”。

当然，即便是大碰撞学说，也没有能彻底解决月球的起源问题。美国行星科学家史蒂文森说，它是个最好的学说，然而关于这一话题的讨论不会就这样结束。未来新的月球探测将有可能进一步探明月球的组成成分，应该能为解决它的起源问题提供新的线索。

（王家骥）

月球在一次大碰撞中诞生

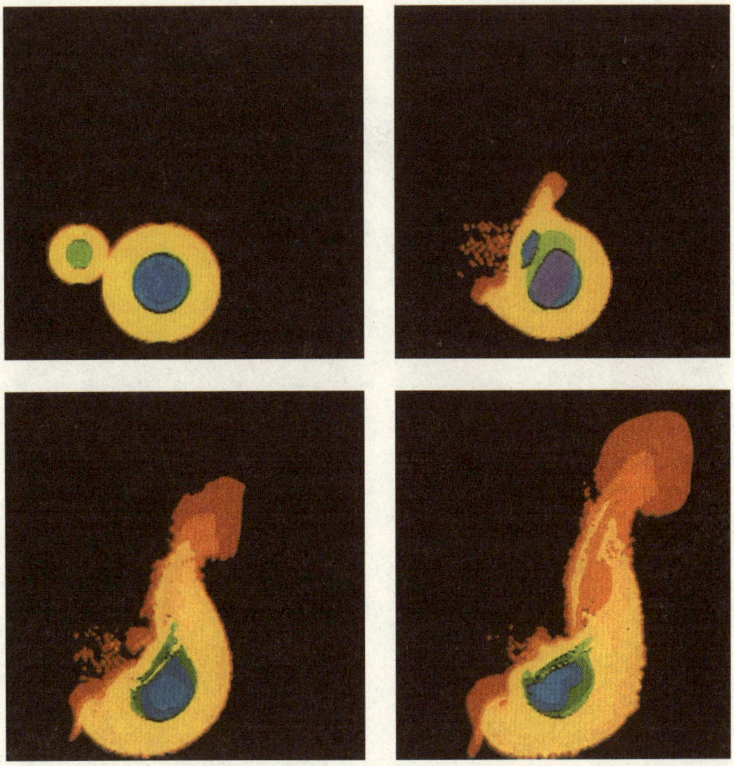

月球上的山和海

在月球上，没有任何别的特征比海更引人注目的了。不需要用望远镜，我们就能在明亮的月面上看到这一片片灰黑色的区域。我国古代人看到这些黑影，根据它们构成的形状，想象成宫殿、桂树或者蟾蜍，引出了一些美丽的神话，并成了众多诗篇中的话题。

1609 年 12 月，伽利略第一次用望远镜对准了月球，他看到月球表面粗糙不平，只有那些灰黑色的区域，看上去却非常平坦。于是，他误以为那些区域内有水，所看到的是平坦的水面。后来，那些区域就称为“海”。随着望远镜性能的改进，人们终于看清楚月球上的“海”里面没有水。不过，“海”这个名称还是保留了下来。

月面的另一特征就是奇特而众多的环形山。用较大的望远镜，能发现月面上到处是大大小小的环形山，甚至大环形山里面还有小环形山。初看上去，环形山的形状有点像火山口。可是，月球上最大的环形山直径超过 200 千米，会有这么巨大的火山吗？

月球正面的海和环形山

天文学家的观测，以及后来“阿波罗号”的宇航员登陆月面后，都发现月面覆盖着一层灰尘。如果月球上曾经有过剧烈的大规模的火山活动，那么很自然，在月面上应该到处覆盖有一层火山灰，而且不管在哪里，火山灰的性质应该是相同的。然而，实际上，这层灰尘，在明亮的山上是明亮的，在黑暗的海底是黑暗的。这表明，这层灰尘，不是火山活动造成的，而是岩石受到阳光照射热胀冷缩或者遭陨星轰击而崩解的结果。月球上的环形山，至少绝大多数，尤其是那些

大环形山，不可能是火山爆发形成的。

关于月球上环形山的起源，科学家还提出过漩涡说、渗出说、膨胀说、陨星轰击说。在这些学说中，只有陨星轰击说最经得起推敲。模拟试验表明，当一块固体物质，以至少每秒 15 千米的速度轰击月球表面时，由于月球上没有大气，它所具有的动能全部在与表面岩石碰撞的一刹那转变成热能，于是温度可以升高到几千摄氏度，使这块物质本身以及与它碰撞的岩石至少有一部分立刻挥发成气体，气体的急剧膨胀造成一次轰轰烈烈的爆炸。大量的固体物质被爆炸的气浪抛向远方，而在爆炸点周围形成一个坑穴，其直径比原来的物质团块远远大得多。这样形成的坑穴，形状也与今天我们看到的环形山十分相像。

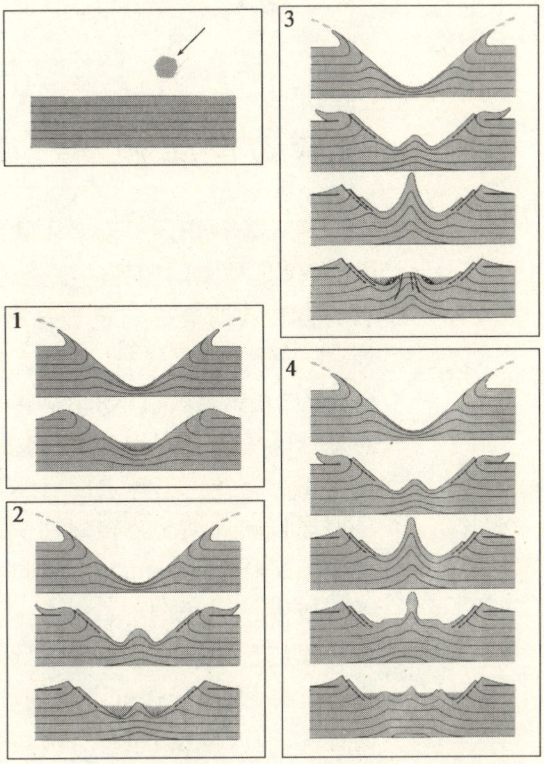

环形山起源的陨星轰击说：(1)环形山直径小于 10 千米，(2)和(3)环形山直径 20 到 150 千米，(4)直径超过 200 千米的环形山

在地球上，也已经发现了一些由于陨星轰击形成的大坑穴，其中最有名的就是美国亚利桑那州的陨星坑。它的直径 1 200 米，坑底比四周坑壁顶部深 40 米，坑底是铁质的陨星碎片。从航拍照片上可以看到它的形状非常接近月球上的环形山。

如果月球上的环形山的确是陨星轰击造成的，那么，地球受陨星轰击的机会并不会比月球少，为什么没有像月球一样到处密布环形山呢？这就得归功于地球上的大气和水了。地球大气一方面对来袭的陨星起着一定的阻挡作用，使得陨星撞击地面之前就已经在与大气的剧烈摩擦中把一部分动能转变为热能，甚至在空中就爆炸了，减小了地面受到的轰击。另一方面，大气和水大大加剧了岩石的风化，陨星轰击形成的坑穴在漫长的地质年代中很快就会被抹平。

（王家骥）

月球的背面和“腹”中秘密

月球始终用同一面对着我们,因此我们看到的月球面貌,天天都差不多,仅仅是被太阳照亮的部分有盈有亏。月球之所以会这个样子,是因为它的自转周期恰好与绕地球公转的周期相等。自转周期与公转周期相等,不仅仅月球是这样,其他大行星的卫星也普遍如此。天文学上称这种自转为“同步自转”。同步自转是行星引力对卫星长期作用的结果。月球对地球的引力会在地球上引起潮汐,反过来,地球对月球的引力也会在月球上引起潮汐。月球上没有水和大气,因此只有月壳中发生固体潮。如果月球自转周期比公转周期快,固体潮造成的突出部分在月球上的位置就会不断移动,移动的方向与自转方向相反,对自转起牵制作用,使自转不断变慢,直至同步。

我们在地球上基本看不到月球背面的情况。不过,由于月球的公转轨道是椭圆,公转速度不均匀,而自转速度是均匀的,因此月面的左右两侧边缘,有时候会分别把背面露出一点点来。另外,月球的公转轨道与月球的赤道有6°多的夹角,这使得在月球的两极附近,有时候也会把背面露出一点点来。这种现象叫做“天平动”。由于天平动,在地球上我们可以看到月球总面积的59%。不过,由于透视的原因,月面边缘露出来的那一点点背面的情况,是很难看清楚的。

月球的背面

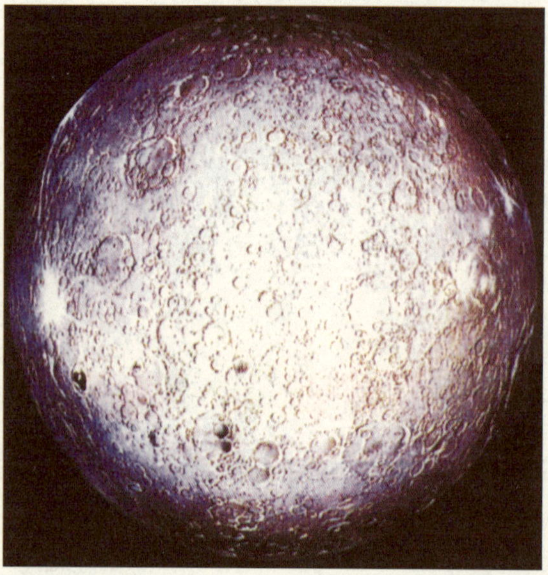

人类真正知道月球背面的情况,是在1959年之后。这一年10月7日,前苏联发射了“月球3号”自动行星际站。这个无人太空探测器飞到月球上空,转到月球背后,在7 000千米高空对月球背面拍照。人类由此得到了第一批月球背面的照片。

在此之后,已经有多个太空探测器对月球背面做过更详细的探测,“阿波罗号”的宇航员也曾经在做绕月飞行时对月球背面做过近距离考察。如今,人们对月球背面的了解已经与正面一样清楚。

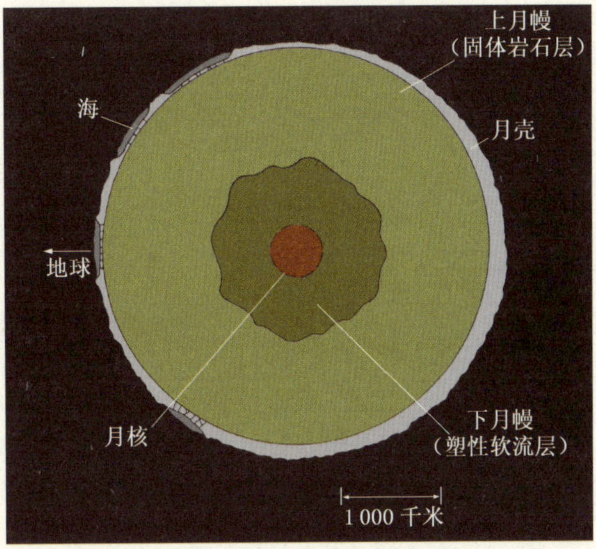

月球的内部结构

月球背面的地形与正面差异很大。月球背面海很少，海的面积也较小，环形山却比正面多得多，地形凹凸不平，其中最高处与最低处的高度相差达 9 千米。

值得一提的是，月球正面的环形山的命名很早，由于历史上的原因，没有一个是中国人的名字，然而在月球背面，有 4 个环形山是用中国古代科学家的名字命名的，它们是石申、张衡、祖冲之和郭守敬。另外，还有一个环形山，是用第一个为人类进入太空献身的我国明代官员万户的名字命名的。相传 14 世纪末期，万户把 47 个自制的火箭绑在椅子上，设想利用火箭的推力，飞上天空，不幸火箭爆炸，他也被炸死了。

地球的内部结构，只有利用地震才能加以探测。与此相似，要了解月球的内部结构，需要依靠在月球上发生的月震。“阿波罗号”的宇航员在月面上放置了灵敏度很高的月震记录仪。从这些月震记录仪的资料来看，月震无论是规模还是频繁程度都远远不如地震，它的最大震级只相当于里氏 1 至 2 级。因此，“阿波罗号”的宇航员曾经制造了数次较强烈的人造月震，以弥补资料的不足。

分析月震记录仪记录的资料可以知道，月球内部也有壳、幔、核分层结构。最外层的月壳厚 65 千米左右。月壳下面到 1 000 千米深度是月幔，它占了月球大部分体积，其中上层是岩石层，下层是塑性的软流层。月球中心部分的月核很小，半径仅几百千米左右，温度约 1 000 ℃，很可能是熔融的，主要由铁组成。

探测表明，月球背面的月壳平均比正面的厚。正面月壳的厚度平均在 60～65 千米，而背面则在 85 千米以上，最厚的地方甚至达到 150 千米。月核不在月球的几何中心，而是略微偏向地球方向。

（王家骥）

说"月"种种

月球绕地球公转的周期是27.3天,可是,月球盈亏的周期却是29.5天,这是为什么?

我们要确定月球的公转周期,必须要在太空中选择一个点,用它作为参照,才能知道月球是不是转满了一周。天文学家用恒星作为这样的参照点,因此,月球的公转周期就叫做"恒星月"。

月球的盈亏周期叫做"朔望月",它是从月球一次朔(或者望)到下一次朔(或者望)所需的时间。所谓朔,是指月球与太阳在地球的同一方向,因此月球以未被太阳照亮的黑暗面朝向我们,我们不可能看到它;而望是指月球与太阳的方向相差180度,因此月球朝向我们的一面完全被太阳照亮,我们看到的是满月。

恒星月与朔望月的差别

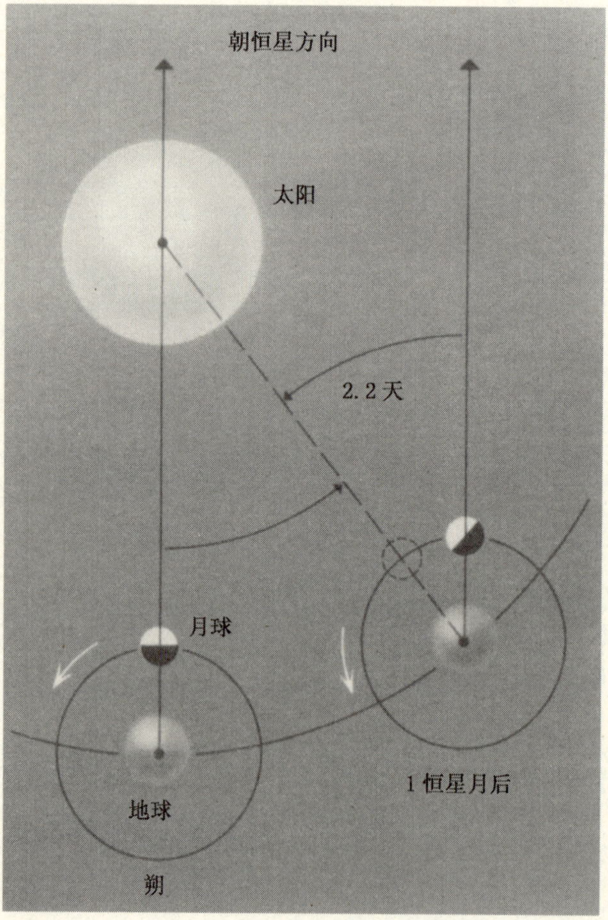

由此可知,恒星月与朔望月的差别,在于参照点的不同,前者的参照点是恒星,后者则是太阳。由于地球公转,反映到天球上,太阳相对于恒星具有自西向东的周年视运动。月球绕地球公转,投影在天球上,我们看到它沿着白道自西向东相对于恒星背景每天移动约13度。于是,比如说,在这个月的朔,在天球上,看上去太阳和月球都位于某一颗恒星附近(当然,实际上由于白天天空很亮,我们是看不到这颗恒星的;而且,由于这时月球对着我们的一面是完全黑暗的,我们也看不到月球)。一个恒星月之后,月球回到了这颗恒星附近,可是,这时太阳由于周年视运动,已经沿着黄

道向东移动了大约30度。于是,月球还要继续沿着白道向东走两天多,才能重新回到太阳的身边,从而再一次出现朔。

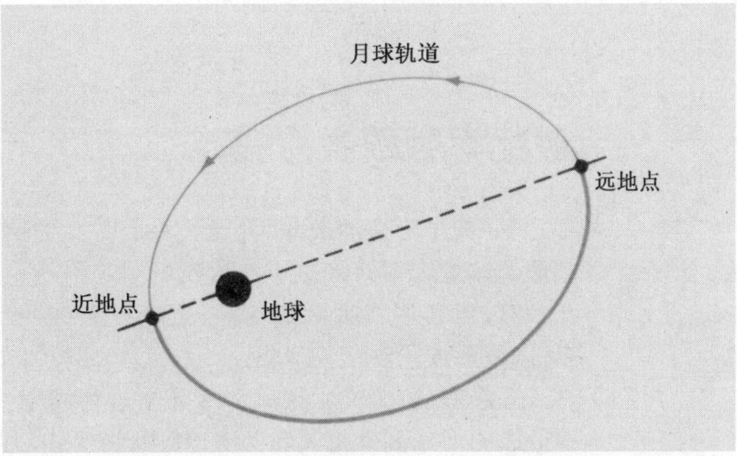

月球绕地球公转的轨道是个椭圆

我国自古就有中秋赏月的习俗,据说此夜月球离开地球最近,因而不但最圆,而且最大、最亮。可是,事实上并不一定如此。

月球绕地球公转的轨道不是正圆形,而是个稍微有点扁的椭圆,地球位于椭圆的一个焦点上。因此,月球离开地球的距离并不固定,它在一定的范围内变化。月球轨道上离开地球最近的一点,叫做近地点;月球轨道上离开地球最远的一点,叫做远地点。一个物体,距离近时,我们看上去就大,亮度也亮,而距离远时,看上去就小,亮度也暗。显然,只有当中秋的月球位于近地点的时候,才会最大、最亮。

如果我们以月球轨道上的近地点作为参照点,那么这样确定的月球公转周期,叫做"近点月"。如果月球轨道上近地点和远地点的位置相对于恒星来说固定不动,那么近点月就应该等于恒星月。然而,由于月球同时受到地球和太阳两者的引力作用,它的运动非常复杂,月球轨道上近地点的位置,会沿着白道自西向东不断移动,每年要移动近41度。因此,一个近点月比恒星月长,约为27.6天。

近点月比朔望月短大约两天,于是,月球离开地球最近的时候,它的月相在每个月中的日期是不固定的,每年的情况又有不同。只有当中秋节那一天月球刚好位于近地点,中秋的月亮才会最明亮。

月球离开地球的距离平均是384 401千米,这一距离的变化,一般情况下在363 297千米到405 505千米之间,变化的幅度达到11%。由于月球运动的复杂性,这一变化范围也有变化,在极端情况下,最近距离可小到358 774千米,最远距离可大到410 028千米,即变化幅度可增大到12.5%。

(王家骥)

潮起潮落跟着月亮走

“早潮才落晚潮来，一月周流六十回。不独光阴朝复暮，杭州老去被潮催。”这是唐朝诗人白居易咏钱塘潮的不朽诗篇。潮水涨落，不只钱塘江独有，但钱塘江大潮的壮观，至晚在 1 600 年前的东晋就已经相当出名，以致形成了观潮的风俗。

潮起潮落，天文学把海水每天的这种周期性变化现象叫做潮汐。潮汐造成的海水高涨每天有两次，其中，白天出现的称潮，晚上出现的称汐。因此，白居易在他的诗中说“一月周流六十回”。仔细观测，可以发现，两次涨潮（或落潮）之间所经过的时间间隔平均是 12 小时 25 分钟。也就是说，如果只考虑潮（或汐），那么在时间上每天平均推迟 50 分钟。

月球升起时间每天平均推迟 50 分钟，潮汐的时间也是每天平均推迟 50 分钟，古代的人们已经觉察到了这一点，东汉的王充在《论衡》中说：“涛之起也，随月盛衰。”然而，潮汐跟着月亮走，这仅仅是纯属巧合吗？

现代科学告诉我们，潮汐现象，实质上是由月球和太阳对地表海水和地球中心的引力之差造成的。

我们先只考虑月球的引力。地球表面向着月球一侧，位于月球到地球中心连线附近的地区（即向月点附近），那里受到的月球引力最强，海水被吸引得鼓了起来，形成潮汐，这比较容易理解。可是，为什么背着月球一侧，位于月球到地球中心连线的延长线附近的地区（即背月点附近），那里的海水也会鼓起来，形成潮汐呢？

月球对地球潮汐作用的产生：上图中的红色箭头表示地球上不同地点所受月球引力的大小和方向，下图中的蓝色箭头表示地球上不同地点与地球中心处相比所受月球引力之差的大小和方向

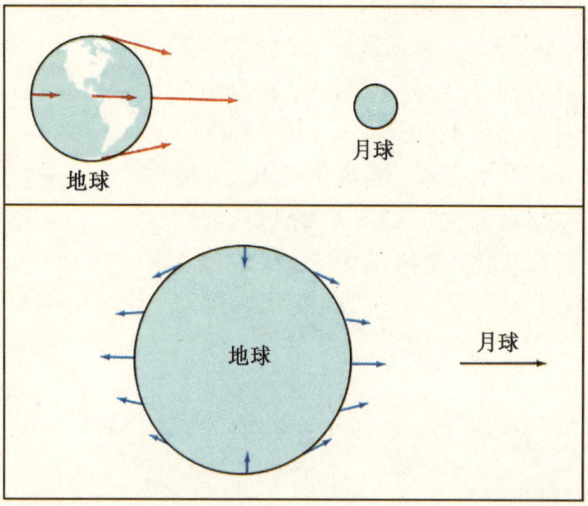

背月点受到的月球引力显然应该最弱，也就是比地球中心受到的月球引力还弱。因为向月点与背月点相对于地球中心是对称的，所以向月点受到的月球引力比地球中心强多少，那么背月点受到的月球引力就比地球中心弱多少。如果我们以背月点作为参

照物，那么背月点的位置不动，但地球中心由于受到月球的引力比背月点强，就会向月球略微靠拢一些，结果背月点附近的海水就会朝与月球相反的方向鼓了出去，从理论上说，与向月点应该成对称。

现在再来考虑太阳的引力。太阳与月球相比，质量大了 2 700 万倍，可是太阳离开地球有 15 000 万千米，而月球离开地球只有 384 000 千米左右。地球的半径在赤道附近是 6 378 千米，这一距离是月地距离的 1/60，是日地距离的 1/23 500。引力的大小与质量成正比，与距离的平方成反比，而要计算引力差还得乘以上述距离比值，因此与月球产生的引力差相比，太阳产生的引力差反而只有一半大。由此可知，太阳也会产生潮汐，可是涨落幅度远比月球产生的潮汐小。两者结合起来，如果在朔和望的前后，太阳和月球在同一方向或相反方向，两种潮汐叠加在一起，产生大潮；而在上弦、下弦前后，太阳和月球的方向相差 90 度，两种潮汐相互抵消，形成小潮。总的来说，潮汐还是跟着月球走。

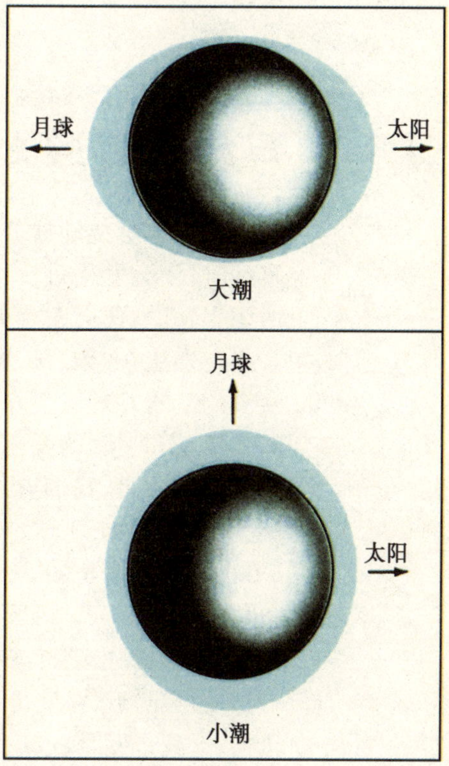

大潮和小潮

以上所说的潮汐变化规律，只考虑了月球和太阳对地球的引力，是一种理想化的情况。实际上，海岸线曲曲弯弯，海底地形高低起伏，海水运动有滞后性，许多复杂因素会阻碍潮汐的传播，使得涨潮的高度、时刻、持续时间变得错综复杂，因时因地而异。每天高潮的到来，常比月球到达最高点迟 1 小时到数小时；每月的大潮，并不正好发生在朔和望，而是落后 2～3 天。

不同的月份，潮汐大小也会有所不同。一方面，月球的公转轨道是个椭圆，如果在朔、望前后月球正好位于近地点附近，大潮可能会格外大一些。另一方面，气象因素对潮汐的影响更加明显。如果雨水丰富，河流上游来水流量很大，那么当大潮来临时，两者发生顶托，潮头就会格外高涨。另外，风向、风力等因素，也会影响潮水的大小。

（王家骥）

日食、月食的发生规律

由于月球绕地球公转，当月球运动到地球和太阳之间，并且三者成一直线时，便会发生日食；当月球运动到地球背离太阳的一边，并进入地球的阴影之中，便会发生月食。日食必定发生在“朔”日，即农历的初一；月食必定发生在“望”日，即农历的十五日前后。这就是我们所知道的日月交食的基本原理。

日食和月食的发生必须满足一定的条件，并且有着严格的规律。为了说明这一点，我们得从月球的运动规律谈起。月球绕地球的公转轨道称为白道，它与地球绕日公转轨道——黄道并不重合，而是斜交成约 5°09′ 角。不过 5°09′只是平均值，实际上的变化范围是 4°57′～5°19′，变化周期为 173 天。因此，并不是每逢朔日必发生日食，也不是每逢望日必见月食。只有当朔日或望日时月球恰好位于黄道和白道的两个交点(称为黄白交点)附近，并处于一定的界限(称为食限)之内，才能出现日食或月食天象，这就是发生日食和月食时必须满足的条件。日食和月食，全食和偏食，各有相应的食限，超过食限就不可能出现交食现象了。

问题的复杂性在于食限并不是固定不变的。由于太阳对月球的引力作用，黄白交点的连线(交点线)会不停地沿黄道移动，移动方向与月球公转运动方向相反，周期为 18.60 年。交点运动的结果是使食限会有周期性的变化。月球从一个交点开始，再回到同一交点所经历的时间称为交点月，等于 27.212 2 日。太阳从一个交点回到同一交点所需要的时间称为交点年，又称食年，等于 346.620 3 日，略短于一个回归年。

日食的情况比月食更复杂，其中还涉及月球本影的长度以及它能否到达地面。白道是一个偏心率相对比较大的椭圆。月球本影的长度取决于月球到太阳的距离，离太阳越近本影越短。随着月球绕地球的公转，以及地球在椭圆轨道上绕太阳公转，日、月间的距离必然会发生变化，于是月影便会有相应的变化，变化范围为 368 000～380 000 千米。所以，月球在白道上近地点附近时，离太阳最远而本影最长，同时月地距离又最近，可以

日食原理图

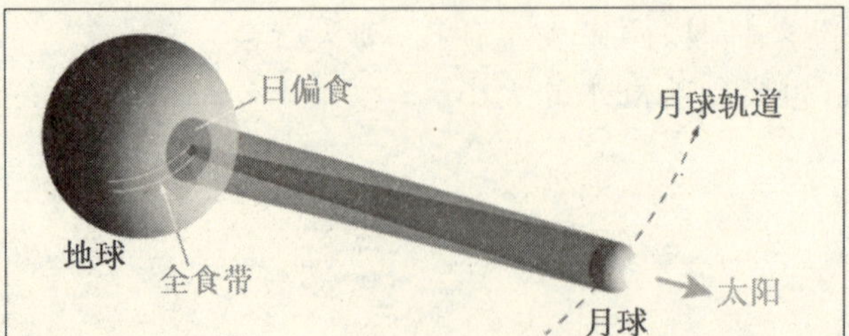

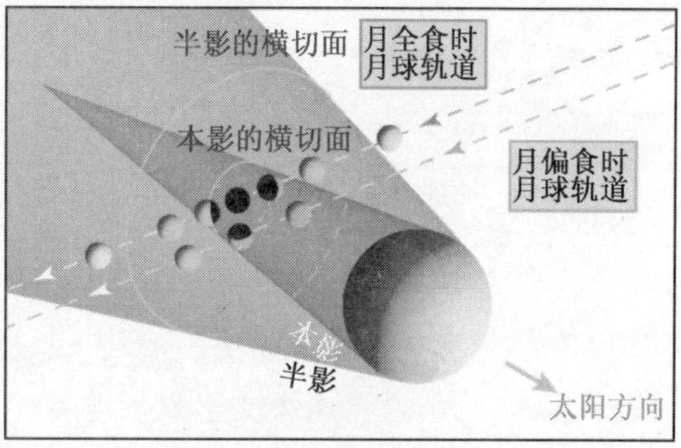

月食原理图

发生日全食或日偏食；远地点附近月球离太阳最近而本影最短，同时月地距离又最远，只能发生日偏食或日环食。月球从近地点开始，再回到近地点所经历的时间称为近点月。另一方面，当月影指向太阳正射地区时，本影比较容易到达地面而发生日全食；如果月影指向太阳斜照地区，月球本影可能到不了地面，这时就不可能发生日全食。

无论是日食还是月食，每次交食发生后，经过 223 个朔望月，即 6 585.321 1 日 = 18 回归年又 11.3 日之后会重复出现。这个 18 年 11 天的周期古代巴比伦人就已经知道，并称为“沙罗周期”。Saros(沙罗)这个词就有“重复”的意思。在一个沙罗周期内，平均有 70 次交食，包括 41 次日食(其中 28 次为全食或环食)和 29 次月食(其中 16 次月全食)。

就整个地球来说，一年之内日食发生的次数要比月食多。在一年中，最多可见到 5 次日食和 2 次月食，或 4 次日食和 3 次月食，共计 7 次。在最少的情况下，只能见到 2 次日食，而月食一次也没有。但是，对于地球上一个确定的地点(比如上海)来说，看到月食的机会远大于日食，平均每隔 300 年左右才有可能见到一次日全食。这是因为一旦发生月食，半个地球上的人都可以见到。日食的情况不同，发生日食时，只有月影扫过的狭窄地球表面(称为食带)才能看到，尤其全食带的宽度只有几百千米，能看到日全食的地区范围是很小的。

2009 年 7 月 22 日上午，我国长江中下游一带将会发生一次日全食，上海、杭州、武汉等地都可以看到。只要给出观测地点的经纬度和海拔高度，日全食发生的全过程可以预报得非常准确。根据预报，上海市中心的全食时间段为北京时间 9 时 36 分 44 秒～9 时 41 分 48 秒，长达 5 分钟以上，而日食的全过程为 8 时 23 分 24 秒至 11 时 01 分 36 秒。

(赵君亮)

日食和月食的原理

日食必发生在农历初一，而月食出现于农历的十五或十六。如果黄道、白道所在的平面重合，则每逢朔和望，日、月、地位于一直线上，必有食发生。但是，黄道和白道是以约 5 度的角度倾斜相交的，在大多数的朔日和望日，月球在黄道之北或南通过，所以并非经常有日食或月食形成。仅当太阳位于黄、白两道的两个交点附近，又恰逢朔日和望日时，日食或月食才有可能发生。

三角学和星星的距离

早在公元前 2 世纪,古希腊的天文学家已经在尝试测量太阳和月球离开地球的距离。这与古希腊三角学的发达是分不开的。三角学的创始人、古希腊天文学家依巴谷(又译喜帕恰斯)通过从两地观测同一次日食,算出月地距离为地球半径的 59 至 67 倍(现代测定的准确值为 60 倍,即 38.4 万千米)。

在天文学中,把这种测定天体距离的方法叫做三角视差法。用三角视差法测定天体距离,对于离地球较近的太阳系天体,可以取地球上的两个不同地点,然而要测定恒星离开我们的距离,因为它们离得非常远,若仍旧取地球上的两个不同地点,那样视差角(也就是从这两个地点看同一颗星星的夹角)将非常小,即使用现代仪器也难以测出来。

测定恒星三角视差的原理

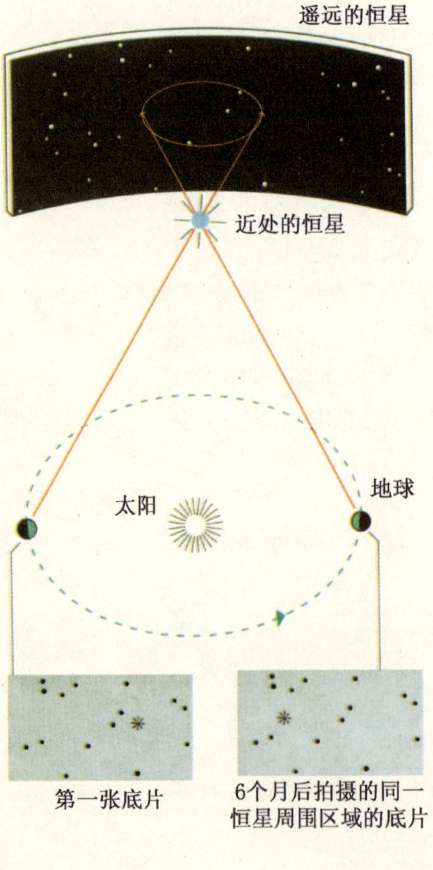

于是,天文学家想到了地球在绕太阳转动,如果我们相隔半年观测同一颗恒星,不就是在地球轨道直径的两端进行观测吗?地球轨道直径是日地平均距离 1 亿 5 千万千米的两倍,是地球直径的 2 万 3 千多倍,这样总可以测出恒星的视差角了吧!

天文学家把地球到太阳的平均距离称为天文单位,把 1 天文单位在某一恒星处所张的角称为这颗恒星的视差。于是,根据三角学,可以知道,恒星到太阳的距离就等于 1 天文单位长度除以它的视差的正切函数值。古希腊天文学家阿利斯塔克在公元前 3 世纪就已经认识到了这种测定恒星距离的方法,但是他并没有能够用这种方法真的测出恒星的视差角。他用恒星极其遥远来解释这一失败,却不能说服古希腊的其他天文学家。

17 世纪,天文望远镜的发明,使得天文学家能够更准确地测定天体的位置。可是,恒星三角视差的测定却直到 1837 年,才由俄罗斯天文学家斯特鲁维首先取得成功。他测出织女星的三角视差等于 0.125″,对应的距离是 165 万天文单位,约等于 250 万亿千米。次年,德国天文学家贝塞尔也发表了他对另一颗恒星三角视差测定的结果,为 0.31″角秒(对应的距离为 66.5 万天文单位,约等于 100 万亿千米)。这时,天文学家才明白,恒星比他们原来想象的还要远得多。

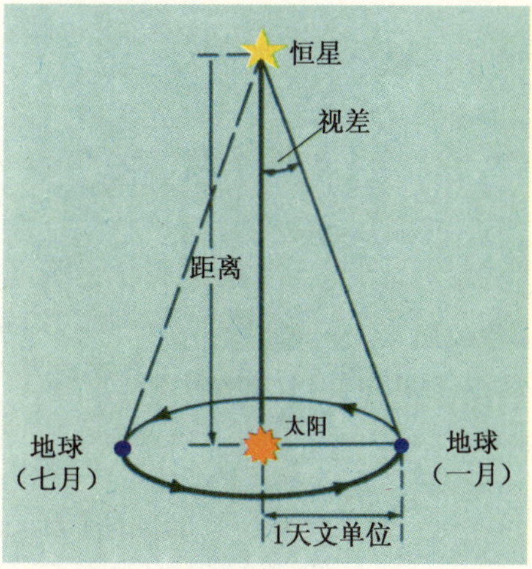

恒星的视差以角秒为单位,距离取为视差的倒数,那么距离就以秒差距为单位

恒星的距离实在太远,若用千米来表示,数字实在太大,很不方便,即使用天文单位表示,数字仍然很大。为此,天文学家觉得有必要给恒星的距离规定一个使用起来比较方便的单位。他们想到,既然恒星的距离可以用三角视差方法来测定,那么,何不直接就用视差的倒数来表示恒星的距离呢?那不是很方便吗(之所以要取倒数,是因为距离越远,视差越小,两者成反比关系)?

于是,天文学家规定,恒星的视差以角秒为单位表示,距离取为视差的倒数,那么距离的单位就称为秒差距。这样,上述织女星的距离就可以表示为 8 秒差距。一些很远的恒星,视差常用千分之一角秒为单位,这个单位称为毫角秒,相应的距离单位,称为千秒差距。在表示银河系以外的天体距离时,还常用兆秒差距为单位,它等于 100 万秒差距。

1 角秒的正切函数值,等于 1/206 265,因此,1 秒差距等于 206 265 天文单位,也就是约 30 万亿千米。

秒差距这个单位,使用起来很方便,可是它的几何意义虽比较明确,却缺乏直接的物理意义。很多天文学家更喜欢把天体的距离与某种物理意义联系起来。他们想到的是光速,如果能把天体距离与光速联系起来,那么,一说天体的距离,就知道它的光线是在多久以前发出的,这不是比用秒差距作单位更方便吗?

据此,天文学家就把真空中光在一年之中行进的路程,称为 1 光年。真空光速约等于每秒 30 万千米,把它乘以一年的秒数,就得到 1 光年等于 9.46 万亿千米。由此可以得到光年与秒差距之间的换算关系,即 1 秒差距等于 3.26 光年。

最后要强调一下,光年是距离单位,不是时间单位。有些人看到“光年”这个词中有个“年”字,就误以为是时间单位,实在是大错而特错了。正确的是,比如我们说织女星的距离是 26.5 光年,这意味着织女星发出的光到达我们这里要走 26.5 年。

(王家骥)

“天界列国”——星座

大约5 000年前，在今天属于伊拉克的美索不达米亚平原上，生活着古巴比伦人。那时候的古巴比伦人，相信主宰着这个世界的是上苍的神灵，这些神灵会通过各种天象来向人类预示各种吉凶祸福。为了解读神灵的预示，开始出现了占星术。古巴比伦人占星术首先关心的是位于黄道附近的星星，他们已经发现了太阳在这些星星中间的周年视运动，发现不同季节，太阳相对于这些星星的位置是不一样的。出于占星的需要，他们把这些星星划分成十二个星座，这就是黄道十二宫。除此以外，古巴比伦人还在黄道南、北建立了一些星座。

古希腊人继承了古巴比伦人的天文学成就。在2 000多年前，依巴谷在他编著的星表中，已经出现了49个星座。到了公元2世纪，托勒玫在他的巨著《天文学大成》中，又增加了18个星座。古希腊人的一大创新是把那些想象成人或动物的星座与古希腊神话中的故事联系了起来，从而更增添了星座的神秘感和美感，使它们除了占星术和天文学的应用价值之外，进一步具有文学和艺术的价值。

15世纪末，欧洲的探险家开始组织船队进行远洋航行、“发现新大陆”的活动。他们先到了非洲南端。1492年，哥伦布到了美洲。20多年后，麦哲伦完成了环球航行。在这些航海活动中，探险家们在南半球看到了一些原来在北半球从来也没有看见过的星座。根据这些探险家的记载，德国天文学家拜尔在1603年编绘的星图中增添了12个南天星座。拜尔还有一大贡献，创立了一种恒星命名方法，即在一个星座中，对其中比较明亮的恒星，大致

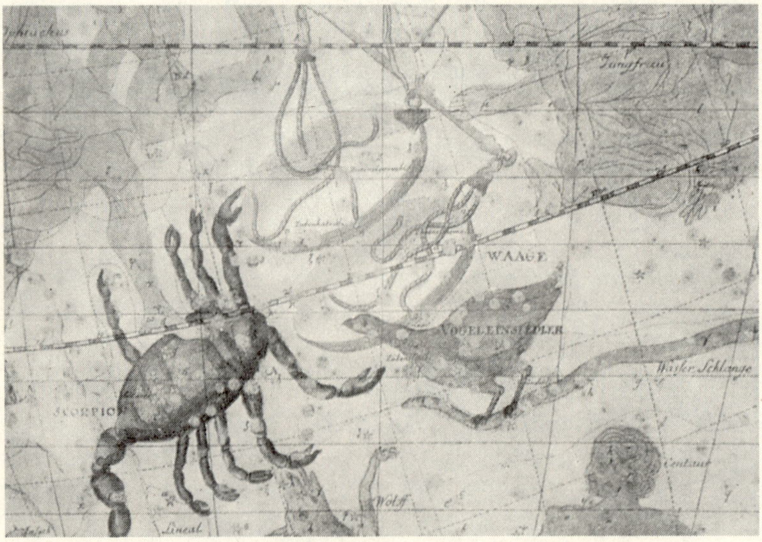

西方古星图中的天秤座和天蝎座

由亮到暗，按照希腊字母表顺序依次赋予一个希腊字母作为它的名字。例如，织女星是天琴 α，北极星是小熊 α，等等。

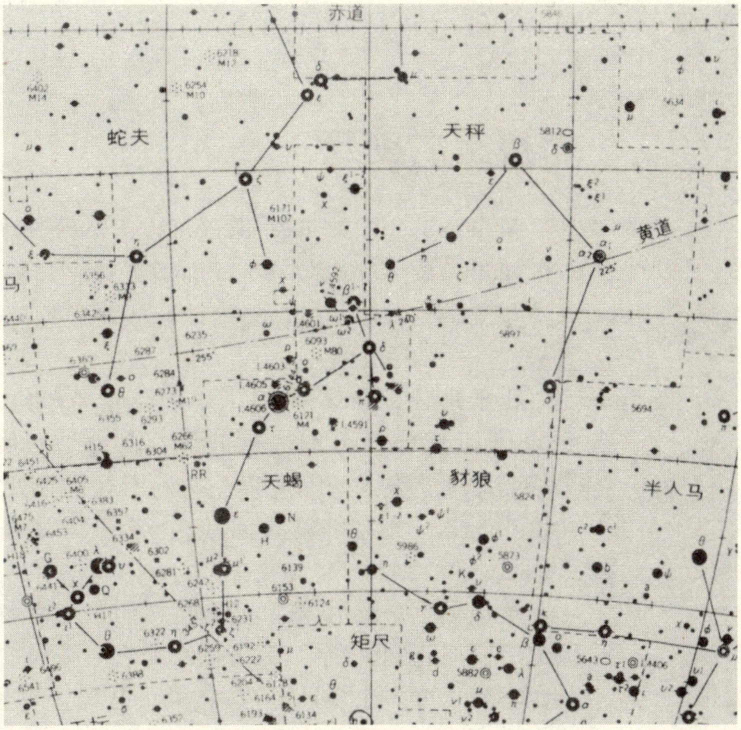

现代星图中的天秤座和天蝎座

直到那时，天文学家划分星座的方法仍然是把一些比较明亮的恒星用线段连接在一起，组成某种轮廓。这种划分星座的方法不可避免地把大量比较暗弱的恒星遗漏掉了，使它们的星座归属存在很大的随意性。17 世纪，人们开始把目光转向这些比较暗弱的恒星，陆续新添了一些主要由比较暗弱的恒星组成的新的星座。同时，又有更多的南天星座增加到了星座的行列中。这样，到 18 世纪中叶，星座的总数已经超过 100。

1922 年，国际天文学联合会在罗马举行第一次大会，各国天文学家想要做的第一件事就是统一星座的划分。他们废弃了个别天文学家任意增添的一些星座，对于历史上已经得到公认的那些星座作了适当调整，决定把全天划分为 88 个星座。为了避免以后再引起混乱，更重要的是为了使得天空中每一颗天体都有自己的星座归属，他们按照天球上经纬度的走向明确地划定了各个星座的分界线，相互之间不留下任何空隙。这一星座划分方案从 1930 年起公布实施，一直延续到今天。

（王家骥）

北极星的变迁

星星每天的东升西落，即周日视运动，是地球自转的反映。我们把天上的星星想象成分布在一个球面即天球上。把地球自转的轴线延长，与天球相交，会有两个交点，与地球北极对应的叫做北天极，另一个就是南天极。

由于地球是个球体，对于生活在北半球的人们来说，南天极是看不到的，而北天极一天24小时都不会落到地平线下面去。我们看到的北天极与地平面的夹角，就等于我们所在地的地理纬度。离开北天极的角度小于这一地理纬度的星星，全都一天24小时永远不会落到地平线下面去。

北极星是一颗很普通的恒星，按照星座命名法，它叫做小熊α星。今天之所以叫它“北极星”，完全是因为它非常靠近北天极现在的位置，两者相距不到1度。在众星星中，北极星是颗2等星，周围与它角度相距10度之内没有比它更亮或者与它差不多亮的星星，相对来说比较容易辨认出来。而且，我们可以借助非常容易识别的北斗七星来寻找北极星，因此我们现在把它作为识别北方的标志。

然而，地球自转轴在太空中所指的方向，不是固定不变的。

地球自转轴的运动

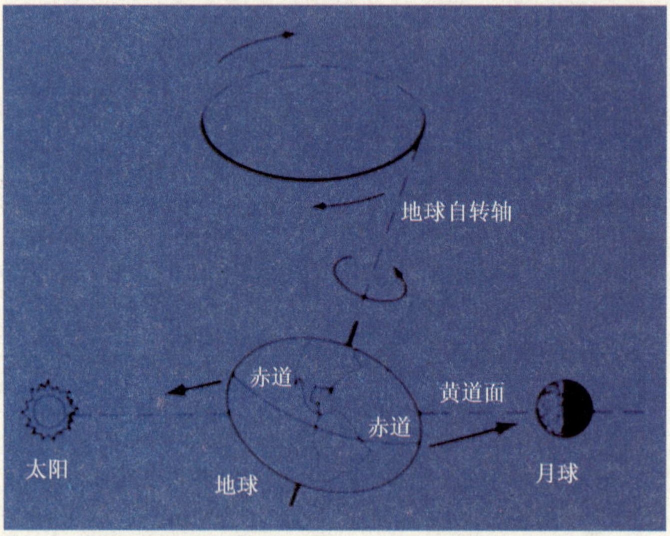

地球不是一个真正的圆球，它的赤道部分比圆球突出，而两极部分则略为扁平。此外，地球的自转轴与地球公转轨道平面（即黄道面）成约66度半的夹角，而太阳对地球的引力是沿着黄道面方向。月球绕地球公转的轨道平面（即白道面）与黄道面的夹角约5度，月球对地球的引力应该沿着白道面方向，与黄道面方向相差不多。

由于太阳和月球对地球的引力都沿着黄道面的方向，它们与地球的赤道面成大约 23.5 度的角度，这就产生了一种拉力，要把地球赤道突出的部分拉到黄道面内去。可是，地球在自转，存在转动惯性，其结果，自转轴与黄道面之间的夹角不会减小，而是在保持这个角度不变的情况下，自转轴围绕通过地球中心并与黄道面垂直的轴线旋转出一个圆锥。地球自转轴的这种运动，称为进动。

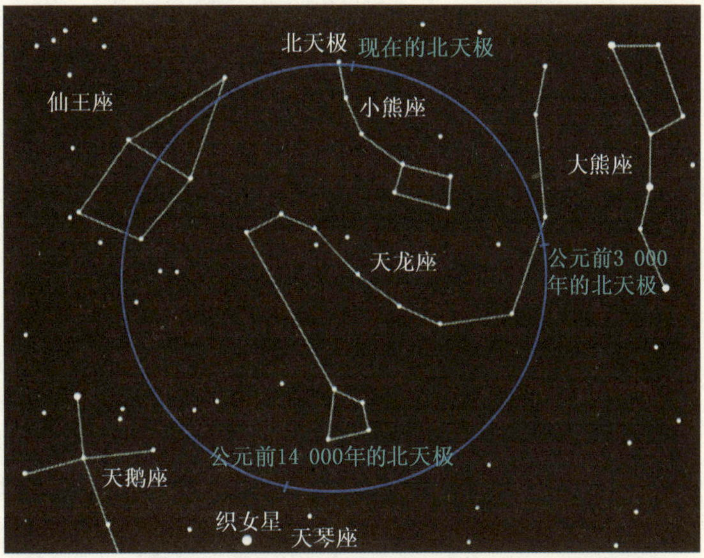

北极星的变迁

由于地球自转轴的进动，我们会看到北天极在天球上相对于恒星的位置以大约 26 000 年为周期画出一个很大的圆。这个圆的半径所张的角度，等于地球赤道面与黄道面的夹角(即黄赤交角)，也就是约 23.5 度。相应地，我们还会发现，天球上黄道与赤道的交点，因此也每年沿着黄道自东向西移动约 50 角秒的角度。

由此可知，我们今天看到小熊 α 星非常靠近北天极，完全是一种暂时的巧合。在 5 000 年前，也就是公元前 3000 年，北天极在天龙 α 星附近。那时候如果一定要找颗恒星充任“北极星”，那应该是天龙 α 星。可是，天龙 α 星是一颗不起眼的 4 等星，要在繁星密布的夜空中把它找出来，是很不容易的，不大可能像今天我们的北极星一样担负起在夜空中向我们的祖先指示方向的重任。

在 5 000 年前，能够起指示北方作用的星星，似乎应该是北斗星。现在，北斗七星中离北天极最近的是大熊 α 星，离开北天极角度是 28 度；可是在 5 000 年前，北斗七星中离当时北天极最近的是大熊 ζ 星，离开北天极角度只有 11 度，我们的祖先用这七颗星星来辨别北方，应该说不会有太大的差错。

值得一提的是，再过 12 000 年，北天极将移动到天琴 α 星，也就是织女星附近。那时候，北斗星离开北天极已经超过 50 度，根本不能再指示北方。好在织女星是非常明亮的星星，由它来担当北极星，就完全不必再求助北斗星了。

（王家骥）

THIS IS SCIENCE

今古黄道十二宫

现在，很多人对十二个黄道星座非常感兴趣。

中国人自古有十二生肖，那是根据出生年份的十二地支（即子、丑、寅、卯、辰、巳、午、未、申、酉、戌、亥）配以十二种动物（分别为鼠、牛、虎、兔、龙、蛇、马、羊、猴、鸡、狗、猪），与天上的星座没有关系。

西方人也有十二属相，但他们属的不是动物，而是星座，也就是十二个黄道星座。他们不是按年论所属的星座，而是大致按月。这里说大致按月，是指不是按从每月1日开始的整个月份，而是大致从每月21日左右起算的1个月时间。这十二宫，或者说十二个星座的名称，从春分起，逐月依次为白羊、金牛、双子、巨蟹、狮子、室女、天秤、天蝎、人马、摩羯、宝瓶、双鱼。

黄道附近的这十二个星座，最早是在约5 000年前由古巴比伦人划分的。到了2 000多年前，古希腊人几何学和天文学都非常发达，他们已经把一个圆周划分为360度，把1年划分为12个月。于是，他们想到，可以把太阳在天球上周年视运动的轨迹黄道，从春分点开始，划分成12段，每段30度，把每一段称为一个宫，太阳在每个宫内历时就为1个月。这样，就为研究太阳的周年视运动提供了方便。因为每年太阳过春分点也就是春分的日期一般都在3月21日，所以每个宫的起算日期就在每月21日前后。

据考证，这是古巴比伦人绘制的黄道十二星座图

在2 000多年前，每年春分这一天，太阳位于白羊座。于是，古希腊的天文学家就把当时从春分开始的这一个月内太阳所在的宫，称为白羊宫，其余的11个宫，就依次称为金牛宫、双子宫……从这里我们可以知道，即使在那时候，黄道十二宫与黄道十二星座，也只是名字相同，而两者的空间范围并不完全一致。黄道十二宫是等间隔的30度，而十二个星座，则大小各不相同。

春分点每年都在沿着黄道向西移动，26 000年转一圈。2 000多年过去了，现在的春分点已经向西移到了双鱼座中。其结果，如今，黄道十二宫与黄道十二星座，在名称上不

再保持一致,而是错开了一个星座。

下面,作为对照,依次列出黄道十二宫的名称、太阳经过此宫的日期、目前对应的黄道十二星座名称和太阳经过此星座的日期:

白羊宫,3月21日至4月19日;双鱼座,3月12日至4月18日。

金牛宫,4月20日至5月20日;白羊座,4月19日至5月13日。

双子宫,5月21日至6月21日;金牛座,5月14日至6月19日。

巨蟹宫,6月22日至7月22日;双子座,6月20日至7月20日。

狮子宫,7月23日至8月22日;巨蟹座,7月21日至8月9日。

室女宫,8月23日至9月22日;狮子座,8月10日至9月15日。

天秤宫,9月23日至10月23日;室女座,9月16日至10月30日。

天蝎宫,10月24日至11月21日;天秤座,10月31日至11月22日。

人马宫,11月22日至12月21日;天蝎座,11月23日至11月29日,蛇夫座,11月30日至12月17日。

摩羯宫,12月22日至1月19日;人马座,12月18日至1月18日。

宝瓶宫,1月20日至2月18日;摩羯座,1月19日至2月15日。

双鱼宫,2月19日至3月20日;宝瓶座,2月16日至3月11日。

其中,蛇夫座习惯上不属黄道十二星座,可是实际上太阳经过这个星座的日子比属于黄道十二星座的天蝎座长得多。

古巴比伦人划分黄道十二星座,是出于占星术的需要。占星术研究的是星象与人间吉凶祸福的关系,从它产生的时候起就是一门伪科学,它的存在基础是人类对各种天文现象产生原因的无知。对于大众来说,不少年轻人很热衷于用黄道十二星座预测性格、命运这套东西,是因为觉得这套东西很新鲜、时髦,这实在是个误解。这些东西应该是2 000多年前的,至多是被后世的占星家们作了些翻新和装饰罢了,但还是掩盖不了内里的陈腐。

(王家骥)

十二宫与十二星座的区别

虽然黄道十二宫的名称与黄道附近的12个星座的名称相同,但它们有本质的差别。黄道十二宫表示太阳在黄道上的位置,宫与宫的大小是固定的,都是30度,太阳进入每一宫的时间基本上是固定的,现在每年3月21日前后太阳来到春分点,进入白羊宫;6月22日左右来到夏至点,进入巨蟹宫;9月23日前后来到秋分点,进入天秤宫;12月22日左右来到冬至点,进入摩羯宫。与黄道十二宫不同,黄道附近的12个星座的大小不相同;12个星座也不一定位于黄道上,而是分布在黄道两边各8度的区域。

中国古代的三垣二十八宿

中国古代把天上的恒星分为许多星官。“官”在古代和“馆”意义相通，星官就是星星居住的馆舍，与西方的“星座”实际上是一个意思。中国古代的星官与西方古代的星座类似，也是用线段把一些位置邻近的星星连接起来所构成，但与近代和现代的星座在概念上有差别。在近代和现代，星座已经演变为天球上用一定的边界线划分成的一个个区域，而中国的星官则仅仅成了一种历史遗产，仍旧保留着原来的形式。

中国古代星官里的星星数目多寡不等，有的星数众多，有的却少到只有 1 颗。星官的起名，常常是因想象中日常生活中的器物，例如“斗”，是古人量酒用的，而“毕”，是古代的捕鱼用具。中国古代也把天上的星象与人间的社会、政事相联系，于是把人间的社会组织、国家体制的名称搬到了天上，把星官安上了地上的官职名，例如天大将军、御林军等。在同一个星官内，星星的名称则用数字一、二……依次排列，例如轩辕十四、南河二等。

据历史记载，在三国时期，星官的数量已经达到 283 个，包含在这些星官内的恒星数目达到了 1 614 颗。在中国现代天文工作中，尽管星官已经不再使用，可是按照星官对恒星的命名，依然作为恒星的专有名称继续使用。特别是在把西方的恒星专有名称翻译成中文时，按照规定，一般既不音译，也不意译，而是转译为相应的用星官命名的名称。

唐代《占云气书》中的紫微垣星象图，约绘制于9世纪

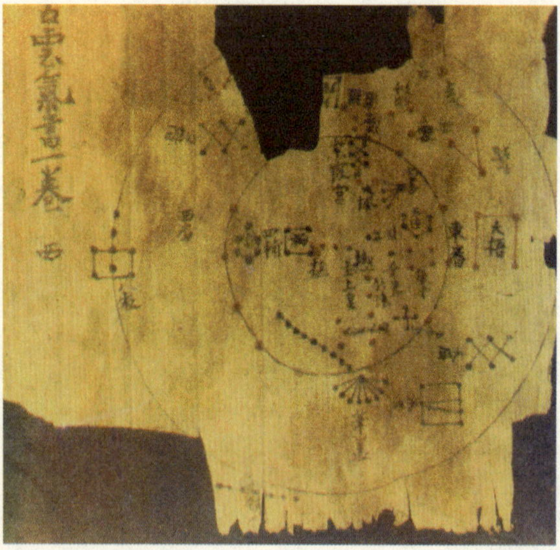

在中国古代的星官中，值得强调的是三垣和二十八宿。

二十八宿大致分布在黄道附近，“宿”就是“舍”的意思，古人认为太阳、月亮和五大行星在运行过程中要在这二十八个星官所在的天区经过、驻留，因此这样称呼。二十八宿的名称，自西向东，依次为角、亢、氐、房、心、尾、箕、斗、牛、女、虚、危、室、壁、奎、娄、胃、昴、毕、觜、参、井、鬼、柳、星、张、翼、轸。

古人把二十八宿分为四组，配以四种方位。其中，从角宿到箕宿为东方七宿，从斗宿到壁宿为北方七宿，从奎宿到参宿为西方七宿，从井宿到轸宿为南方七宿。这样组成的四组星宿，再配以四种动物和四种颜色，叫做四象，即东方苍龙青色、北方玄武(龟蛇)黑色、西方白虎白色、南方朱雀红色。四象本身没有什么天文意义，然而，根据黄昏时在东方天空出现的是四象中的哪一象，可以判断季节。例如，在春分前后，日落后出现在东方天空的应该是东方七宿。

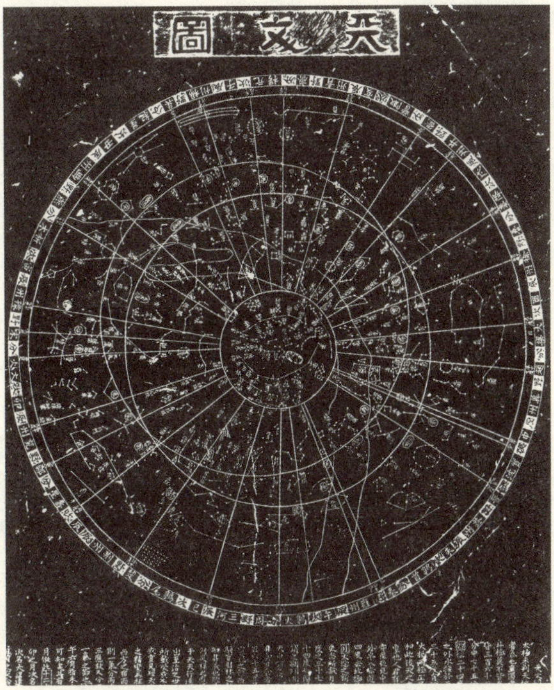

苏州石刻天文图，宋代黄裳作，刻于公元 1247 年

中国古代天文学家，还把二十八宿以北的一些星官分为三垣。三垣的名称是紫微垣、太微垣和天市垣。“垣”的意思是矮墙，三垣的每一垣都以一些恒星作为界限，标志出这三个垣的范围。

紫微垣相当于北天极附近天区中的一些恒星，大致包括今天的小熊座、大熊座、天龙座、鹿豹座、仙王座、仙后座等。在中国的北方地区，紫微垣的恒星永远不落到地平线下。

在紫微垣与二十八宿之间，在星宿、张宿、翼宿、轸宿以北，是太微垣。夏季傍晚，太微垣出现在天顶的西侧，大致包括今天的狮子座、室女座、后发座等。

天市垣位于紫微垣与房宿、心宿、箕宿、斗宿之间的天区，大致包括今天的蛇夫座、巨蛇座、武仙座、天鹰座等。每当夏季傍晚，天市垣出现在天顶的东侧。

把星星划分为星官和三垣、二十八宿，这是我们的祖先对于观测星空、探索宇宙奥秘的一种创造，其科学价值完全不亚于西方的星座。我国宋代的大文学家苏轼在其诗作《夜行观星》中写道：“天高夜气严，列宿森就位”。他赞叹看上去杂乱无章的满天繁星，通过二十八宿的划分，变得森然有序，各就各位，为当时人们认识星星提供了极大方便。

（王家骥）

真太阳时和平太阳时

很多人以为中午十二点钟的太阳应该在正南方，可是，如果你实际做一做测量，就可以知道通常并非如此。

日晷是人类最早使用的计时工具。最简单的日晷就是在地面上垂直竖立一根竿子，然后在竿子的正北方画线，标上十二时，在正西方和正东方分别画线，标上早晨六时和傍晚六时，其余时刻可再根据等分原则一一画出。太阳出来以后，看竿子的影子投射在哪条刻线附近，那就大致是什么时候。

这样的日晷指示的时间很不准确。这里一个非常明显的原因是我们日常使用的时间是北京时间，即东经 120 度标准时。太阳东升西落是地球自转的反映，在同一时刻地球上不同经度地方太阳的方位是不一样的，根据太阳方位确定的时间自然也就有所差别。这样定出的时间叫做地方时。地理经度每向东 1 度，地方时就要增加 4 分钟。把日晷测定的地方时与北京时间作比较的时候，先要根据你所在地点的地理经度与东经 120 度之差，把北京时间换算成地方时。

北京故宫
太和殿日晷

太阳每天在天空中周日视运动的路线与地平面之间都有一个夹角，这个夹角平均来说等于当地地理纬度的余角。为了解决这个问题，你可以用一块平板来代替地面，让平板翘起来，使它与地面的夹角等于当地地理纬度的余角，也就是使它与地球赤道平面平行。

现在你可以发觉，日晷指示的时间比较准了一些，可是一般地说，与北京时间相比，仍然有些日子快一点，有些日子慢一点，相差几分钟到十几分钟，差值与季节有关。造成这种差值的原因与太阳的周年视运动有关。太阳的周年视运动，是沿着黄道自西向东，平均每天移动约1度。这里说的，一是平均，二是沿着黄道。问题就出在这里。

首先，地球绕太阳公转的轨道是个椭圆。地球离开太阳近，公转速度快；离开太阳远，公转速度就慢。这种差异，会在太阳的周年视运动中反映出来，使得周年视运动也随之略快或略慢，并进一步反映到了日晷所指示的时间中来。

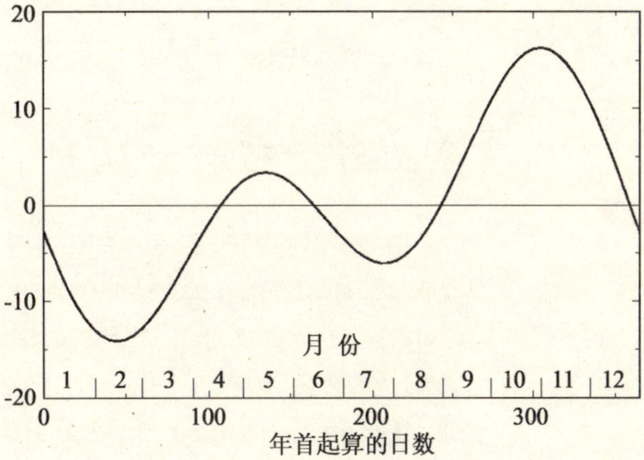

时差曲线

其次，太阳的周年视运动是沿着黄道，可是日晷的平面与赤道平面平行，黄道与赤道平面有约23.5度的夹角，于是，即使太阳沿黄道周年视运动速度是均匀的，可是投影到日晷的平面上，也会变得不均匀。

正是由于上述两个原因，日晷指示的时间是不均匀的，在不同的季节，快慢不同。天文学家把这种用日晷完全依据太阳的视运动测定的时间，称为真太阳时。

在现代，如果我们在日常生活中使用真太阳时，那显然很不方便。我们现在日常使用的是机械表或者电子表，这种计时装置要求时间必须是均匀的。为此，天文学家就设法创造了一种均匀的时间，叫做平太阳时。

天文学家假想了一个平太阳，它与真太阳不同，首先，它是沿着天赤道作周年视运动；其次，它沿天赤道作周年视运动的速度是均匀的，其大小等于真太阳周年视运动的平均速度。于是，依据平太阳确定的时间，就是均匀的时间了。

然而平太阳并不存在，因此平太阳时不能由观测直接测定，它只能通过计算得到。天文学家根据地球的公转运动，计算出了每天真太阳时与平太阳时的差值，这一差值称为时差。在1年之中，时差有4次等于零，分别在4月16日、6月15日、9月1日和12月24日左右。每年2月12日前后，真太阳时比平太阳时慢得最多，达到14分24秒；每年11月3日前后，真太阳时比平太阳时快得最多，达到16分24秒。

（王家骥）

多出的一秒——闰秒

在 20 世纪的最后 30 年里，我们常常听到，要在这一年的 6 月 30 日或者 12 月 31 日，在 23 时 59 分 59 秒之后，增加 1 秒，即随后的 23 时 59 分 60 秒，不立即等于第二天的 0 时 0 分 0 秒，而要再过 1 秒，到 23 时 59 分 61 秒，才等于第二天的 0 时 0 分 0 秒，也就是说，这一天的最后一分钟，不是 60 秒，而是 61 秒，这多出的 1 秒，称为闰秒。进入 21 世纪以后，这几年闰秒出现得少了些，不过仍旧还会出现。

1 分钟不是 60 秒，而是 61 秒，这事情听起来颇有点荒唐，可这恰恰是由于科学技术的发展而作出的一项规定。

自古以来，人们就把太阳的东升西落作为计量时间的标准，后来出现了机械表，发现太阳的视运动有时快、有时慢，并不均匀，于是就用假想的平太阳代替了真太阳。平太阳的周年视运动是假想的完全均匀的运动，但周日视运动仍然以地球自转为依据，因此，以平太阳的视运动作为标准计量的时间，即平太阳时，实际上计量的是地球自转。

1929 年石英钟问世，这种钟以石英晶体在受到变化的电压激发时振动的频率来计时，每天误差可以小于千分之一秒。当天文学家用如此精密的时钟来计量平太阳时的时候，他们发现了平太阳时原来也并不均匀。这种不均匀反映的是地球自转速度的变化。

美国国家标准技术研究所的初级频率标准器

看来，地球自转不是一种理想的时间计量标准。物理学家像天文学家一样需要准确的时间，甚至要求更高。不过，天文学家只知道把眼睛盯着茫茫宇宙，而物理学家却把眼光转向了微观的原子。他们发现，原子里电子能级发生跃迁时发出的电磁波辐射频率是恒定不变的。20 世纪 50 年代，原子钟应运而生。

1967 年 10 月，在第十三届国际计量大会上，决定把 1

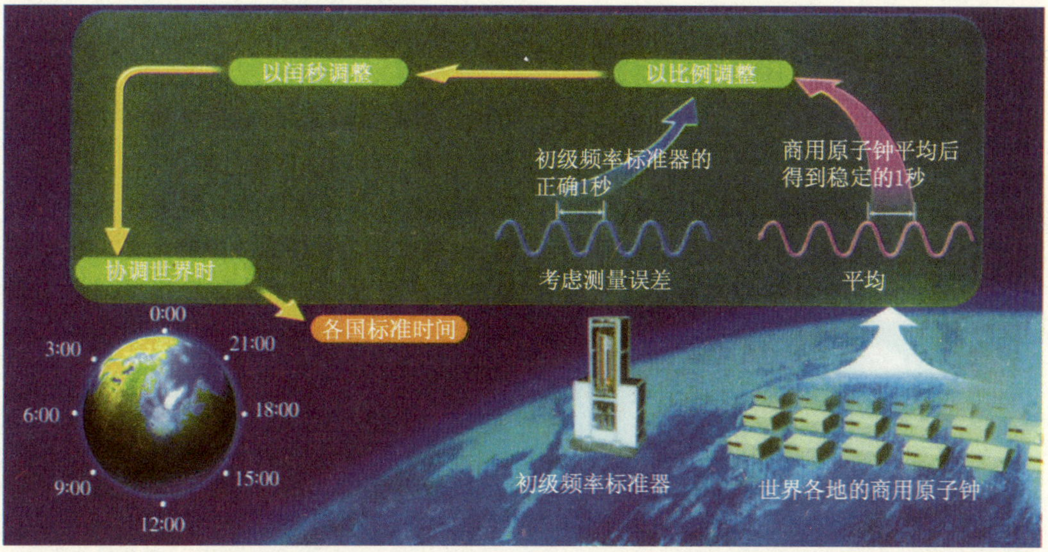

协调世界时的定时过程

秒的长度，从原来平太阳时 1 天长度的 1/86 400，改为一种特定的铯原子跃迁所产生的电磁波辐射振荡周期的 9 192 361 770 倍。这样定义的 1 秒长度，称为国际单位制秒，以国际单位制秒为基础建立起来的时间记录系统，称为国际原子时。

天文学家把国际原子时与地球自转进行比较，结果发现，国际单位制秒比原来平太阳时的秒短了亿分之三。因此，即使地球自转严格保持 20 世纪 60 年代的速度丝毫不变，一年下来原子钟也会比依据地球自转计量的平太阳时快将近 1 秒。

为了解决这个问题，国际天文学联合会和国际无线电咨询委员会提出了一种“协调世界时”。从 1972 年起，协调世界时采用国际单位制秒作为 1 秒长度，因此在时间进程上与原子时完全同步，但是在时刻的计量上，必要时在 6 月 30 日或 12 月 31 日增加 1 秒，用于补偿世界时落后于原子时的差距，称为闰秒。

由于地球自转速度变化很不规则，具体在什么时候需要闰秒，只能根据对地球自转的实际观测结果确定。这项工作，由国际地球自转服务中央局和国际计量局负责。国际地球自转服务中央局根据世界各国天文台的天文观测结果得到世界时，国际计量局采集全世界原子钟的信息得出原子时，并把原子时与世界时比对，确定是否需要闰秒。

我国所用的北京时间，是由协调世界时加上北京时间的时差 8 小时得到的。世界其他国家的标准时间，同样是由协调世界时加上这个国家标准时间的时差得到的。

（王家骥）

农历难有“闰春节”

在中国的农历中，每隔2～3年就会出现闰年，于是这一年中就有了闰月。例如，与2004年相应的农历甲申年含有闰二月。可是人们似乎从来没有遇到过闰正月，这是为什么？

现行的历法大体上分为阳历、阴历和阴阳历三大类。阴历完全依据月球绕地球的运动周期（朔望月），历年没有天文意义；阳历所依据的是地球绕太阳的运动周期（回归年），历月没有天文意义。所谓“阴阳历”则是兼顾了阴历和阳历的特点，如中国的农历就是一种阴阳历。农历以朔望月为历月长度的基础，历月的平均长度等于朔望月；同时，设置闰年和24节气，使历年的平均长度等于回归年。农历中历年的设置是平年12个月，历年长354天；闰年13个月，历年长384或385天，增加的一个月称为闰月；19个历年中设置7个闰年，称为“十九年七闰法”。这样一来，19个历年的总长度和19个回归年的长度近乎相等，仅相差2时9分36秒。

在我国的农历中，闰年以及闰年中闰月的设置规则颇为复杂，为此首先要对节气加以说明。24节气是中国农历的特点，不少人误认为节气是阴历的内容，实质上节气属于阳历的范畴。例如，一年中白天最长的一天为夏至，白天最短的一天为冬至，昼夜平分的两天为春分和秋分；包括其他节气在内的24个节气在一年内均匀分布。以上是民用上的定义，节气的含义是一天。天文学上的定义是：太阳到达离天赤道最远并位于天赤道之上的瞬间为夏至，到达离天赤道最远并位于天赤道之下的瞬间为冬至，两次经过天赤道的瞬间为春分和秋分。同样，包括其他节气在内的24个节气在一年内均匀分布。因此，天文学上节气的含义是某个瞬间。显然，节气依据地球公转周期回归年而定，本质上属于阳历，节气轮转符合气候变化的规律。我国的农历设置24节气，具有阳历的性质，因而农历属于阴阳历，而不是阴历。

同一节气在阳历中的日期是大致固定的，不同年份中最多前后相差一天，起因于回归年不是日的整数倍以及公历的闰年要增加一天。比如，春分总是出现在每年的3月21日或22日，而冬至总是在12月22日或23日，等等。相反，同一节气在阴历中的日期变化很大，不同年份前后可以相差达一个月。例如，1955和1956年的清明都在4月5日，但相应的农历日期分别为乙未年三月十三和丙申年二月十五，几乎相差1个月，其他节气的情况也是如此。

节气又分为“节气”和“中气”两大类，并交替安置。属于“节气”的是小寒、立春、惊蛰、清明、立夏、芒种、小暑、立秋、白露、寒露、立冬、大雪；属于“中气”的有冬至、大寒、雨水、春分、谷雨、小满、夏至、大暑、处暑、秋分、霜降、小雪。24 节气在阳历一年中的配置可以按地球公转运动周期(回归年)在时间上作 24 等分，称为“恒气”，每个节气的长度相等；也可以按地球公转轨道路径均分为 24 等分，称为“定气”，这时各个节气的时间长度是不等的。根据开普勒第二定律，即地球公转运动的面积速度不变，冬至前后地球靠近近日点，轨道运动速度快，节气长度不足 15 天；夏至前后地球靠近远日点，轨道运动速度慢，节气长度超过 15 天。

农历闰年有 13 个月，其中增加的一个闰月插在一年中的位置是有规定的。农历历月长 29～30 日，平均约 29.5 日，因此一般会含有两个节气，或者说一个节气一个中气。另一方面，24 节气的总长度约为 365.25 日，连续两个节气的平均长度约为 30.5 日，比农历历月的平均日数约多一天。因此，农历每个历月中节气和中气所在的日期必然比上一个月推迟 1～2 天。长此累积，每经过 32～33 个农历历月后，必然会有一个月只有节气(在月中)而没有中气，这一个月便定为闰月。农历每经过 32～33 个月就插入一个闰月，19 年中插入 7 个闰月，从而保证农历历年的平均长度接近回归年的长度。闰月前为几月，该闰月便称为闰几月，如五月后的闰月称为闰五月。

以上便是农历置闰的法则，它是十分严格的。农历闰月必定只有一个节气，而且一定不是中气，其他历月都有两个节气，个别月份甚至可以有三个节气。农历的最大缺陷是不同年份历年的长度相差太大，可达 30～31 天，这就会造成生活或工作安排上的某些不便。最明显的就是在不同年份中春节(农历正月初一)的阳历日期可变动 1 个月左右，这就给学校每学期课程的设置带来一定麻烦。

现在农历中的节气设置采用“定气”方法，冬季两个节气的平均长度约为 29.74 天，比朔望月长度 29.56 长不了多少，节气逐月向后移动得很慢，所以冬季设置闰月的可能性很小。夏季的情况恰恰相反，再加上冬季期间节气逐月后移的累积作用，农历三、四、五、六、七月后的闰月设置较多。

在公元 1821 年至 2020 年这 200 年中，共有农历闰月 74 个，其中闰正月、闰十一月、闰十二月一次也没有。闰五月最多，达 17 次，其次是闰三、四、六、七月，分别为 9、15、10、8 次。另外有闰二月 6 次，闰八月 6 次，闰九月 2 次，闰十月 1 次。既然没有闰正月，因而我们也就过不到“闰春节”了。

(赵君亮)

年的长度和缺失的十天

绝大多数人以为,地球公转一周就是1年。其实,这种讲法就像说地球自转一周就是1天一样并不严格。要确定地球的公转周期,像确定地球的自转周期一样,要以太阳系以外的天体即遥远的恒星作为参照点。这样确定的地球公转周期,称为“恒星年”。1恒星年的长度是365.256 4日。另一方面,以太阳为参照点所确定的地球公转周期称为“回归年”,等于365.242 2日。

我们日常生活中所说的1年,由历法所规定。现在世界通行的公历以及中国的农历,都有一个共同的特点,那就是从长期来说,要求一定的季节在一年之中出现的日期保持在一定的范围内。例如,以“春分”所对应的日期变化范围为例,公历就前后一两天,农历则前后可相差一个月左右。

中国的农历按照朔望来定月,每月开始的第一天即初一日必定是朔日。一个朔望月是29.530 59日,12个朔望月是354.367日,因此农历12个月是354日或355日,比1回归年少了10多天。农历1年通常是12个月,但为了补上比1回归年少的这10多天,每隔两三年要插入一个闰月,也就是说这一年有13个月。

中国在春秋时代,历法中已经采用19年插入7个闰月的规定,这样平均每年为365.246 8日,与回归年相比,每10 000年多46天。在南北朝时期,祖冲之提出391年插入144个闰月,平均每年为365.242 8日,与回归年相比,每10 000年只多6天。很可惜,祖冲之的建议没有得到推广、使用。现代中国的农历完全依据二十四节气在各个月内的分布情况来设闰月,平均年长度与回归年完全一致。

公历起源于古埃及。在公元前46年,古罗马帝国的最高统治者儒略·恺撒,在天文学家协助下,进

登封观星台,位于河南登封,建于元朝初年,是中国现存最早的天文台,其建筑具有测定中午太阳与地平面夹角的功能

行历法改革，规定每年 365 日，分为 12 个月。单数月份为大月，每月 31 日；双数月份为小月，每月 30 日。但 2 月份(当时的 2 月份是一年之中的最后一个月份)只有 29 日，另每 4 年设一闰年，闰年的 2 月份为 30 日，全年 366 日。

由儒略·恺撒推行的新的历法，后来叫做儒略历。儒略历的平均年长度是 365.25 日，比 1 回归年长了 0.007 8 日，即每 10 000 年多 78 日。因此，儒略历在创立的时候，准确程度就已经不如同一时代在中国使用的农历。

美国科罗拉多州和犹他州交界处的霍芬维普城堡遗迹，这是一座与太阳观测有关的古建筑从西面所见情景，箭头所指为观测夏至日落所用的窗口

在西方语言中，公历每个月的名字并不是通常所用的数字，其中 7 月份的名字叫“儒略”，是为了纪念生于 7 月的儒略·恺撒。公元前 8 年，古罗马帝国新的最高统治者奥古斯都生于 8 月，他决定用自己的名字来称呼 8 月份。由于 8 月份原来是小月，只有 30 天，他不愿意用自己名字命名的月份是小月，就把 8 月份改成了大月，有 31 日，同时为了避免连续出现 3 个大月，把 9 月份和 11 月份改成了小月，而 10 月份和 12 月份改成大月；又为了避免每年多出 1 日，就把 2 月份再减少 1 天，即平常年份只有 28 日，而闰年 29 日。

由于儒略历的年长平均比 1 回归年长，春分的日期就逐渐提早，到了 16 世纪，竟然早了 10 天。1582 年，罗马教皇格里高利十三世接受天文学家的意见，决定公历每 10 000 年减少 75 个闰年，即把设置闰年的规定改为：每逢年份能被 4 整除而不能被 100 整除的就设闰，但年份能被 400 整除的仍设闰。

这样修改后的公历成为格里历。格里历的平均年长度是 365.242 5 日，与回归年相比，每 10 000 年多 3 日。对于日常生活来说，这样的准确度足够了。

原来实行儒略历时多出来的 10 天，怎么办呢？格里高利教皇倒也干脆，他就简单地规定，把 1582 年 10 月 4 日的第二天，即本来应该是 10 月 5 日的那一天，规定为 10 月 15 日。这样一来，这一年的 10 月 5 日到 14 日这 10 天，就永远从历史上消失了。

（王家骥）

游荡和会打圈的星星

人们在远古时候，就已经注意到，夜空中有几颗亮星，初看上去与别的星星没什么两样，可是若仔细观察，却有着与众不同的特点。几乎所有星星相互之间的位置看不出有什么变化，然而这几颗亮星在众星中的位置不断变化，这种变化甚至在几天内就可以看出来。

这样的星星一共有五颗，即水星、金星、火星、木星和土星，被称为“行星”。观测发现这五颗行星在其他星星之间的移动路线与太阳和月亮的移动路线很接近，都在黄道十二星座内。

在古希腊，由于航海的发展，在大海上航行的船舶需要依靠星星来导航，几颗大行星因其明亮和易于识别而成为导航首选，这就需要对它们在星空中位置移动的规律作深入的探索，于是天文学脱离了占星术，不再停留在仅仅根据行星运动占卜吉凶祸福的层次上，及至出现了托勒密的地心说，以及后来的日心说。

行星在星空背景上复杂的视运动，在日心说中可以得到完美的解释。首先来看行星打圈是怎么回事。在日心说中，这个问题的解释简单极了，其原因就在于我们是在运动着的地球上观测这些行星，而这些行星的轨道平面对于地球轨道平面又都有若干度的倾斜。

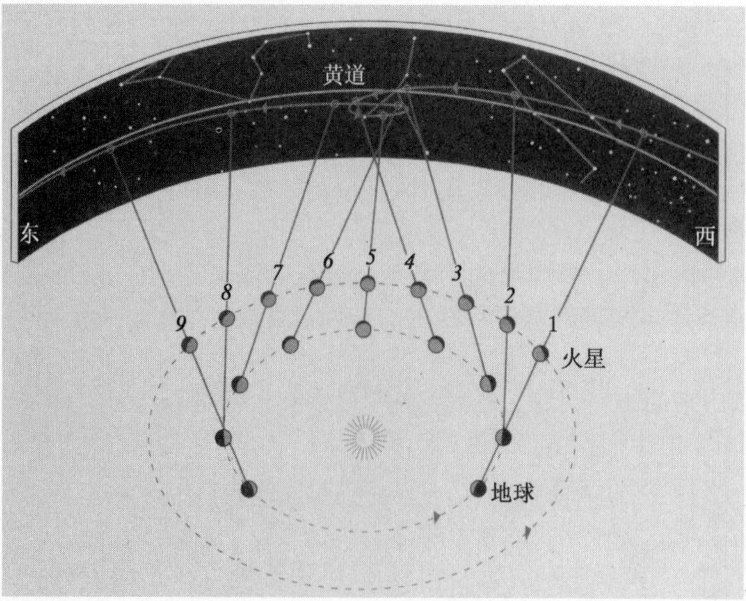

火星的视运动及其在日心说中的解释，其中带数字的位置从1994年10月15日起到1995年6月15日，每隔一个月给出一个位置

水星和金星绕太阳公转的轨道在地球绕太阳公转的轨道以内，这两颗行星因此称为地内行星。从地球上看，地内行星始终只能在太阳附近一定的角度范围内“徘徊”。当地内行星出现在太阳西边时，凌晨可见，其中离开太阳角

度最远时，称为西大距。当地内行星走到太阳后面与地球相对的一点时，称为上合。上合后，地内行星变为出现在太阳东边，黄昏可见，其中离开太阳角度最远时，称为东大距。东大距后，地内行星又逐渐靠近太阳，当它走到太阳前面恰好处在太阳和地球之间时，称为下合。然后，它又变为出现在太阳西边。

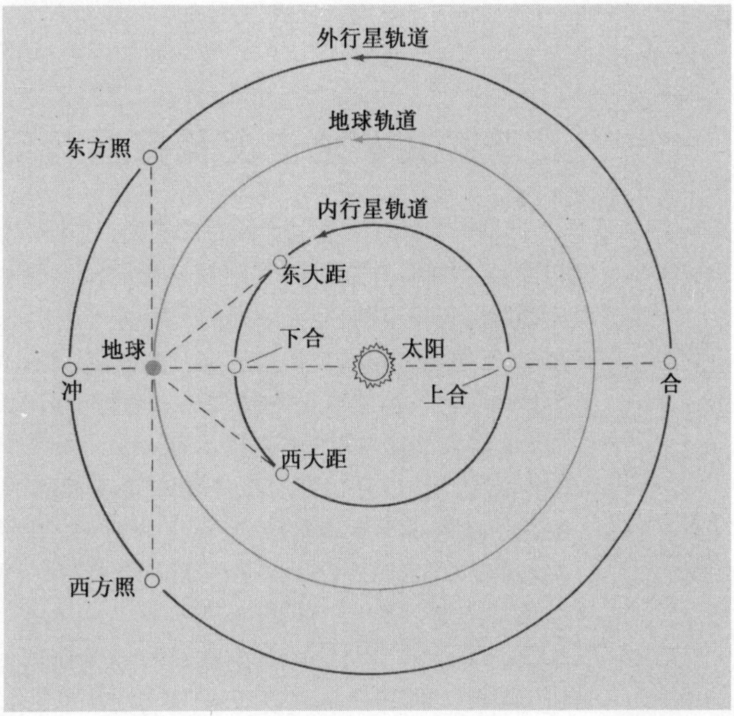

行星的视运动特征

地内行星绕太阳公转的速度比地球快，这两种速度合成加上透视的结果，地内行星在西大距之前到东大距之后，包括上合前后，在这段较长的时间内是顺行，而在下合前后较短的时间内是逆行。

火星、木星和土星，以及后来发现的天王星、海王星和冥王星，绕太阳公转的轨道都在地球绕太阳公转的轨道以外，都属于地外行星。地外行星不会有西大距和东大距，它们与太阳相距的角度可以达到180度，称为冲，这时对于地球来说，地外行星处在与太阳相反的方向，日落时升起，日出时下落，全夜可见。地外行星与太阳相距的角度等于90度时，称为方照，其中，出现在太阳东边的，称为东方照，这时地外行星在黄昏可见，而当地外行星出现在太阳西边时，称为西方照，这时地外行星在凌晨可见。地外行星只有一次合，就是上合。

地外行星绕太阳公转的速度比地球慢，这两种速度合成加上透视的结果，地外行星在冲的前后一段短时间内是逆行，其余时间，从西方照之前到东方照之后，包括合前后，都是顺行。

（王家骥）

开普勒从 8′之差发现行星运动三定律

1543 年哥白尼创立了他的日心说，并逐渐为科学界所接受。在他的日心说中，包括地球在内的太阳系行星都沿各自的轨道绕太阳做匀速运动，运动轨道是一个圆，而太阳则居于所有行星轨道的公共圆心上。现在我们知道，行星绕太阳的公转轨道是一个椭圆，太阳位于椭圆的一个焦点上，而行星的轨道运动速度是不均匀的。对行星运动的这一正确认识，归功于德国天文学家约翰内斯·开普勒。

1571 年 12 月 27 日，开普勒降生于德国的符腾堡，是一个陆军军官的儿子。他自小家境贫困，身体十分娇弱。9 岁时开普勒失学，而后给人家当佣人，直到 12 岁时入一所修道院学习。1587 年进入蒂宾根大学，并在那里接受了哥白尼的思想，很快成为日心学说的忠实维护者。1591 年获硕士学位后，于 1594 年在奥地利的一所路德派高级中学担任数学教师。在那里他开始研究天文学，并于 1596 年出版了《宇宙的神秘》一书。开普勒的天文学才能受到丹麦天文学家第谷的赏识，并于 1600 年应邀来到布拉格，成为第谷的助手。1601 年第谷去世，开普勒成为第谷天文事业的继承人。

生于丹麦贵族家庭的第谷是一位杰出的观测天文学家，他家境富有，工作得到皇家的有力支持。第谷去世后给开普勒留下了大量可靠的观测资料，成为开普勒进行天文研究的宝贵财富。第谷本人曾提出一种介乎托勒密地心说和哥白尼日心说之间的宇宙体系。他认为地球位于宇宙的中心静止不动，行星绕太阳转动，而太阳则带着全体行星绕地球运动。第谷体系在欧洲没有得以流行，但在 17 世纪初传入中国后曾一度被接受。

第谷逝世时开普勒已经着手行星的研究，他主要探讨火星的运动规律。开普勒深知第谷遗留下来的资料的重要性，他花了很长的时间分析这批观测资料。经过反复的推算后开普勒发现，如果行星是做匀速圆周运动，那么无论是采用托勒密体系、第谷体系还是哥白尼体系，理论上预期的行星位置总是不能与行星的实测位置完全符合。对于火星来说，这一误差最多可达 8′。须知，当时望远镜还没有问世，而在望远镜发明之前，这样的差异实在是很小的。但是，开普勒对第谷的为人非常了解，他笃信第谷资料的可靠性，并对哥白尼体系中的行星在公转轨道上做匀速圆周运动这一点产生了怀疑。经过反复的研究和测算后，开普勒认定火星绕太阳运动的轨道不是圆而是椭圆。这个发现把哥白尼学说大大地向前推进了一步，用开普勒本人的话来说，“就凭这 8′的差异，引起了天文学的全部革新！”这样就诞生了开普勒第一定律，也就是行星运动第一定律：“所有行星的运行轨道都是椭圆，太阳位于椭圆的一个焦点上。”

开普勒(1571—1630)

接着他又发现，虽然火星在轨道上的运动速度是不均匀的，在近日点(距离太阳最近的一点)处最快，在远日点(距离太阳最远的一点)处最慢，但在任何位置上，单位时间内火星与太阳的连线(称为向径)所扫过的面积却是不变的。“行星向径在相等的时间内扫过的面积相等”，即面积速度保持不变，这就是开普勒第二定律，又称面积定律。开普勒在 1609 年出版的《新天文学》一书中发表这两条定律时明确指出，它们适用于所有行星和月球的运动特征。

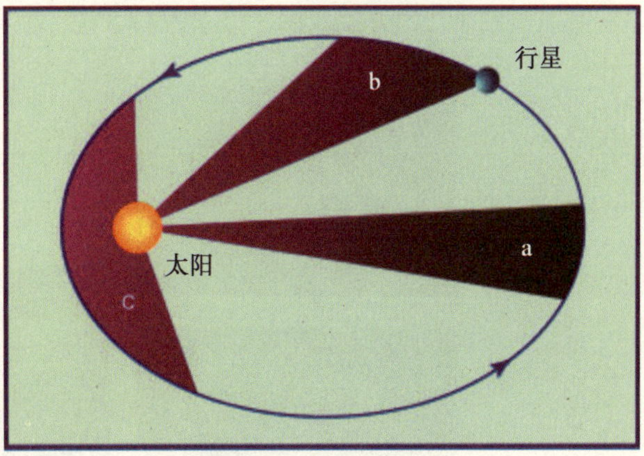

开普勒第二定律示意图

1612 年，开普勒的保护人鲁道夫二世被迫退位，他本人也离开布拉格，去了奥地利的林茨，并继续从事天文研究。开普勒花了很长的时间，通过反复计算，试图找到各个行星轨道之间的几何关系。经过无数次的失败后，终于在 1619 年出版的《宇宙谐和论》一书中发表了他的行星运动第三定律，这就是“行星公转周期的平方与行星轨道半径的立方成正比”。

事实上，开普勒行星运动三定律不仅适用于绕恒星转动的行星，而且也适用于绕行星转动的卫星。行星运动三定律的发现，为经典天文学奠定了可靠的基础，并导致几十年后牛顿万有引力定律的问世。8′是个什么概念？这只相当于从上海人民大道(长约 500 米)的一端所看到的在大道另一端一个身高 1.2 米孩子的大小。开普勒就是在坚信第谷观测资料可靠性的基础上，紧紧抓住这样一点微小的差异不放，导出了举世闻名的行星运动三定律，这正是我们今天所说的科学家的科学精神。

(赵君亮)

太阳系天体的运动规律

这里所说的太阳系天体，是指九大行星和行星的卫星，它们是太阳系内的主要天体。观测表明，行星绕太阳的公转运动和卫星绕行星的公转运动，都服从开普勒行星运动三定律。不仅如此，无论是行星绕太阳的公转运动，还是卫星绕行星的公转运动，以及行星的自转，还表现出一些有趣的共性特征，即(1)尽管这些公转轨道都是椭圆，但椭圆的偏心率都很小，或者说绝大部分轨道很接近圆形，这就是近圆性；(2)地球绕太阳运动的轨道平面称为黄道面，而行星绕太阳和卫星绕行星的公转轨道平面与黄道面的交角都比较小，称为共面性；(3)行星和卫星的公转及自转大多有着大致相同的方向，如果从地球北极上方向下看，这个方向是逆时针的，这称为同向性。

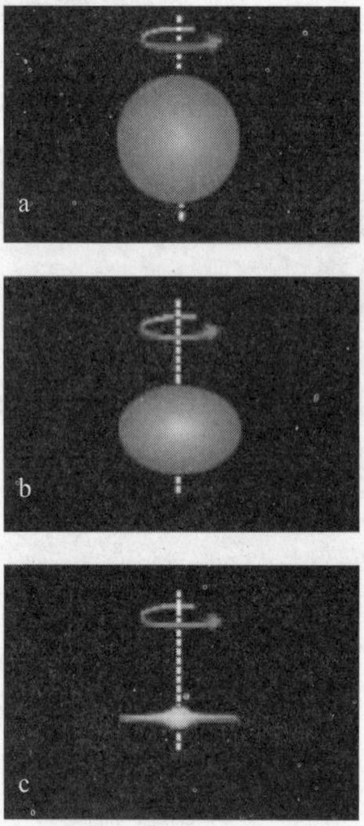

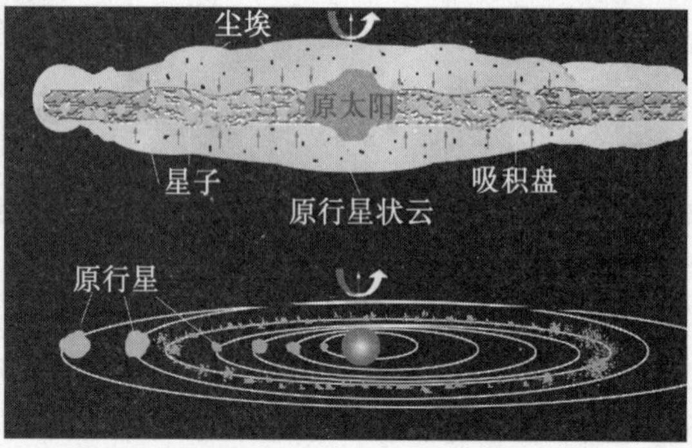

原始星云经引力坍缩形成太阳系的过程（左图为星云坍缩的总体情况，右图示意性地说明太阳和行星的形成过程）

太阳系主要天体的运动状态存在近圆性、共面性、同向性这三个共性特征绝不是偶然的，必定有着共同的成因，任何太阳系起源和演化学说必须对此作出合理的解释。关于太阳系起源的问题，至今尚未形成完整的学说，因为这种学说不仅首先要说明上述共性运动特征，还必须对一些个性特征给出恰当而又合理的解释。现在比较流行的观点是“星云说”。这种学说认为，在宇宙空间存在一些由气体和尘埃组成的巨大的云块，称为巨分子云，而形成太阳系的原始星云，就是由这种巨分子云瓦解而生成的较小云块，半径约为 4 000 天文单位。太阳系原始星云一面自转，一面在自引力的作用下缓慢收缩。在引力和转动造成的离心力的共同作用下，星云逐步变为扁平状。在这个过程中，大部分物质慢慢地向中心集中，最终形成太阳。外围物质先生成星云盘，然后盘物质形成一些大小不等的团块，称为星子，星子再聚集而形成行星、行星周围的卫星以及其他一些小天体。星云说能够比较好地说明太阳系主要天体的近圆性、共面性和同向性这三个主要运动特征。

太阳系主要天体的运动除了上述三个共性特征外，还存在少数例外。明显不符合同向性的是金星的逆向(顺时针)自转和天王星的侧向自转，这两颗行星的赤道面与绕日公转轨道面的交角分别为 177°和 98°。不仅如此，由于天王星卫星的公转轨道平面与天王星的赤道面相重合，因此这些卫星绕天王星的公转轨道面与天王星绕太阳的公转轨道面同样交成 98°角，这又不符合共面性规律。此外，水星公转轨道的偏心率为 0.206，冥王星轨道的偏心率为 0.256，与其他行星的轨道相比是较为扁的椭圆，共圆性较差；而冥王星轨道面与黄道面的交角比较大，达 17°1′，共面性较差。

为了说明不符合共性特征的少数例外，特别是金星的逆向自转和天王星的侧向自转，天文学家提出了各种解释机制。有一种观点认为，在太阳系大行星形成后不久，行星际空间还游弋着大量星子，而其中大星子对个别行星的猛力撞击就完全有可能使行星的运动状态发生剧烈变化，因而也就不符合原有的共性特征了。对此，有人已经作了一些定量计算，并发现如果有一个直径 11 600 千米、质量为 4.5×10^{21} 吨(约为天王星质量的二十分之一)的大星子，沿抛物线轨道与天王星发生擦边碰撞，那么就足以撞翻天王星，使它的自转轴方向发生很大的变化而成为目前所具有的侧向自转状态。大星子的撞击作用同样可以用来解释金星的逆向自转。如果金星原来的自转方向合乎同向性规律，那么一个质量为 5.4×10^{19} 吨(相当于金星质量的百分之一)的大星子从相反方向掠撞金星，便足以把金星的自转方向颠倒过来，使它变为逆向自转。

如果确实存在这类撞击事件，那么幸运的是在太阳系的演化过程中，这类大星子没有撞上我们的地球，不然的话，地球很可能被撞得脱离原有的轨道，而今天繁花似锦的世界也许就不复存在了。

(赵君亮)

THIS IS SCIENCE

地内行星的凌日现象

天文学上把位于地球公转轨道以内的行星，即金星和水星，统称为地内行星。地内行星在运动过程中，有时会处于地球和太阳之间；当它和地球、太阳处于一直线上时，便发生所谓凌日现象。尽管金星和水星都比月球大，但它们离开地球的距离要比月球远得多，在地球上看来要比月球小得多，因而凌日发生时，地球上的观测者只能看到一个很小的黑圆点在太阳表面缓慢地移动。凌日只有水星凌日和金星凌日两种，凌日的原理从本质上来说与日食是一样的。日全食发生时，月球可以把太阳圆面全部掩去，天空会明显地暗下来，从而给人以深刻的印象。凌日发生时，太阳发光圆面被地内行星遮去的只占极小一部分，天空的亮度不会有任何影响。

根据以牛顿引力理论为基础的天体力学，天文学家已经完全掌握了太阳系天体的运动规律，可以对一些重要天象，如日食、月食、火星大冲以及月球掩恒星或掩行星等发生的时间、地点作出长期、准确的预报，其中包括行星凌日。

由于水星或金星绕太阳的公转轨道并不与地球绕太阳的公转轨道位于同一平面上，因此并不是每当地内行星处于地球和太阳之间时都会发生凌日现象。地球绕太阳的公转轨道平面称为黄道面，只有当地内行星位于地球和太阳之间，并且又处于它们的公转轨道平面与黄道面的交线上时，才会发生凌日。所以，凌日现象的出现是很有规律的：水星凌日必然发生在5月8日或11月18日前后，其中11月份的凌日机会较多；金星凌日必然发生在6月7日或12月9日附近，其中6月份的凌日机会略多一些。

离开太阳越近，发生凌日的机会越多。因此，相对来说，水星凌日发生的机会还算是比较多的，每100年平均有13.4次，其中发生在11月的有9次，发生在5月的有4次。金星离开太阳要比水星远，发生凌日的机会要比水星凌日少得多。一般情况下，两次金星凌日之间的间隔为8年、105.5年、8年、121.5年，依此类推，这就是243

凌日发生的几何条件

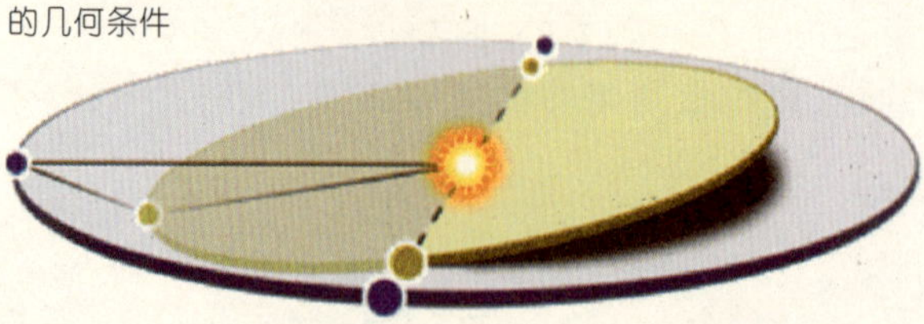

年周期，也是金星凌日最基本和最稳定的周期。

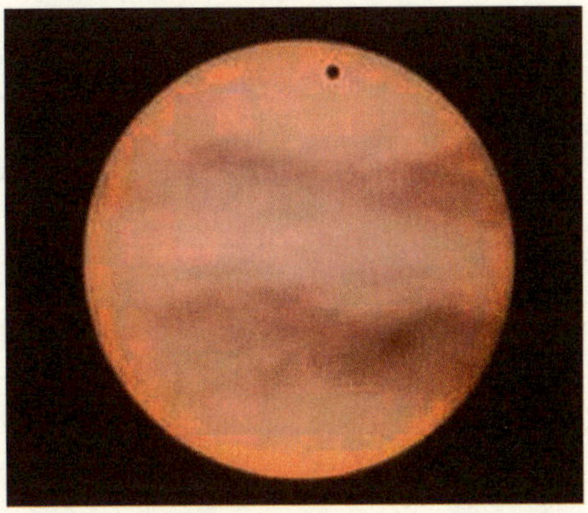

金星凌日照片

在人类历史上，首次对水星凌日作出预报的是德国天文学家开普勒，他于1629年预言，1631年11月7日将会发生一次水星凌日。该日，法国天文学家伽桑狄在巴黎亲眼目睹了水星的小黑圆面在日面上慢慢地移动。最近一次水星凌日是在2003年5月7日。从1631年到2003年的370多年中，共出现50次水星凌日，其中发生在11月的有35次，发生在5月的只有15次。下一次发生水星凌日的时间是2006年11月9日，最佳观测地点在西半球，中国看不到。

还是这位开普勒，他同样在1629年首次预言了1631年将发生一次金星凌日，但在欧洲是看不到的，因此无人目击这一天象，而开普勒本人也没有能预测到相隔8年后的1639年金星凌日会再度出现。人们第一次看到金星凌日是在1639年，预报这次金星凌日的是英国人霍罗克斯。尽管此公从未接受过正规的天文教育，但他凭借对金星、太阳和其他行星坚持多年的观测并寻求其规律性，准确地预言1639年11月24日会发生一次金星凌日，届时他观测到了金星在太阳圆面上缓慢经过的全过程，从而成为有史以来预测并成功观测到金星凌日现象的第一人。

1677年哈雷在观测水星凌日后意识到，可以借助金星凌日来测量日地距离，并对1761年的金星凌日作了预报。不过哈雷明白，他是无缘看到这次罕见的天象了。1761年6月6日，根据哈雷的预测，天文学家奔赴合适的观测点观测金星凌日，他们从约70个点的观测数据印证了哈雷生前的预言，并首次比较准确地测定了地球到太阳的距离——天文单位的长度。在人类历史上，包括2004年6月8日的凌日在内，为人们所看到的金星凌日天象共计有6次，因此可以说金星凌日现象是很罕见的。下一次金星凌日将出现在2012年6月6日。对于我国来说，凌日发生在当天上午，包括上海、北京在内的我国大部分地区可以看到凌日的全过程。

从1631年起，人们观测凌日已有三百多年的历史。早期天文学家曾通过凌日现象测定天文单位的千米数，今天人们对金星凌日或水星凌日只是作为一种比较罕见的天象来加以观赏，凌日本身已经没有多大的科学研究意义了。

（赵君亮）

年轻人用笔和纸发现海王星

人类对行星的认识和研究可以追溯到遥远的古代，例如在中国的甲骨文里就有关于木星的记载。由于行星相对群星的移动，以及它们亮度的变化，人们早就发现了行星。行星一词的原意就是指在天空中游荡的天体，而在希腊语中它的含义是“流浪者”。人们最早知道的是水星、金星、火星、木星、土星这5颗行星，中国在战国时期就有了“五星”的说法。在古代西方，很早就以神话人物的名字来命名这五大行星，如火星是战神，土星是农神，等等。到200多年前，人们所知道的也只有连地球在内的6颗行星。当然，对这6颗行星也就无所谓谁是它们的发现者。

1781年3月13日，英国天文学家威廉·赫歇尔在一次偶然的机会中发现了天王星。一开始赫歇尔以为他在望远镜中看到的这颗星是一颗彗星，后来经过轨道计算，才确认发现了太阳系内的一颗新的行星。

天王星发现以后，人们对它的运动情况进行了仔细的观测和研究。当时，开普勒行星运动三定律和牛顿万有引力定律已经发表，从而奠定了现代天体力学的基础。天文学家利用天体力学理论计算了天王星的位置，结果发现，理论位置和实测位置总是不相符合，其差异又不能用观测误差来解释。于是出现了两种意见：一些人对天体力学理论产生了怀疑，另一种意见则认为在天王星以外还有一颗未知的行星，由于这颗行星对天王星运动的干扰使它的位置发生了变化。不过，大多数人赞成后一种意见。

亚当斯（左）和勒威耶（右）

1845年，26岁的英国天文学家亚当斯算出了这颗未知行星的轨道和质量，并于同年9～10月向剑桥大学天文台台长查理士和格林尼治天文台台长艾里报告了他对这颗行星的预报位置。可惜，两位大人物对年轻人的研究结果不予重视而搁置一边，失

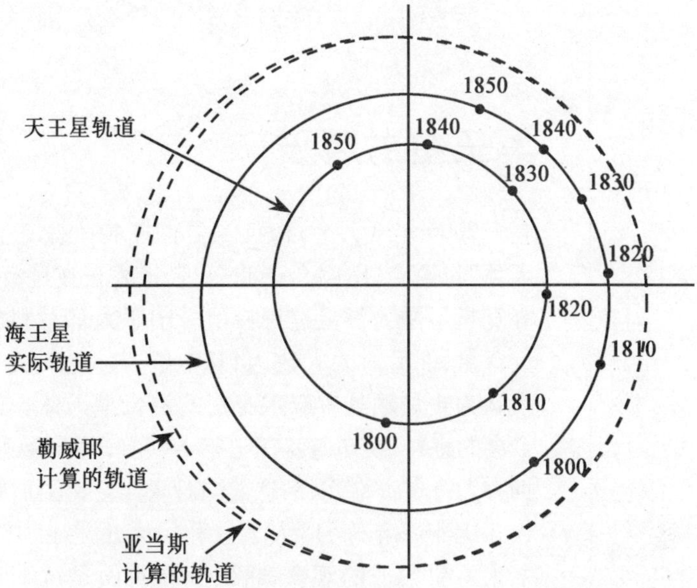

去了一次重大发现的良好机会。1846 年 8 月，35 岁的法国天文学家勒威耶完成了同样的研究，并于 9 月 18 日把结果寄给了柏林天文台的伽勒。伽勒在收到信后立即进行观测，很快找到了这颗未知行星，观测位置和预报位置相差不到 1°，这颗新行星后来就被命名为海王星。由于海王星的发现，英国皇家学会授予勒威耶柯普莱奖章。这时，人们才想起了亚当斯的工作，于是关于发现权的问题便引起了长期的争论。最后，天文界公认亚当斯和勒威耶是海王星的共同发现者。后来，亚当斯本人因为正确预报 1866 年 11 月12～14日狮子座流星雨再度出现，获得了英国皇家学会的金质奖章。

海王星的发现完全是靠笔和纸算出来的，被称为笔尖下的发现。这一发现过程具有重大意义，它证实了牛顿引力理论的正确性，大大地扩大了人类对太阳系的认识，并对嗣后的有关研究具有重要的指导作用。恩格斯高度赞誉了海王星发现在认识论上的意义。

海王星发现后，一些人猜测在它的轨道外面可能还会有行星存在，于是试图仿效亚当斯和勒威耶的方法去推算海王星以外的未知行星。经过多年的苦苦搜索，直到 1930 年初才被美国人汤博所发现，这就是冥王星。不过，因为冥王星的实际轨道与预测结果有较为明显的差异，加上亮度也要比预测值暗得多，所以有人认为冥王星的发现不能看做是计算的功劳，而是偶然的巧合。

（赵君亮）

冥王星的风波

2000年8月2日，英国曼彻斯特大学正在举行一场别开生面的“海外天体”讨论会，出席会议的59名代表正在进行一次意向性的表决，就冥王星究竟是不是大行星进行投票。出乎人们意料的是，只有8人赞同冥王星是大行星，而反对的人数达到51票，其中14人赞同它是一颗海地外行星，37人认为它是颗具有双重身份的混合型天体。这个结果也出乎国际天文学联合会的意料，要知道就在一年半以前，联合会还专门作出声明，宣称冥王星仍拥有大行星资格，以平息人们对联合会试图把冥王星归入海外天体的不满。

七十多年来，广大学者和民众的心目中早已接受了太阳系由太阳和九大行星组成的观念，将冥王星看做是这个和谐大家庭中的一员。那么，为什么突然间有许多学者要把这颗素有“地狱之神”之称的冥王星排除出大行星的队伍呢？

从冥王星发现以来，学者就没有停止过对它的大行星身份的怀疑，原因在于冥王星与众不同的特征和乖僻行径所致。首先是“小”。冥王星的直径为2 274千米，约为地球的18%，连半个水星都不到，甚至比包括月球在内的一些大的卫星都来得小。另一方面，冥王星的卫星卡戎倒有半个冥王星大小，这一比例是太阳系中所有的行星卫星中最大的。人们一度怀疑它曾是海王星的卫星，某种原因使它逃脱了海王星的引力束缚而绕太阳运转。二是“怪”。冥王星的轨道很扁，又远离黄道面，这通常是小行星、彗星的特征。由于很扁的轨道，有时会跑到海王星的轨道内侧，最近一次进入海王星轨道以内是在1979年1月21日到1999年2月11日，整整20年中它并不是最远的行星。所以，冥王星是太阳系内惟一一颗运行轨道与其他大行星轨道交叉的行星。三是彗星般的组成。冥王星的质量很小，大约只有地球的千分之二，密度只有每立方厘米2克左右，它极可能由岩石和水冰的混合物组成，类似彗星。因此，人们既没有把冥王星归类于类地行星，也没有归入类木行星。正是这些与众不同的特征不由人不怀疑冥王星的大行星资格。

关于冥王星身份的风波始于20世纪末。1992年天文学家在离太阳40多天文单位的地方发现了一颗小行星1992QB1，它的轨道近似圆形。早在20世纪50年代，天文学家柯依伯就已提出冥王星一带存在一群小行星天体，后来人们称之为柯依伯带，估计带内有数以万计的比100千米大的小行星或彗星，但一直没有得到证实。1992QB1 是在海王星以外 30～50 天文单位的区域里找到的第一颗小行星，后来找到的小行星越来越多，至 2004 年 7 月 16 日已发现了 799 颗，最大直径超过了 1 000 千米。这些小天体可以分为两类：一类同 1992QB1 相似，轨道近似圆形，称为柯依伯带天体；另一类类似冥王星，轨道较扁并与海王星轨道交叉，这类称为海外天体。从各种性质来看，冥王星更像是海外天体，只是其他海外天体都小于冥王星，而且冥王星还拥有一个卫星。因此，在编制海外天体表时，负责行星分类的国际天文学联合会行星系科学部建议将冥王星列入该表，并将冥王星列为第一号海外天体。海外天体的发现从根本上动摇了冥王星的大行星地位，并为此引发了一场争论和危机。

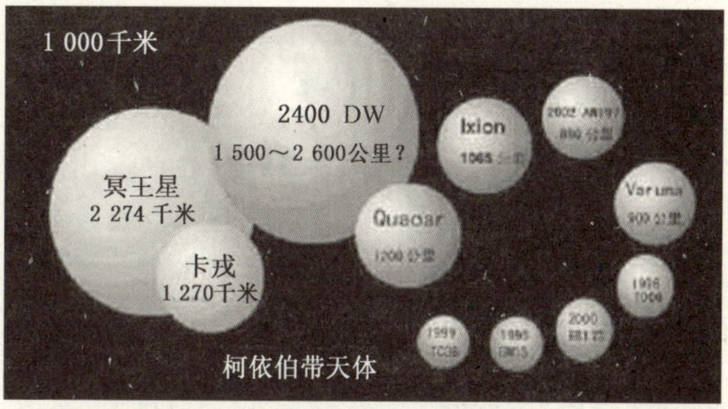

目前发现的较大的海外天体与冥王星及其卫星卡戎的比较

1999 年 2 月初正值冥王星穿越海王星轨道之际，媒体纷纷报道了国际天文学联合会行星系科学部的建议，宣称天文学家将要取消冥王星大行星的资格，后来又更正为将冥王星视为大行星兼海外天体的双重身份。混乱终于开始，大量的电子邮件涌向国际天文学联合会。许多天文学家和广大民众从感情上不能承受任何否决老“九”的说法。

始料不及的国际天文学联合会不得不于 2 月 4 日匆匆忙忙出来表态，发表了 1999 年第一号声明，表示“目前的一些报道片面理解和误解了行星系科学部讨论的主题”。并声明“没有任何一个国际天文学联合会的科学部、委员会或工作小组提出过要取消冥王星的第九大行星资格的建议”。至于把冥王星列入海外天体只是“一种技术上的处理，为了观测和计算机能方便地查找这些天体”。同时还提到了小天体命名委员会的决定：“反对赋予冥王星任何小行星的序号”。

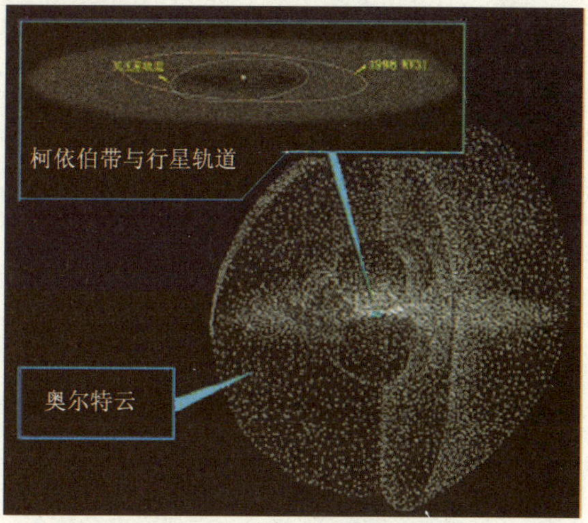

太阳系外部区域的柯依伯带与奥尔特云

（傅承启）

搜索第十大行星

到 1930 年，太阳系内已经发现了 9 颗行星，通常称为九大行星，这就是水星、金星、地球、火星、木星、土星、天王星、海王星和冥王星。那么，在太阳系内还会有其他行星存在吗？这是一个颇有意思的问题。

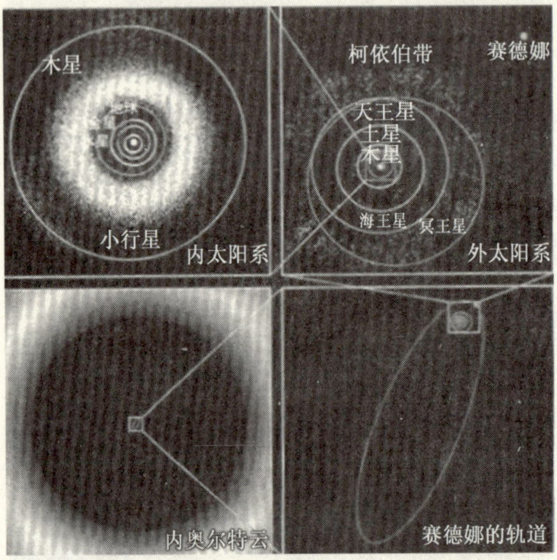

“赛德娜”的位置和轨道

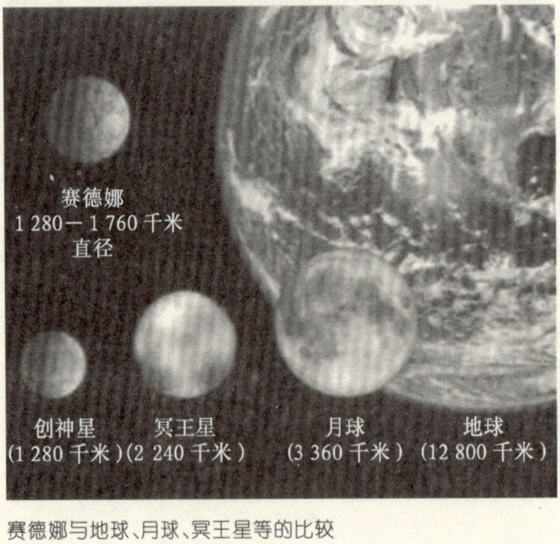

赛德娜与地球、月球、冥王星等的比较

事实上，因受到海王星发现的启发，当时勒威耶就根据 19 世纪中叶观测到的水星运动的某种反常现象，设想在水星的内侧还存在一个尚未观测到的行星，这就是所谓“水内行星”。如果确实存在水内行星，那么它必定非常靠近太阳，随太阳同起同落，所以平时很难观测到。惟有在日全食时，拍摄太阳周围天空的照片，才有希望发现它。为此，人们在几十年内利用多次日全食的机会进行观测，但始终都未能找到水内行星。

另一个方向就是寻找冥王星轨道以外更远的地方是否还存在其他尚未观测到的行星，这就是所谓“冥外行星”。随着海王星和冥王星的相继发现，我们所认识的太阳系的范围不断扩大。根据引力理论，太阳系的引力范围可达4 500天文单位，而已发现的大行星的范围只及引力范围的1%。这说明存在冥外行星，甚至存在不止一个冥外行星是有可能的。另一方面，冥王星的发现未能完全消除天王星理论计算位置与实测位置之间的差异；不仅如此，冥王星本身的运动也存在类似的问题。因此，人们自然会想到这是否意味着确有冥外行星存在呢?

一些天文学家根据对彗星运动特征的分析,比如哈雷彗星过近日点时间的周期性变化,彗星轨道分布的规律性及其与大行星引力作用之间的关系等,来研究冥外行星的存在。有人甚至还推算出了这颗未知行星的质量、轨道半长径、轨道偏心率、轨道面与黄道面的交角以及公转周期等运动参数。

然而,要通过观测来发现冥外行星是很困难的,因为这种天体必然非常暗,要是没有准确的预报位置,在茫茫星海中想找到它谈何容易。一种办法是沿用发现海王星的思路,从海王星或冥王星轨道运动中的不能解释部分,去推算和预言设想中的冥外行星的位置。然而计算结果表明,冥外行星的引力作用太小,无法得出明确的结论。除非在观测手段和数据处理技术进一步发展之后,能够对全部天空中暗星的位置和运动情况进行大规模普查,否则要想像发现海王星那样定点找到冥外行星是十分困难的。

2004 年 3 月 15 日,美国航空航天局宣布,他们在遥远的太阳系边缘发现了一颗很像是行星的红色神秘天体,它是迄今为止人类所知的太阳系内最远的星体,也是自 1930 年找到第九颗行星——冥王星以来所发现的最大的绕太阳运转的天体。实际上,在 2003 年 11 月 14 日,美国加州的望远镜已经发现了这个天体,嗣后经其他天文台观测结果的证实后才正式予以宣布。

据探索项目负责人麦克 · 布朗教授介绍,该星体暂时命名为“赛德娜”,这是纽因特人所崇拜的海洋之神的名字。目前“赛德娜”距离地球约 130 亿千米,相当于地球到冥王星距离的 3 倍。“赛德娜”沿着一条很扁的椭圆轨道绕太阳运行,远日点位置离太阳 1 300 亿千米,公转一圈的周期是 10 500 地球年,而现在它正处于近日点位置附近,未来的 70 多年将是从地球上观测“赛德娜”最好的时机。据估计,“赛德娜”的直径约为冥王星的 3/4,即大约在 2 000 千米左右。它由岩石和冰块组成,呈红色,表面温度不会超过 -200 ℃。

那么“赛德娜”是否可以称得上是太阳系的第十颗大行星呢? 对此目前的争议还比较大。有的科学家认为,既然“赛德娜”的直径已达到冥王星的 3/4,可以称得上是第十大行星。布朗本人认为它不应该算是行星,因为“个子”还不够大。

(赵君亮)

科学家的私心和土星环的发现

土星可算是太阳系中较为奇特的一颗行星，在小望远镜中看来，它的外貌犹如一顶草帽，在圆球形的星体周围有一圈很宽的"帽檐"，这就是土星的光环，又称土星环。光环的存在使得土星成为众行星中最为美丽的一颗。

关于土星环的发现有着一段颇为有趣的故事。自从伽利略在1609年首次用望远镜观测星空以来，新的发现经他之手接踵而至。1610年7月，他把望远镜对准了土星。在这架放大倍数只有30倍而又不完善的望远镜中，伽利略看到在土星的两旁有某种奇怪的附属物，实际上他所观测到的便是土星两侧的光环部分。但是，当时伽利略并没有意识到这一点。鉴于在这之前他已经发现了木星的4颗大卫星，于是便相信土星两侧也有2个卫星之类的小天体。然而，由于情况不如木星卫星那样确切，伽利略没有直截了当地宣布他的这一发现。

任何一位科学家在感觉到将要作出一项重要发现之时，往往会为两种互相矛盾的感情所支配，一方面怕别人走在自己的前面而想尽快地发表它，另一方面又担心会犯大错误而不想轻率地过早加以发表。在伽利略时代，学者们往往为此采用一种称为"字母颠倒法"的密码记录方式来简要地记载自己的发现，这种记录除了发现者本人外几乎谁也无法加以破译。当发现者过了一段时间后进一步确证了这项发现，这时他便把自己早已写好的那份"天书"译出来，从而保留了对该项发现的优先权。

伽利略对他的土星观测结果便采用了这种方法。他当时所做的记录是由39个拉丁字母混乱排列的一长串符号，其真实含义是"观测到一颗最高的三重行星"。这里"最高的"即指土星，因为土星是当时所知离太阳最远的行星。1659年，荷兰科学家惠更斯证实伽利略观测到的是一个离开土星本体的光环。他开始时也像伽利略一样用了字母颠倒的密码记录法，不过形式稍有不同，符号串中包含了62个拉丁字母。三年后当他确信自己结论正确时才宣布这组符号串的意义是"土星周围有一个又薄又平的光环，它的任何部分都与土星不相接触，光环平面与黄道面斜交"。

长期以来土星环一直被认为是一个或若干个扁平的固体物质盘。1856年，英国物理学家麦克斯韦从理论上证明这种环必然是由围绕土星旋转的一大群小卫星组成的物质系统，而不可能是整块固态物质盘。40年后，实测证明土星环不同部分的旋转速度随到土星中心距离的增大而减小，要是刚体转动的话情况应该恰好相反，这一点无可辩驳地证实了，环是无数个各自沿独立轨道绕土星旋转的大小不等的物质块，从而最终阐明了土星环的本质。事实上当远方恒星在环后经过时星光并没有多大的减弱，这也说明它不是一整块东西，而是一些稀疏分布又很小的分离物质块。现已知道组成环的小“卫星”大都是一些直径 4～30 厘米的冰块，环的总质量约为土星质量的百万分之一。环极冷，温度低达－200 ℃。

土星和它的光环

目前，根据地面和空间观测结果得知，土星环系的主体含有 A、B、C、D、E、F 和 G 七个环，以及环与环之间称为环缝的一些暗区。环编号的次序是根据发现时间的先后，而不是按它们离土星本体的远近来确定的；环缝则通常以发现者的名字命名，它们是一些质点密度相对很小的区域。最里面的是 D 环，内侧几乎触及土星的表面，宽度约为 12 000 千米，与 C 环内缘隔开一个1 200千米宽的盖林缝。C 环很暗，宽约 25 000 千米，可以并排放上两个地球。再往外就是 A 环，亮度仅次于 B 环，宽约 15 500 千米。A、B 两环间是宽度为 5 000 千米的卡西尼环缝，由著名天文学家卡西尼于 1675 年发现。卡西尼环缝是永久性的环缝，另一条永久性环缝为 A 环中的恩克环缝，系天文学家恩克所发现，宽度只有 876 千米；其他环缝都不太完整，而且是一些暂时性的环缝。A 环向外依次为 F、G 和 E 环，其中 F 环很窄，宽度仅为 30 千米，它与 A 环之间宽约 3 600 千米的空缺区取名为“先锋缝”。F 环和 G 环都是空间探测器发现的。E 环的情况比较复杂，物质分布呈现某种结构，宽度超过 8 万千米，一直绵延到离土星表面 20 万千米以远的地方。

土星环的总宽度超过 20 万千米，然而最大厚度却不超过 150 米，相比之下真可谓“其薄如纸”！由于土星环所在的平面与观测者视线方向间的交角是在变化的，所以有时候看到的环很宽、很漂亮，但有时候环变得很窄，而当土星环以侧面对着我们时差不多会消失殆尽，这种现象还曾经使伽利略对自己的发现产生怀疑呢！

关于土星环的起源迄今还没有定论，一种最流行的观点认为，土星原本并没有环，只是当它的一颗卫星因某种原因运动到离土星太近时，在土星潮汐力的作用下瓦解，经长时间的演化后形成了今天我们所看到的美丽光环。

（赵君亮）

太阳系内形态各异的行星环

由于相对运动的关系，远方的恒星有时会移动到太阳系天体如月球、行星或小行星的正后方，这种现象称为掩星，如月掩星、木星掩星、小行星掩星等。各类掩星的发生时刻，包括掩星开始（掩始）和结束（掩终），都可以通过理论计算作出非常准确的预报，就像预报日食和月食过程一样。

1977 年 3 月 10 日曾发生过一次天王星掩星的罕见天象，被掩的是一颗暗星，中国、美国、澳大利亚等国的天文学家都对此进行了观测。意想不到的奇怪事情发生了：小星在预报的被掩时刻前 35 分钟出现了“闪烁”，也就是星光减弱又迅即复亮，这种闪烁一连出现了好几次。当恒星从天王星背后复现，或者说掩星过程结束后，闪烁现象又重复出现。显然，这不可能用天王星存在大气层来加以解释。经过仔细的计算和研究后，结论是因为天王星环的存在才引起了这种闪烁现象，而且环应该不止一个！这是继 1930 年发现冥王星后，20 世纪太阳系内的又一重大发现。由于天王星环非常暗弱，在这之前即使用大望远镜也从未观测到过。1978 年，美国天文学家用 5 米口径的望远镜才在波长 2.2 微米的红外波段首次拍摄到天王星环的照片。

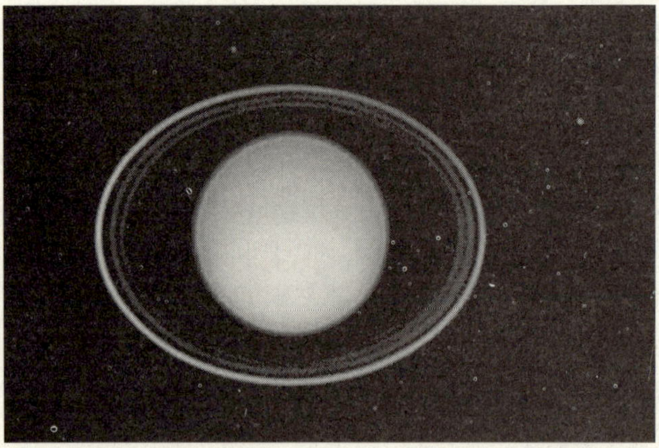

天王星环的照片

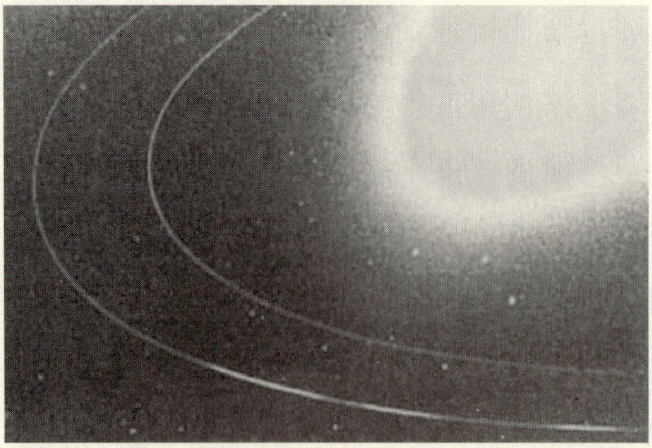

海王星环

现在知道，天王星环系至少由 9 个环组成，而这些环的结构和成分与土星环大不一样。天王星环都很窄，除了最外边

的 ε 环可望宽 100 千米，以及 η 环的宽度约为 60 千米外，其余环的宽度都大约只有 10 千米。一方面环很窄，另一方面环和环之间则是广阔的空间，而不是像土星环那样是宽环间存在窄的环缝。天王星环的反光本领很差，看起来就很暗，因此其环粒的组成成分很可能也与土星环不同，但环粒的大小并不清楚。

随着行星际空间探测器的发射，不断揭示出太阳系天体中许多前所未知的事实，木星环的发现就是其中的一例。1977 年 9 月 5 日美国发射的“旅行者 1 号”经过一年半的长途跋涉，在穿过木星赤道面时，在距离木星 120 万千米的地方拍摄到了亮度十分暗弱的木星环的照片。有关研究表明，木星环主要由亮环、暗环和晕三部分组成，环的厚度不超过 39 千米。亮环离木星中心约 13 万千米，宽 6 000 千米。暗环位于亮环的内侧，宽可达 5 万千米，内边缘几乎与木星大气层相接。晕的延伸范围可达环面上下各 1 万千米，外边界比亮环略远。据推算，组成环的粒子的大小只有 2 微米，真是名副其实的微粒。

美国杂志《空间与望远镜》1978 年 4 月号曾经报道，1846 年 10 月 10 日就有人在 60 厘米反射望远镜中用肉眼看到过海王星环，并在次年为剑桥大学天文台台长查里斯所证实，后者甚至得出环半径为天王星半径 1.5 倍的结论。但是，在后来寻找海王星卫星的多次观测中均未发现环，这件事就渐渐被人淡忘了。在发现天王星环的鼓励下，不少人试图通过海王星掩星事件来发现环，但对几次掩星观测结果的解释却众说纷纭，有人报道发现了环，有人则说不存在环，对报道发现有环的结果也有人认为可以用其他原因来解释而否定环的存在。1989 年当“旅行者 2 号”探测器到达海王星时这一谜团终于有了答案，近距离探测的结果表明，海王星确实也有环，而且至少有3～5条完整或比较完整的环，其中 2 条环相对比较亮一些，但总的来说这些环都是很暗的，不容易观测到。因此，有关海王星环的具体情况仍然很不清楚。

更有趣的是，有人甚至认为历史上地球也曾经有过一个由微粒构成的环，并用此来解释大约 3 400 万年前地球上冬季温度曾一度降低了 20 ℃，而夏季温度却无变化的化石植物学资料。这个假设中的地球环存在了 100～200 万年后，因高层大气的阻尼作用、微陨星的冲击以及太阳风轰击而逐渐消失，故今天也就不存在了。当然，这仅仅是一家之言，是否确有其事目前尚未得到确认。

（赵君亮）

太阳系中的卫星世界

1610 年，伽利略把望远镜对准木星，意外地发现在这颗行星周围有 4 颗卫星在围绕它转动。从此，人们知道，并不仅仅是地球才有自己的卫星——月亮，其他的行星也有它们自己的卫星。

到 2004 年 8 月为止，人们已经知道的太阳系九大行星周围的卫星，一共有 140 颗。其中，水星和金星没有卫星，地球有 1 颗，火星有 2 颗，木星有 63 颗，土星有 33 颗，天王星有 27 颗，海王星有 13 颗，冥王星有 1 颗。由于在木星、土星、天王星和海王星这 4 颗大行星周围不时还可能会发现新的卫星，上述数字也许继续会有所增加。

根据卫星的特性和起源，可以把它们分为两类。一类是规则卫星，它们体积较大，基本上是圆球形，围绕行星公转的轨道接近圆形，轨道的平面与它们所围绕的行星的赤道平面夹角很小，公转的方向与所围绕的行星的自转方向一致。地球的卫星月亮就属于这一类。另一类是不规则卫星，它们的形状不规则，体积都很小，围绕行星的公转轨道一般都是较扁的椭圆，轨道的平面与它们所围绕的行星的赤道平面夹角一般较大，公转的方向也可能与所围绕的行星的自转方向不一致。它们可能是被大行星俘获的小行星或彗星，有的不规则卫星离开所围绕的行星很近，可能是原始卫星被碰撞出的碎块。

火星的 2 颗卫星是在 1877 年由美国天文学家霍尔发现的，都属于不规则卫星，其中火卫一的大小为 27 千米×22 千米×18 千米，火卫二的大小为 15 千米×12 千米×10 千米。它们离开火星中心的平均距离分别为火星半径的 2.8 倍和 6.9 倍。

火卫一

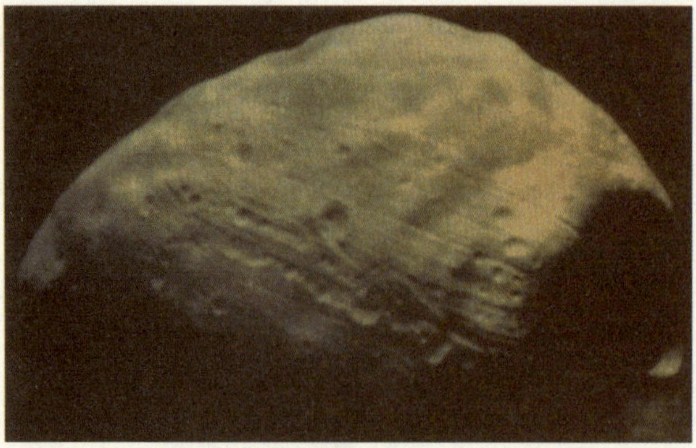

伽利略发现的 4 颗木星卫星，是所有木星卫星中最大的 4 颗，直径均超过 3 000 千米，它们统称为“伽利略卫星”。其中，木卫一有强烈的火山活动，直径大于 20 千米的火山口有数百个。这种火山活动的能源来自木星强大的潮汐作用。木卫二表面覆盖着一层厚约 100 千米的冰幔，冰

幔的下面可能有液态水海洋，其保持液态水不冻结的能源也是木星的潮汐作用。木卫三是太阳系中体积最大的卫星，直径为 5 268 千米，大约是月亮直径的 1.5 倍。木卫三上的水和冰比木卫二更多，是一颗被冰层包裹起来的“水卫星”，但中心有一个固态的岩石核心。木卫四的情况与木卫二、木卫三大致相同。木星的其他卫星都要小得多，最大的木卫五直径也不到 300 千米。

太阳系一些大卫星大小比较

最早发现土星有卫星的是荷兰科学家惠更斯，他在 1655 年发现了土卫六。法国天文学家卡西尼在 1671 年到 1684 年间又发现了土卫八、土卫五、土卫三和土卫四。这几颗卫星，直径都超过 1 000 千米。其余的土星卫星直径均小得多。土星的卫星中，土卫六是最受天文学家关注的，它是太阳系中惟一具有浓厚大气层的卫星。1980 年，“旅行者 1 号”无人太空飞船飞临土星，发现土卫六的大气层至少厚达 400 千米。土卫六的大气层主要成分是氮，令人感兴趣的是其中有多种有机物，以致让人们对在这颗卫星上是否具有原始形态的生命寄予厚望。

天王星最大的两颗卫星天卫三和天卫四，是由英国天文学家赫歇耳在他本人发现天王星之后 6 年于 1787 年发现的，其中天卫三是天王星最大的卫星，直径 1 578 千米。除了这两颗卫星以外，还有天卫一、天卫二和天卫五，它们的直径都超过或接近 500 千米，其余的天王星卫星直径均不超过 200 千米。

海王星的卫星中，海卫一最大，直径为 2 705 千米，其余的直径都不超过 500 千米。海卫一有一层稀薄的大气，主要成分是氮，还有微量的甲烷。

特别提到的是，木星等 4 颗大行星的很多卫星，尤其是新发现的那些卫星，直径只有几十千米，甚至几千米。它们都是不规则卫星。

冥王星的卫星冥卫一发现于 1978 年，直径为 1 186 千米，几乎是冥王星直径的一半。冥卫一还有一个特别之处，它围绕冥王星的公转速度与冥王星的自转速度相同，也就是说这颗卫星处在冥王星的同步轨道上。这是太阳系中惟一的一颗天然同步卫星。

现已发现，不但大行星可以具有卫星，而且某些小行星也具有卫星，不过这些卫星都非常小。

（王家骥）

寻找“丢失”的行星

18世纪下半叶，天文学家已经掌握了当时知道的6颗行星的运动规律，它们就是水星、金星、地球、火星、木星和土星。如果以地球到太阳的平均距离为单位来量度的话，这些行星离开太阳的平均距离依次为0.39，0.72，1.00，1.52，5.20，9.54。虽然这一串数字看上去没有什么规律，但却引起了德国科学家提丢斯的注意。1766年，他在经过一番煞费苦心的探索之后发现，如果从3开始写出一串数，每一个比前一个大一倍，最前面再添一个0；然后把包括0在内的每一个数都加上4，最后把全部数字除以10。结果，这串数便成为0.4，0.7，1.0，1.6，2.8，5.2，10.0，19.6…，这就是所谓“提丢斯数组”。

提丢斯

现在我们一一对应地写出行星的距离和提丢斯数组：

0.39	0.72	1.00	1.52	(?)	5.20	9.54	(19.2)
0.4	0.7	1.0	1.6	2.8	5.2	10.0	19.6…

提丢斯注意到在他的数组中，除了2.8和10.0以后的数字外，其他数字居然和行星到太阳的距离一一对应，而且吻合得相当好。提丢斯注意到了2.8位置上的空缺。德国天文学家波德在1772年公布了提丢斯的发现，并声称太阳系在这个空缺上应该存在一颗尚未发现的行星。1781年英国天文学家赫歇尔发现了天王星，它到太阳的平均距离为19.2天文单位，与提丢斯数组中的19.6十分接近，于是大大增强了人们对提丢斯神秘数组的注意力。

奥伯斯

科学上的发现有时会带有偶然性。1801年元旦，意大利天文学家皮亚齐因编制星表的需要，观测到在众恒星中缓慢移动的一颗7等小星。尽管他跟踪观测了6个星期，但未能算出小星的轨道，又加上生病观测中断，结果就丢失了。皮亚齐四处写信以求帮助。是年11月，数学家高斯算出了这颗星的轨道，预报了它的位置，并认定这是位于火星和木星轨道之间绕太阳运动的一颗行星。翌年元旦，人们终于据此重新找到了这颗行星，发现者皮亚齐把它命名为谷神星。有趣的是谷神星到太阳的平均距离为2.77，恰好填补了提丢斯数组中2.8这个空缺，从

而为这个数组又抹上了一笔神秘的色彩。可惜,谷神星"个子"太小,直径还不到1 000千米,不能与其他行星为伍,于是便称为"小行星"。提丢斯数组究竟说明了什么问题,迄今无人能给出公认的答案。

最大的4颗小行星与月亮大小的比较(从左至右依次为谷神星、智神星、灶神星、婚神星)

谷神星太小了,不能令人满意,也许这一点促使了以后的一系列发现。1802年3月8日,德国天文学家奥伯斯发现了第二颗小行星——智神星,而且运动轨道十分靠近谷神星轨道。这一重要发现使奥伯斯提出了一个大胆的设想:谷神星和智神星都是过去存在过的一颗大行星爆裂后的碎块,这样的碎块应该不止两个!如果这一假设成立,那么所有小行星的轨道应该在爆炸发生处相交。于是,奥伯斯计算出了这个交点的位置,并在这个位置上进行了3年守株待兔式的监测,终于在1807年发现了另一颗小行星——灶神星。而在这之前德国天文学家哈丁已在1804年发现了婚神星。

如果说头四个小行星的发现只花了不到7年时间,那么下一个伙伴的出现却颇为不易。直到1845年,退职邮政官亨克经过15年的苦苦搜索才找到了第五颗小行星。过了两年又发现一颗,嗣后小行星的发现速度越来越快,数目很快增加。19世纪末,照相术的问世并用于天文观测后,大大加快了小行星的发现速度。1890年,人们已认定了287颗小行星的运动轨道。到1975年正式编号的小行星有1 966颗,1991年这一数字猛增到5 000颗左右。目前,正式编号的小行星数已达7万颗左右,而通过照相方法记录到的暗弱小行星估计可能多达几十万颗。

顾名思义,小行星就是比较小的行星。事实上只有少数小行星的直径超过100千米,其中最大的是一号谷神星,直径1 000千米,绝大部分小行星的直径小于1千米,而且形状很不规则,完全谈不上球形。它们实际上只是在太阳系空间游弋的一些小碎块。据估计,全部小行星的总质量约为2.1×10^{18}吨,还不到月球质量的三十分之一。大部分小行星在火星和木星轨道之间运动,形成小行星带。少量小行星的轨道位于木星轨道之外,有一些小行星在最靠近太阳时会伸入地球轨道,甚至进入金星或水星轨道之内。

一个十分有趣的现象是,小行星尽管很小,但居然也会带有自己的卫星。例如,532号大力神小行星直径为243千米,它有一颗直径为45.6千米的卫星,两者相距977千米,这是天文学家麦克马洪于1978年6月7日发现的。嗣后,有关发现小行星有卫星的消息时有报道。由于要证实小行星卫星的存在相当困难,因此对已有的一些发现目前也还存在争议。

(赵君亮)

小行星的起源

19世纪初，德国不来梅有一位医生，叫奥伯斯。他很喜欢天文，经常用望远镜观测星空，第二颗小行星智神星，是他发现的。后来，他又发现了第四颗小行星灶神星。奥伯斯还非常喜欢思考问题，他曾对彗星尾巴的形成原因提出过自己卓越的见解，在宇宙学中有名的“奥伯斯佯谬”也是他提出的。年轻而崭露头角的贝塞尔进入天文学界工作曾得力于他，贝塞尔后来成了很有名的天文学家。奥伯斯发现智神星的时候已经40多岁，他活到了83岁，他把后半生都献给了天文学。

1804年，第三颗小行星婚神星被发现。3颗行星具有很接近的轨道，这在当时很让人惊诧，大家都不明白是怎么一回事。奥伯斯注意到这3颗小行星都相会于室女座，于是作出了一个假设，认为这些小行星是一颗大行星从前遇到灾祸所留下来的碎片。

这是最早的小行星起源学说。随着更多的小行星被发现，这种学说似乎得到了证明，并发展成了比较完整的“爆炸说”。爆炸说认为，在火星和木星轨道之间，原来有一颗如火星或地球那么大的行星，后来由于某种原因发生了爆炸，大大小小的碎片残留下来，成了现在观测到的小行星。

按照爆炸说，所有小行星的轨道应该相交于原来的爆炸处，可是实际情况并非如此。也许可以认为，有些小行星后来受到其他大行星引力的影响改变了最初的轨道，然而许多小行星的轨道相差很大，并不能这样得到解释。

最大直径超过200千米的33颗小行星与火星大小比较

还有一个让人困惑的问题。依据包括最大的那些小行星在内的1 500多颗小行星估计，生成它们的那颗前身行星总质量不到地球质量的1/800。当然大量更小的小行星没有包括在内，可是这些小行星的质量越来越小，数量再多，加在一起也不会显著地增大上述对前身行星总质量的估计。更形象一点说，如果能够把所有的小行星都捏在一起，合成一个大球，这个大球的直径可能

不会超过 1 000 千米。

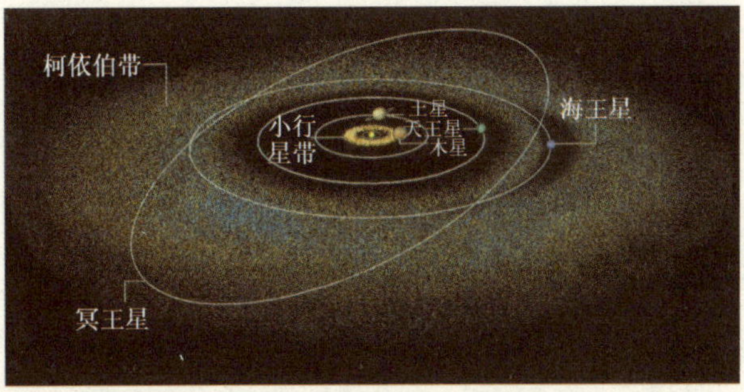

太阳系中的小行星带

这使得人们对爆炸说产生怀疑。也许,爆炸为后来众多的小行星的那颗前身行星本来就很小,比火星、水星甚至月亮还小,或者那颗前身行星爆炸后大部分质量已经散布到太空中无从查考。然而,更可能的是,事情本来就并不像爆炸说所说的那样。爆炸说并不能说明小行星轨道的分布特征,而且根本就找不到任何有效的爆炸机制。因此,尽管在 20 世纪中叶以前很多人都用爆炸说来解释小行星的起源,可是这种学说最终还是无从立足生根。

柯依伯是美籍荷兰天文学家,1960 年起主持美国亚利桑那大学月球和行星实验室。他研究了小行星数目与大小的关系,发现这一关系与由于碰撞而产生的碎片数量的分布规律相符合。据此,他认为在火星与木星轨道之间原有十几个或者几十个直径几百千米的小天体,它们不断地发生频繁的碰撞,于是使得小行星数量越来越多。

然而,柯依伯没有说明原有的那十几个或者几十个直径几百米的小天体是怎样来的。因此,他的学说最多只能说明小行星的演化,并没有解决它们的起源问题。20 世纪 70 年代,瑞典科学家阿尔文等提出了“半成品说”,认为在太阳系形成初期,在火星与木星轨道之间的原始弥漫物质由于某种原因未能凝聚成大行星,而只形成了众多的小行星,遗留至今。我国天文学家戴文赛在 1979 年通过定量计算,把“半成品说”的论点大大丰富和推进了一步,尤其是阐明了未能凝聚成大行星的原因。戴文赛所作的计算表明,由于太阳系原始星云盘内温度、压力与离原始太阳距离之间的关系,使得盘内的物质分布在现今的小行星区域内出现了不连续的间断性,以致在形成行星的过程开始之前,那儿的可吸积物质比较稀少,而邻近的正在形成中的木星特别巨大,它的引力又把现在小行星带中的绝大部分可吸积物质夺走了。这样,这个区域中的物质始终未能聚集成一颗大行星。

小行星起源的半成品说,把小行星的起源和太阳系的形成紧密地联系了起来。当然,小行星的起源问题是一个很复杂的问题,半成品说未必就把所有的问题都解决了,可是它的基本思想现在已经得到普遍的认同。

(王家骥)

哈雷与哈雷彗星

古代人由于缺乏科学常识,对于彗星为什么会偶尔出现,形状又如此地与众不同,可谓是一无所知。1577 年出现了一颗大彗星,丹麦天文学家第谷试图通过观测来确定彗星到地球的距离,这可算是对彗星进行科学研究的开始。尽管第谷并没有测出彗星的距离,但他已正确地认识到彗星是在空间中运动的,距离比月球至少要远 6 倍,因而彗星应该是天体而不是大气现象。

1680 年有一颗彗星出现,是时牛顿已经建立了万有引力定律。他根据当时的观测资料,正确地算出了这颗彗星绕太阳运动的轨道。1682 年又出现了一颗彗星,英国天文学家哈雷与牛顿合作进行彗星轨道计算。在这之前,人们还没有完整地掌握计算彗星轨道的知识。哈雷曾任格林尼治天文台第二任台长,是第一个全力从事彗星轨道计算的天文学家,在彗星研究方面付出了巨大的努力。他不但计算了 1682 年彗星的轨道,而且还根据史书中记载的观测资料,计算了从 1337 年到 1698 年间所观测到的 24 颗彗星的轨道,并把它们的轨道进行比较。经过仔细的比照后哈雷发现,1682 年彗星的轨道,与 1531 年和 1607 年出现的彗星的轨道非常相似,于是他大胆地推断这三次彗星的出现,是同一颗彗星的三次回归,这颗彗星应该每隔 75～76 年回归一次,由此他预言彗星将在 1758 年底或 1759 年初再度出现。可惜哈雷未能等到 1758 年就与世长辞了。不出哈雷的预料,这颗彗星果然在 1758 年 12 月 25 日圣诞之夜如期而至,一位业余天文学家发现了它,在哈雷逝世 16 年后证实了他的预言。为了纪念这位伟大的天文学家的功绩,这颗彗星便被命名为哈雷彗星。哈雷彗星周期性回归的确认,进一步证明了彗星是太阳系内的天体,它与行星一样绕太阳公转,并且可以根据万有引力定律准确预报它出现的日期、亮度和位置。当 1835 年哈雷彗星再度回归时,人们以好奇心而不是恐惧心理观看这颗大彗星,没有人会相信古代的迷信传说了。

哈雷

由于哈雷彗星是第一颗被天文学家正确预报其回归时间的周期彗星,在迄今为止所观测到的

哈雷彗星

彗星中名声最大。再一方面，哈雷彗星又是周期彗星中惟一的一颗年轻彗星。虽然它已经回归太阳附近有好几十次，但仍然处于非常活跃的状态，每次回归都会显示出多变的形态，可谓是彗星中的佼佼者，这也是哈雷彗星名声大振的另一个原因。

哈雷在他的研究中，从中国古代记录中得到不少的启示。哈雷彗星从春秋战国到清末的两千多年间，它的每次出现中国史书中多有记载。《春秋》说鲁文公十四年(公元前 613 年)“秋七月有星孛入于北斗”，可算是世界上最早关于哈雷彗星的确切记载；从公元前 240 年起，哈雷彗星的每次出现中国都有记载，且次数之多、记录之详是其他国家所没有的。1985 年发现的巴比伦书版上记录了公元前 164 年对哈雷彗星的观测，而在西方最早的记载是公元 66 年。

值得一提的是 1910 年 5 月的哈雷彗星回归。天文学家预测，5 月 19 日彗星将位于地球和太阳之间，距地球 2 400 万千米，届时彗星巨大的尾巴将扫过地球。这一消息很快传遍了欧洲，人们感到惊慌不安。有人猜想，彗星中的大量有毒气体将会渗入地球大气而置人于死地，更有人认为地球会被哈雷彗星的尾巴打翻，世界末日即将来临。然而，人们竟然平平安安地度过了那个可怕的 5 月 19 日，什么事都没有发生，甚至一点异样的迹象都未能察觉到，对地球上的所有生物没有造成任何的影响。不过这么一番折腾后，哈雷彗星的大名变得几乎家喻户晓。在这次哈雷彗星回归时，照相术已经用于天文观测，包括中国佘山天文台在内的许多天文研究机构都拍下了这颗大名鼎鼎的彗星的照片。

最令人遗憾的是 1986 年的那次回归：彗星在远离地球的地方度过了它最光辉的时刻，而当 4 月 10 日离地球最近时却已经很暗了，令天文业余爱好者们大失所望。不过专业观测并没有因此而有所懈怠，天文学家不仅动用了地面上所有最新的观测设备，并且首次发射了专用的“乔托”号等空间探测器对哈雷彗星进行近距离观测，取得不少重要的研究成果。下一次哈雷彗星回归将在 2061 年。五十余年后地球上人类的科学技术发展必将大大超过目前的水平。尽管我们对此很难作出令人信服的估计，也许宇航员和科学家们将会搭乘宇宙飞船对哈雷彗星作近距离的实地考察，今天十几、二十几岁的年轻人无疑会看到这一天。

（赵君亮）

彗木相撞及其思考

1994 年 7 月 16 日起，已经分裂成 21 个碎块的 SL9 彗星，以大约每秒 60 千米的速度和 45°的入射角，一个接着一个撞向木星，演出了太阳系历史上极为壮丽的一幕。这是天文学史上第一次准确预测到的太阳系天体的大规模撞击事件。在撞击发生的前后一段时间内，世界上几乎所有的望远镜，包括地面望远镜和空间望远镜，都对准了木星，在不同的波段上观测了撞击发生的全过程，并取得了前所未有的大量宝贵的资料和图像。

彗木相撞示意图

SL9 是彗星观测专家苏梅克夫妇和利维共同发现的第 9 颗彗星，按照惯例被命名为苏梅克-利维 9 号彗星(SL9)。这颗轰动全世界的彗星发现于 1993 年 3 月 24 日傍晚，其奇特之处在于发现时彗核已经分裂成至少 21 个小块，称为亚核，而且所有的亚核均位于一条直线上。研究表明，分裂事件发生在 1992 年 7 月 8 日彗星与木星近距离交会之际：木星的强大引力把结构不太紧密的 SL9 彗核撕成碎片，而这些碎片在以后的运动过程中彼此间相距越来越远，伸展成直线状，成了众多彗星中的一大奇观。天文学家对彗星的轨道运动做了研究和预报，并惊讶地发现它将于次年 7 月中旬撞击木星。尽管从发现到撞击的一年多时间内 SL9 各个亚核的状态出现了许多变化，但撞击还是如期发生了，整个天文界都为之兴奋不已，并引起了广大公众和媒体的极大兴趣。

分裂后的 SL9 彗星

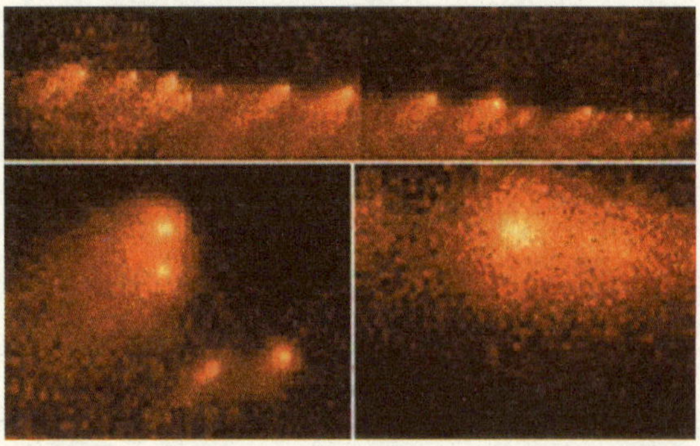

昙花一现的 SL9 彗星已经永远消失了，然而科学家们却在认真思考一个问题：这样的事情会不会发生在地球上？对此我们应该怎么办？有人估计，彗木相撞所释放的能量约相当于 5 000 亿吨 TNT 炸药爆炸的威力，

如果类似事件发生在地球上，后果将不堪设想。遗憾的是，这种可能性尽管非常非常小，但还是存在的。许多直接和间接的证据表明，在太阳系形成以来的漫长时期中，包括地球在内的太阳系天体确实受到彗星、小行星、流星体这些小天体的撞击，而彗木相撞的事实表明这类撞击事件目前仍在发生。

通古斯事件现场

1908 年 6 月 30 日，当地时间上午 7 时 17 分，一颗直径不到 100 米的“迷你”型小行星，以每秒 30 千米的速度撞入俄罗斯西伯利亚通古斯地区上空，在距地面 6 千米处爆炸。这一事件犹如一次强烈地震，将 2 000 平方千米内的森林尽数推倒。这就是著名的通古斯事件，爆炸所释放的能量相当于广岛原子弹威力的 1 000 倍以上。

月球上的环形山

从 1609 年伽利略用望远镜观测天象以来，人们早已知道月球上布满了大大小小的环形山，直径大于 1 千米的环形山总数达 33 000 多个，最大的直径约为 200 千米，它们绝大多数都是小天体撞击月面的结果，环形山也就是撞击坑。由于月球没有地球那样的大气层起到屏障作用，再小的流星体也能保持原有的速度和质量长驱直入击中月球表面而生成撞击坑。月球上又没有流水，也就没有地球上那样的风化侵蚀作用，几十亿年前生成的撞击坑也能完好地保存下来，这就是月球表面布满环形山的原因。

随着行星和行星际探测器的发射，已经发现不仅在水星、金星、火星这些类地行星上，而且在许多大行星的卫星上，甚至在小行星上都有着许多因小天体撞击而生成的大小不等的坑穴。

纵观上述事实，太阳系内小天体对行星和其他天体的撞击是一种相当普遍的现象。今天，人们不仅已清楚地认识到地球会遭受小天体撞击，由此会造成全球性灾变的可能性，并且正在严肃认真地考虑自己的对

水星表面的小天体撞击坑

策。在这个问题上，首先必须探测到有可能撞击地球的小天体，并对它们的轨道运动作出准确的预报。一旦确证有一颗小行星在未来某个时间会撞击地球，人类完全有能力尽早发射一艘空间飞船去拦截这名“杀手”，也许可以在它附近引爆一颗威力巨大的氢弹，或者通过别的途径使这颗小行星哪怕只是稍微改变一下运动路径，对人类的威胁也就可以解除了。所以，尽管天体撞击灾变的后果极为严重，但我们大可不必因此而作杞人之忧，现代科学技术完全有能力使我们不致重蹈恐龙灭绝的厄运。

（赵君亮）

彗星撞击木星

苏梅克—列维 9 号彗星的第一块含有岩石和冰块碎片于格林尼治时间 7 月 16 日 20 时 15 分以每小时 21 万千米的速度落入木星大气层，释放出相当于 2 000 亿吨 TNT 炸药的能量。撞击后产生的多个火球绵延近 1 000 千米，发出强光。人们通过天文望远镜，看到木星表面升腾起宽阔的尘云，高温气体直冲至 1 000 千米的高度，并在木星上留下了如地球大小的撞击痕迹。科学家们测定在彗木相撞前的一段时间内，木星发出的强电磁波比平时强 9 倍，撞击时溅落点温度瞬间上升到上万摄氏度。

木星是太阳系 9 大行星中位居中间而且又是最大的一个星球。它的半径为 71 300 千米，比地球大 11 倍；体积是地球的 1 316 倍，重量是地球的 318 倍，相当于其他 8 大行星总质量的 2.5 倍。但木星的密度仅为地球的 1/4，这说明木星表面有深而广的海洋，海洋上面有一个厚度达 1 000 千米的密集的大气层。它的大气层中将近 89％是氢分子，11％是氦，另外有少量的氨、甲烷、水、乙烷、乙炔、一氧化碳、氰化氢及其他一些复合物。木星大气层的上面飘浮着由氨结晶体形成的云层，这个云层的下面可能还有诸如氢氧化氨、水和冰等复合物构成的云层。彗星碎块对木星的连续撞击引起强烈爆炸，产生巨大闪光现象，把木星的卫星照得非常亮。木星表面形成了巨大的蘑菇云，在木星大气层中引起大风暴并且持续很长时间。撞击使许多物质从木星上溅出，形成一个由气体和尘埃构成的物质环。

彗星的结构和起源

彗星一般由彗头和彗尾两部分组成，其中彗头又包括彗核和彗发；有些彗星在彗发外面还有氢原子云，称为“彗云”或“氢云”，而有的彗星在彗头中连彗发也没有，只有彗核。彗核的直径很小，只有几百米到上百千米，但集中了彗星的绝大部分质量，平均密度约为每立方厘米 1 克，但不同的彗星这个数字可以相差很大。大彗星的质量为 $10^3 \sim 10^8$ 亿吨，小彗星质量只有几十亿吨。彗发的体积随彗星离太阳的距离而变化，直径比彗核要大得多，一般可达几万千米，有的更达到 180 万千米(如 1811 年的大彗星)，比太阳还大。

一般来说，当彗星运动到离太阳 2 个天文单位左右时才开始伸出彗尾。随着向太阳趋近，彗尾显著地变长、变大；当它过近日点后不断远离太阳时，彗尾就逐渐变小，直至最后消失。大的彗尾可长达上亿千米，宽度在几千千米以上，甚至可达 2 000 万千米。彗尾物质极为稀薄，密度只及地面大气密度的十亿亿分之一，这正是 1910 年哈雷彗星回归时彗尾扫过地球但人们毫无感觉的原因，所以彗尾确实是一把空空如也的“大扫帚”。彗发和彗尾的质量之和一般只占彗星总质量的 1%～5%。彗尾又可以分为两类，一类彗尾较长、较直，呈蓝色，由离子气体组成，称为“离子彗尾”或“气体彗尾”，又称 Ⅰ 型彗尾，这类彗尾是在太阳风(从太阳逸出的高速粒子流)的作用下形成的。另一类彗尾比较短，呈弯曲状，带黄色，称为“尘埃彗尾”，是由太阳光辐射压(光压)对尘埃的斥力作用造成的，其中弯曲程度较小的又称 Ⅱ 型彗尾，而弯曲程度很大的称为 Ⅲ 型彗尾。彗尾的结构往往相当复杂，并且呈动态变化，有的还会形成好几条彗尾，非常奇特。

彗星的运动轨道与行星大不一样，绝大部分轨道都是一些很扁的椭圆和接近抛物线的双曲线。沿椭圆轨道运行的彗星称为周期彗星，每经过一段时间它会再度来到地球附近而为我们所看到，其中周期长于 200 年的称为长周期彗星，最长可达几千年甚至上万年；短于 200 年的是短周期彗星，哈雷彗星即属于短周期彗星，而只有很短周期的彗星才有可能被进行多次仔细的研究。沿双曲线轨道运行的彗星只是一些来去匆匆的过客，它们一去就不复返了。

彗星在远离太阳时就只剩下彗核。通常认为彗核是一些“脏雪球”，由冰冻的母分子和夹杂其中的细微尘粒组成。当彗星逐渐接近太阳时，

海尔-波普彗星

“深空1号”观测到伯莱利彗核像个马铃薯

太阳的加热作用使彗核表面的冰升华为气体，向外膨胀并带出微尘，从而形成彗发和彗尾。然后，彗尾在太阳光压和太阳风的作用下扩展出去。过了近日点后，太阳的加热作用渐而减弱，气体的挥发量减少，彗尾和彗发减小以至消失，剩下的只有彗核并远离太阳而去。每次经过太阳附近，彗星就会损失一部分质量，因此周期彗星多次回归太阳后，挥发性物质越来越少，最后也就不能生成彗发和彗尾了。近期的空间探测已经证实，这种模型基本上是正确的。

关于彗星的起源问题，目前还没有取得完全一致的意见。一种比较流行的说法是“原云假说”，由荷兰天文学家奥尔特于20世纪50年代提出。根据这种假说，在距太阳10万天文单位的地方有一个“彗星仓库”，称为“彗星云”或“奥尔特云”，其中约有1 000亿颗彗星。由于受到某种引力(比如太阳系附近一颗恒星的引力)的扰动作用，一部分彗星改变了运行轨道，经过几百万年时间到达太阳系内部；这时又因为受到大行星(特别是木星)的引力扰动而成为短周期彗星，并来到地球附近而为我们所看到。差不多同一时期的另一种看法认为，在海王星轨道外还存在着另一个彗星带，称为“柯依伯带”。目前已经发现了几百个柯依伯带天体，但这些天体是否就是彗星尚有争议。

由于彗星很可能含有太阳系形成之初的原始物质，甚至有可能是原始生命的发源地之一，可以为研究太阳系的早期演化史提供宝贵的线索，而人们对此又知之甚少，因此从20世纪80年代以来，彗星研究便成为太阳系空间探测的一个重要方面。1985至1986年哈雷彗星回归地球期间，美国、苏联、日本和欧洲空间局共发射了6个探测器对哈雷彗星进行近距离实地探测。最近欧洲空间局于2004年3月2日成功发射了“罗塞塔”彗星探测器，它将于2014年到达67P/C-G彗星附近，并对其作近距离考察和采集物质样品。毫无疑问，这些空间探测的成果将会使人们对彗星以至太阳系的深入了解作出重要的贡献。

（赵君亮）

流星雨的魅力

太阳系内的行星际空间存在着大量的尘埃微粒和微小的固体块，它们也绕着太阳运动。当它们接近地球时，可能会闯入地球大气层。由于这些微粒或固体块与地球的相对运动速度很高，达每秒 11～72 千米，因而与大气分子发生剧烈摩擦而燃烧发光，在夜间天空表现为一条光迹，这种现象就是流星。流星中特别明亮的又称为火流星，火流星出现时，偶尔还可听到声响。造成流星现象的微粒或固体块称为流星体，所以流星和流星体是两个不同的概念：流星体是一种实体，流星是一种现象。

流星体的质量一般很小，比如肉眼可见的流星体直径在 0.1～1 厘米之间。大部分流星体在进入大气层后都汽化殆尽，只有少数大而结构坚实的流星体才能因燃烧未尽而有固体物质降落到地面，这就是陨星。特别小的流星体因与大气分子碰撞产生的热量迅速辐射掉，不足以使之汽化产生流星现象，而是以尘埃形式漂浮在大气中并最终落到地面上，称为微陨星。

火流星

流星雨照片

据估计，每年降落到地球上的流星体，包括气化物质和微陨星，总质量约有 20 万吨之巨！这是否会使地球不断变“胖”呢？请看地球的质量约为 6×10^{21} 吨，由于流星体下落使地球“体重”的增加在 50 亿年时间内的总量约为 10^{15} 吨，或者说使地球的质量增加了 600 万分之一，相当于 100 千克的大胖子体重增加不到 0.02 克，可见实在是微不足道！

流星通常是单个零星出现的，彼此间无关，它们出现的时间和方向也没有什么规律性，平均每小时可以看到10条左右，称为偶现流星或偶发流星。但是，偶现流星在整个夜晚不同时间段内出现的数目是不同的。平均来说，下半夜出现的流星要比上半夜来得多，而且也比较明亮。

有时候在天空某一区域或在某一段时间内流星的数目会显著增多，每小时出现几十条甚至更多，看上去就像下雨或放焰火一样，这种现象称为流星雨。特别大的流星雨又称流星暴，如1833年狮子座流星雨出现时，每小时竟多达35 000条(约每秒10条)，景象甚为壮观。流星雨是一大群流星体在短时间内闯入大气的结果，这种成群结队的流星体称为流星群。

流星群的各个成员在空间中的运动轨道基本上是彼此平行的。由于透视的原因，在地球上看来由流星群造成的流星雨仿佛都从同一点向外辐射出来，这一点称为流星雨的辐射点。大多数流星群(流星雨)即以辐射点所在的星座或附近的恒星命名，如狮子座流星群、宝瓶座δ流星群等。

通常认为流星雨的出现与彗星有关。流星群就起源于彗星散发出来的物质碎粒或是瓦解了的彗核。最著名的是1826年发现的比拉彗星，地球在每年的11月27日穿过它的轨道。1846年1月发现比拉彗星已分裂为二，且分裂后的两颗彗星间距离越来越远。1855年，它们双双出现，但已经分得很开。在以后两次预期彗星该出现的年份都没有观测到，人们以为它失踪了，然而在1872年11月27日夜晚天空中突然出现了极为壮观的流星雨，辐射点在仙女座。1885年11月27日又发生了同样的现象。后来得知，1798、1830和1838年已观测到过仙女座流星雨。可见比拉彗星在瓦解前早已在散发大量的质点，仙女座流星雨毫无疑问与比拉彗星有关，故又称比拉流星雨。

在漫长的年代中，彗星散发出的微粒会逐渐因太阳辐射压和大行星引力扰动而分布在整个彗星运动轨道上。由于一部分彗星的轨道可以与地球公转轨道相交，当地球穿越这种区域时便会因大批微粒进入地球大气层而形成流星雨。不过，因为这类微粒在轨道上的分布是不均匀的，母体彗星附近密度特别大，所以对应于某一颗彗星来说，不是每年都能从地球上看到壮观的流星雨。比如，在平常年份，狮子座流星雨的流星数目并不很多，只是每隔33年才有一次程度不等、规模较大的流星暴出现，这33年就是母体彗星的轨道运动周期。

(赵君亮)

太阳和太阳系的形成

太阳是银河系中的一颗恒星。太阳是如何形成的,这个问题就是恒星的形成问题。太阳系的形成,包括了太阳的形成和太阳系中其他天体的形成两个方面的问题。相比之下,后一问题的解决要困难得多。太阳和太阳系中的其他天体是在一起差不多同时形成的,这两个方面的问题实际上有着紧密的联系。

约50亿年前,银河系中有一团几千倍太阳质量的气体尘埃云。这团星云一方面在自身引力作用下逐渐收缩,另一方面内部出现了许多湍流和涡流。结果,大星云碎裂成了许多小星云,其中一块小星云就是太阳和太阳系的前身,称之为"原始太阳星云"。

估计原始太阳星云的质量不会超过现在太阳质量的1.2倍。它一开始就有自转,这是原来的大星云中所具有的湍流和涡流残留下来的。这团星云继续在万有引力的作用下收缩,中心占绝大部分的物质形成了太阳,相应地,星云的自转变得越来越快,留在外围的物质形状变得扁平,形成了一个星云盘。

太阳形成以后,由于太阳强烈的辐射和太阳风的作用,星云盘中靠近太阳的内层气体被向外推离,因此尘埃的含量高;而在外围,则气体的含量高。而且,星云盘的厚度,是内层薄,外围厚,但物质的密度,则是内层较密,越向外围密度越低。行星就在这样的星云盘里形成。

现在,利用哈勃空间望远镜,天文学家已经在许多新形成的恒星周围观测到了这种由气体和尘埃组成的星云盘。然而,星云盘中的气体和尘埃究竟是怎样形成一颗颗行星的,这是一个比较复杂的问题,没有直接的观测依据,只能依靠理论研究。这类研究得出的大致情况是,星云盘内的大小不等的尘埃微粒在运动中互相碰撞,结合成大小不同的颗粒。较大的固体颗粒在原始太阳的引力、惯性离心力、气体压力和阻力的综合作用下,逐渐

太阳系的形成(艺术画)

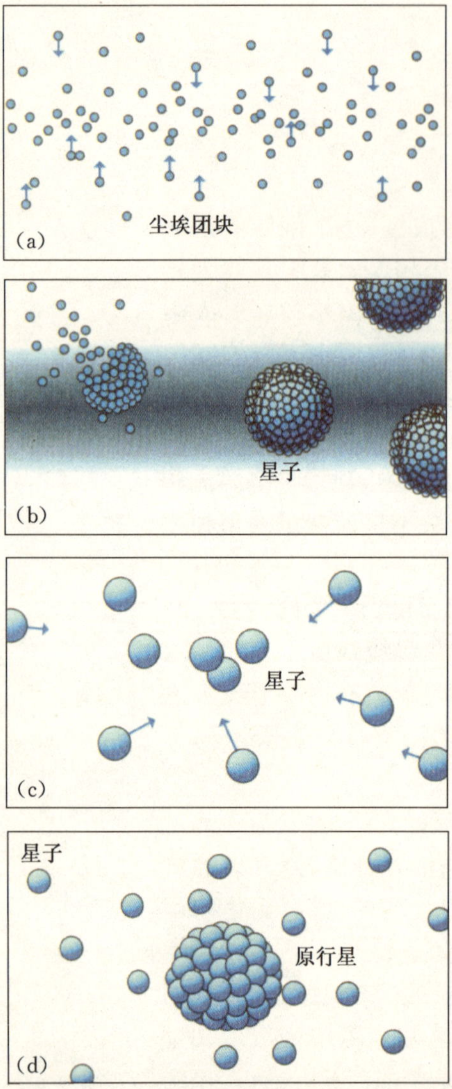

行星形成过程示意图:(a)尘埃颗粒碰撞结合形成团块;(b)引力使尘埃团块结合形成小行星大小的星子;(c)星子聚集成行星胎;(d)星子进一步聚集在行星胎周围形成原行星

沉降到星云盘的中心面附近,在星云盘内形成一个更薄的“尘层”。当尘层内的物质密度变得相当大时,尘层就会瓦解为许多颗粒团。每个颗粒团继续收缩和聚集,先形成一些小的团块,然后这些团块相互碰撞,结合成 1～10 千米直径的较大的团块,称为星子。

大星子的引力较强,在运动过程中不断地吸积周围的物质,吞并小星子并长大。星子之间的引力会使它们的轨道变得复杂化,更易发生交叉、接近和碰撞。好像滚雪球似的,大星子越长越大。星子间的碰撞可以产生两种结果。如果两个星子彼此间大小相差悬殊,或者相对速度不太大,那么它们就会结合在一起。否则,它们就会撞碎。然而,这些撞碎后留下的碎块,多数终究又会被大星子吸积。在这种碰撞和吸积过程中,在一定的区域内,会产生一个相对来说最大的大星子,成为行星胎。

行星胎的形成更进一步大大加快了物质凝聚的速度,最后,形成了一颗颗大行星。一些行星周围大卫星的形成过程很可能是大行星形成过程在局部区域内较小规模的翻版,而一些没有能形成大行星的星子,就成了小行星、彗星和一些行星的小卫星。内层的大行星,因为原来星云盘尘埃多,所以是类似地球的固态行星。外层的大行星,则原来的星云盘成分主要是气体,所以是像木星那样的气态行星,仅在它们的中心可能有个很小的固态核。

理论研究表明,从星云盘到最终行星形成,需要 1 千万年到 1 亿年。因此,太阳系内的所有成员基本上是在同一时期里相当快地形成的。

（王家骥）

沸腾的太阳表面

我国古代的神话称太阳中有“三足乌”，以致“乌”成了太阳的代称。为什么我们的祖先会有这样的认识，是不是他们在日面上看到了什么？

一种可能是错觉。你如果朝着明亮的太阳圆面看一会儿，很快就会眼花缭乱，并产生一种错觉，似乎有暗影在日面上跳动。我们的祖先因此以为太阳上有大鸟，或者视太阳本身就是大鸟。另一种可能性是太阳上出现的大黑子群。这种大黑子群出现时，在日出或日落的时候，可以用肉眼看到。我国在公元前28年，就已经有了世界公认的最早的太阳黑子记录。我国古代典籍中称太阳黑子为“黑气”、“乌”。

现在我们知道，我们平常看到的太阳表面，是太阳大气的最底层。它的温度约是6 000 ℃。它是不透明的，因此我们不能直接看见太阳内部的结构。这一层深约500千米，称为“光球”。

光球那么薄，怎么会不透明呢？原来，这一层里面的气体，处在部分电离的状态。气体的电离产生了很多自由电子，这些自由电子处在剧烈的运动中，它们如果遇到正离子，就会重新与正离子结合为中性原子，然后再电离。它们也可能遇到中性的氢原子，与中心的氢原子暂时结合在一起，成为负氢离子。负氢离子并不稳定，很快又释放出自由电子，重新变为中性氢原子。负氢离子的透明度很差。因此，尽管光球气体的密度比地球表面大气密度小得多，却基本上处于不透明状态。

光球看上去很光滑，实际上犹如沸腾的海洋。光球上一种最普遍见到的现象就是“米粒组织”。在大气比较宁静的时候，即使用小望远镜观测太阳放大后的图像，也可以观测到在整个太阳圆面上布满了像米粒一样的东西。

太阳表面的立体影像

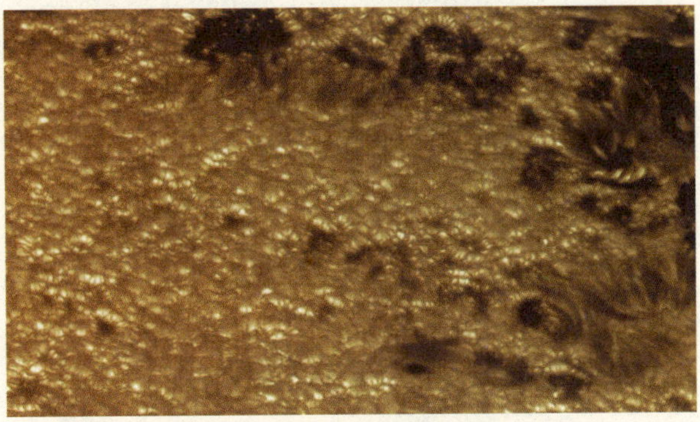

米粒组织是光球中气体对流造成的一种日面现象。光球的下面是太阳内部对流层的顶部，对流层中的物质有剧烈的对流运动，高温的气体从米粒中向上升腾，同时把热量散发出去，温度降低之后，这些物质便沿米粒的边缘向下回流，重新回到对流层中。

因此，米粒的温度比周围高100 ℃～300 ℃，看上去就比周围背景亮10%～30%。米粒的大小为1 000千米左右，最大可达3 000多千米，平均寿命约8分钟，最长可达15分钟以上。米粒中心的物质上升速度约为每秒0.4千米，水平方向的物质外流速度约为每秒0.25千米。

太阳黑子是光球上的暗黑斑点，大的可达20万千米以上，通常见到的比较小的也有几千千米。黑子越大，寿命越长。个别寿命短的小黑子几小时就消失，但一般的都能生存几天、十几天。大黑子尤其是一些结构复杂的超大黑子群，寿命可以长达几个星期甚至几个月。

较大的黑子由浓黑的本影和灰黑的半影组成。本影是黑子的核心，可以明显看到它向太阳内部凹陷下去，温度比周围明亮的光球低1 700 ℃左右。半影处在本影的四周，与周围明亮区域的温度差约为400 ℃。在半影中常有许多大致径向排列的纤维状结构，有的还有漩涡状结构。黑子内的物质有复杂的剧烈运动，垂直方向的运动速度达到每秒1～3千米。在黑子下面，有物质沿水平方向从里向外流出，而在黑子上层，则刚好相反，物质从外向里流入。黑子有很强的磁场，其强度比太阳表面平均磁场高约10 000倍。黑子的磁场不但强度高，而且常有剧烈的变化，这种剧烈变化往往伴随着太阳大气更高层次中的某些剧烈活动。

太阳黑子为什么会是黑的？可以肯定的一点是，必定是黑子区域超强的磁场与物质相互作用，使得这一区域温度较低。那么太阳黑子的强磁场又是怎么形成的呢？原来，太阳像地球一样，也有自转。不过，地球是个固体球，不管在赤道还是两极附近，自转周期是一样的。可是，太阳是一个气体球，赤道区域自转一周约25天，而在纬度40度左右处自转一周却需要27天，这种自转方式称为较差自转。

太阳内部的物质处在电离状态，太阳自转使得这些物质中的电荷也一起跟着转动，造成了一个两极分别在南极和北极附近的全球性磁场。我们可以用许多磁力线来想象这个全球性磁场，这些磁力线贯穿在太阳的物质中。由于太阳的自转是较差自转，不同纬度自转快慢不一样，磁力线跟着物质转动，就会发生扭曲，慢慢地相互缠绕在一起，形成“磁力线管”。进一步，这些磁力线管会扭结起来，其中的局部磁场强度大大增强。当这一强磁场产生的压力超过太阳物质的压力，磁力线管就会浮到太阳光球上来，从而成为太阳黑子。

（王家骥）

人造日食观日冕

日食对于我们来说算不上是什么罕见的天象，就地球上的某一地点来说，每隔几年就可以看到一次。可是，我们能看到的几乎都只是偏食，在一个人的一生之中，能够看到环食或者全食的，那样的机会就微乎其微了，很多人终身都没有看到。

日食中，真正值得一看的是日全食。当全食来临的时候，天空变得灰暗起来，几颗最明亮的星星开始出现在天幕之上，一阵阴风掠过大地，让人感到几分冷凄。这时你向太阳望去，往时耀眼的圆面已经变得黑暗无光，倒是在其周围浮现出了一片蓝白色的淡淡的光晕，似美女头上的披纱，吹拂开去。面对这一幅从未见过的美景，你会觉得自己也许是在仙境。待等几分钟后，全食结束，明亮的太阳重新露出一角来的时候，你仿佛如梦初醒，不得不惊叹大自然的奇妙。

那么，在日全食的时候，在被遮住的太阳圆面四周我们看到的那一片异常美丽的光晕，究竟是什么呢？是地球大气散射的太阳光吗？不是，因为发生日全食的时候，遮住太阳的是在地球大气外离开地球很远的月亮圆面，在地球上能够见到全食的区域，已经没有太阳光投射过来。那一片晕光，是真正位于太阳四周的物质发射出来的，它们构成了太阳大气的最外层，这一层称为日冕。

日冕内的物质十分稀薄，即使在其底层，密度也只有地球表面大气密度的约一万亿分之一。这些物质处于高度电离状态，主要由质子、高速自由电子以及高度电离的离子所组成。日冕的发光强度很低，大约只有光球的一百万分之一。如果不是发生日全食，日冕的光将完全被地球大气散射的光球的光淹没。因此，在很长的一段时间里，人们只能利用日全食发生时的短短几分钟，对日冕进行观测，获得的资料十分有限。

日冕的伸展范围可以达到好几倍太阳半径，与行星际空间没有截然的分界线。在日冕的外层，不断有带电粒子流以每秒几百千米的速度飞向行星际空间。这种带电粒子流可以看做是日冕的延伸，称为太阳风。太阳风一直可以吹到太阳系的边缘，逐渐消散。太阳系中受到太阳风影响的整个区域，有时称为太阳风层。

在地球上，地球大气的散射光不可能完全消除，但可以把望远镜放到海拔很高的高山上去，那里空气稀薄，大气散射光的影响大为减小。不

1999 年 8 月 11 日日全食，发生在土耳其等地

过，要想在没有发生日全食的时候观测日冕，除了地球大气散射光的影响之外，望远镜也会产生很严重的散射光，因此还需要尽可能设法减少望远镜产生的散射光。1930 年，法国默东天文台的青年天文学家李奥制造成功了这样一架专门用来观测日冕的望远镜，称为日冕仪。他在 2 870 米高的法国日中峰天文台，在下雪后的晴天，大气散射光特别小的时候，成功地观测到了日冕。

在高山上用日冕仪观测到的日冕，只是其底层很薄的一圈，而上层很大的范围，由于光线十分暗淡，仍然只能在日全食的时候进行观测。人类进入太空时代之后，这种情况才开始有了根本的改变。在太空中，没有了地球大气，人们就可以制造人造日食，利用人造日食来观测日冕。

在制造人造日食对日冕进行连续监测方面，由欧洲航天局和美国航空航天局联合研制的太阳和太阳风层天文观测卫星已经并且正在继续发挥着十分重要的和不可替代的作用。这颗卫星在 1995 年 12 月 2 日发射上天，专门用来对太阳和太阳风进行全天候的不间断监测。这颗卫星重 1 850 千克，装有 12 台精密的仪器，用来对太阳内部、太阳大气层和太阳风进行观测和研究。

在这颗卫星上，能够制造人造日食的是其中的广角分光日冕仪。这种日冕仪中央有一块圆形的挡光板，把明亮的太阳圆面遮住。日冕的光离开太阳越远越弱，在这颗卫星上一共有 3 架这样的日冕仪，它们可以分别对离太阳中心距离不同的那部分日冕同时用不同的曝光时间照相，使得拍摄到的图像都同样清晰。

（王家骥）

日冕仪

是一种能人为地制造日食，用来研究太阳的日冕和日珥的形态和光谱的天文仪器。

日冕仪是法国默东天文台的李奥（B. Lyot）于 1930 年发明的。日冕仪最初必须放到高山上使用，以避免地球大气散射光的影响。现在已经可以放到火箭、轨道天文台、空间站上进行大气外观测。

破解七色阳光中隐藏的秘密

众所周知，牛顿发现了万有引力定律。其实，牛顿对科学还有许多其他杰出的贡献。牛顿说，“我之所以比别人看得更远，是因为我站在巨人的肩膀上”。不但在基础理论方面，而且在某些应用技术方面，牛顿也同样如此。

那是在1666年，牛顿才25岁。为了证明玻璃对不同颜色的光线的确具有不同的折射率，他把玻璃做成截面为三角形的棱镜，放到太阳光下，发现通过棱镜的太阳光投射到白色的屏幕上，成了一条彩色的光带。1802年，另一位英国人沃拉斯顿在三棱镜前面加了一条狭缝，结果在太阳光产生的彩色光带中就出现了许多暗线。这就是最早的光谱仪，那条彩色的光带，就叫做光谱。

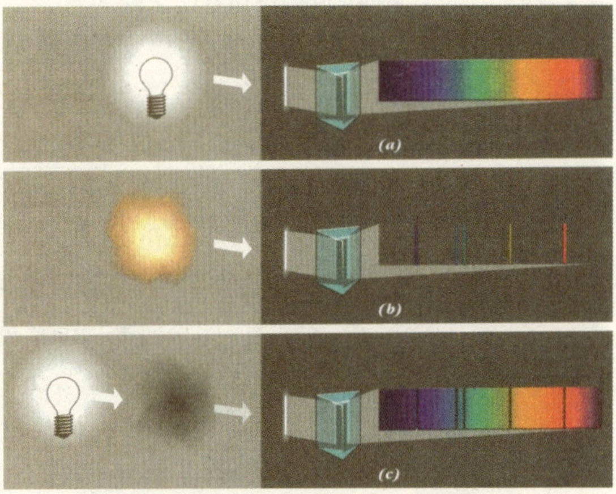

基尔霍夫关于光谱的三条定则：(a)第一定则；(b)第二定则；(c)第三定则

1787年，在德国一个姓夫琅和费的贫穷人家，诞生了一个男孩。这个穷孩子11岁的时候在慕尼黑的一个光学师傅那里当了学徒，住在一间快要倒塌的破屋里。后来，这间屋子真的倒塌了，里面其他的房客都被压死了，只有小夫琅和费幸免于难，但也受了重伤。一位好心的侯爷给了他18块金币，他用这些钱买了书籍和光学仪器。不久，夫琅和费成了一名最能干的光学巧匠。

1814年，28岁的夫琅和费正为改进天文望远镜上的物镜而对棱镜进行研究。他把光谱仪安装到天文望远镜上，使得光谱看起来特别清晰。他吃惊地发现，在太阳的光谱中有几百条强弱

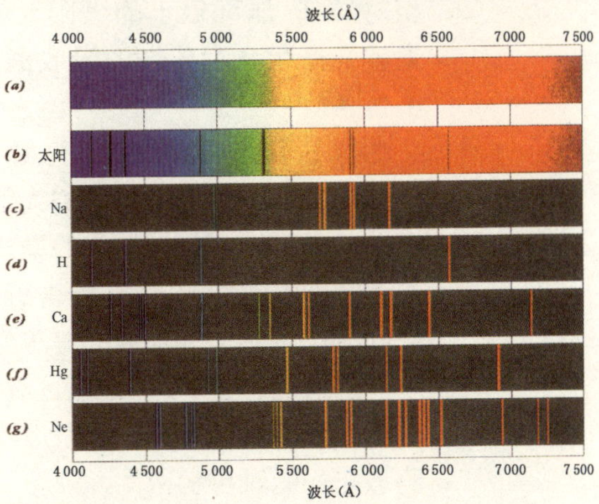

各种不同类型的光谱：(a)由白炽灯泡产生的连续光谱；(b)太阳的吸收光谱，只画出了几条特别明显的吸收线；(c)钠的发射线谱；(d)氢的发射线谱；(e)钙的发射线谱；(f)汞的发射线谱；(g)氖的发射线谱

不同的暗线。他测量了这些暗线的位置，绘出了太阳光谱图，证明这些暗线的确是太阳光的一种特性，并不是仪器的缺陷造成的。后来，人们就把这些暗线称为夫琅和费线。

夫琅和费还对衍射现象发生兴趣。所谓衍射现象，是指光线经过狭缝时发生的绕射。夫琅和费把金属丝缠在两个相同的螺钉上，这些丝之间的空隙便形成了一系列平行的狭缝。他发现，白光经过这样的一系列狭缝之后，也会分解成彩色的光谱。后来夫琅和费把金箔贴在玻璃片上，然后刻出一条条透明的纹路，他把这样的光学器件称为光栅。用光栅代替棱镜得到的光谱，各种不同波长的光分散得更加开，因此更适合用来做精密的分析和测量。可惜的是，在光学仪器方面做了这么多伟大工作的夫琅和费，不到 40 岁就去世了。

那么在太阳光谱中的暗线究竟是怎么产生的？又过了 40 多年之后，德国物理学家基尔霍夫才揭开了这一秘密，他提出了关于光谱的三条定则。

第一定则：炽热和不透明的固体、液体或高压气体发出连续光谱。

第二定则：炽热的透明气体产生明线（发射线）光谱，发射线的数量和颜色取决于气体中含有哪些元素。

第三定则：如果连续光谱通过低温、透明的气体，将出现暗线（吸收线），吸收线的数量和颜色取决于气体中含有哪些元素。

原来，太阳的内部处于高温、高压的状态，在这种情况下，发出的光谱是一条明亮的彩色光带，即连续光谱。太阳光发出以后，要通过温度相对较低、压强很小的太阳大气底层，即光球，太阳大气层中的各种元素就会产生它们各自的吸收线，于是在连续光谱的背景上相应产生了一条条暗线。

这下子天文学家懂得了，原来可以通过研究太阳的光谱，知道它上面有哪些元素。这只要看它的光谱中的吸收线是哪些元素产生的就行了。后来，人们又知道，光谱中的谱线（发射线和吸收线的统称）不但能告诉我们太阳上有哪些元素，还能告诉我们太阳上物质的运动速度、温度、压强、密度、电离程度、磁场强度等等很多情况。事实上，现在我们所了解的太阳上的情况，大多数都是通过观测和分析太阳的光谱知道的。而且，不仅仅是太阳，其他的恒星、星系等等，也都是通过破解它们的光谱，从而得以洞悉它们的种种秘密。

（王家骥）

戴上"有色眼镜"看太阳

天文学家知道了白色的太阳光可以被分解成彩色的光带,知道了这条光带之中原来隐藏着太阳的许许多多秘密,于是他们想,如果能够像戴上有色眼镜那样,通过单色光也就是单一波长的光去看太阳,所看到的太阳很可能与平常用白光看到的太阳不一样,从而能窥探到太阳上我们原来不知道的某些现象。

天文学家首先注意到的是太阳光谱中的那些吸收线。这些吸收线之所以暗黑,是因为光球底层发出的光被上层较冷的气体吸收掉了。也就是说,对于与这些吸收线波长所对应的光线来说,光球上层是不透明的。那么,如果我们能够用这些波长的光线去看太阳,我们看到的将不是光球,而是比光球上层更高的层次。

在光球之上、日冕之下的太阳大气层叫做色球。色球是在日全食的时候被发现的。当月亮圆面刚刚把明亮的太阳圆面全部遮住时,在月面边缘会出现很细的有着玫瑰般红色的一个亮圈。由于日全食的时候月亮圆面总是比太阳圆面大,这个红圈不会全部显现出来,能看到的只是一个弧段。这个红色亮圈就是色球,它的厚度大约是 5 000 千米。

日全食的机会本来就很少,而色球出现的时间只有几秒钟,如果仅仅靠日全食的时候观测色球,能够得到的观测资料实在是太稀少了。于是天文学家想到了在平常用单色光的办法来观测色球。通常用来做这种观测的是太阳光谱中两条宽而强的吸收线,一条是波长为 656.3 纳米氢的 $H\alpha$ 线,另一条是波长为 393.4 纳米电离钙的 K 线。

用单色光观测到的色球,不再像日全食的时候那样只是呈现在月面边缘的很窄的一段弧,而是像我们平常见到的太阳一样扩展为整个圆面。观测发现,色球里有很强的湍流,到处都是不断变化的气焰。这些气焰叫做针状体。针状体的大小和寿命与光球中的米粒组织相似,色球层内的温度随着高度增加而上升,在色球层顶部可达 10 万摄氏度。

在用单色光观测太阳时,看到的最引人注目的现象是太阳耀斑。耀斑是发生在色球与日冕过渡区中的一种不稳定过程,在单色的太阳图像上呈现为突然出现、迅速发展的亮斑。耀斑在几分钟到几十分钟之内释放出的能量,与平时整个太阳 1 秒钟内释放出的总能量接近或者几乎相等。耀斑能同时发射出大量粒子(包括质子、电子、中子等等)以及从射电到γ射线全波段的电磁辐射。极少数耀斑,甚至用白光也能观测到。

耀斑与黑子有密切关系。绝大多数耀斑出现在黑子群附近。尤其是强耀斑,通常都出现在具有复杂的磁场结构的大型黑子群上空。强耀斑常与日冕物质抛射也有联系。大致的次序是这样,首先在光球上出现大黑子群,并在黑子群中发展出复杂的磁场结构,继而引起强耀斑爆发,并触发日冕物质抛射。

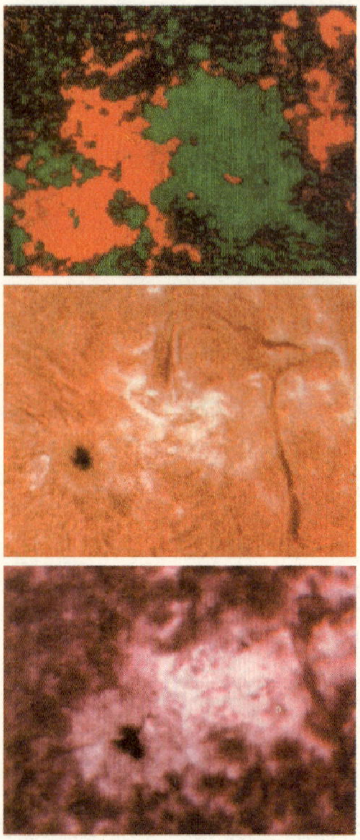

太阳同一耀斑的三幅图像:(上)磁场图,红色对应S极,绿色对应N极;(中)Hα线图像;(下)电离钙K线图像

耀斑、黑子与日冕物质抛射都与太阳的强磁场活动有关。也许,正是磁场把太阳上的这三种活动联系在了一起。一些天文学家认为,在日冕的不稳定磁场中,既有封闭的磁力线,又有开放的磁力线,而下面的日面磁场即是黑子区。当外面的物质压缩磁场时,原来开放的磁力线彼此接近,重新联结在一起,在此过程中,产生冲向色球和光球的高能粒子,使相应的区域突然增亮,形成耀斑。

耀斑出现后,色球和光球中局部区域内的物质被加热,高能质子与周围的物质相撞,引起局部的核反应。由此产生的大量热量积聚在色球中,导致爆发性的膨胀,碰撞的冲击波可以超过逃逸速度,达到每秒几百千米,从而引起日冕物质抛射。

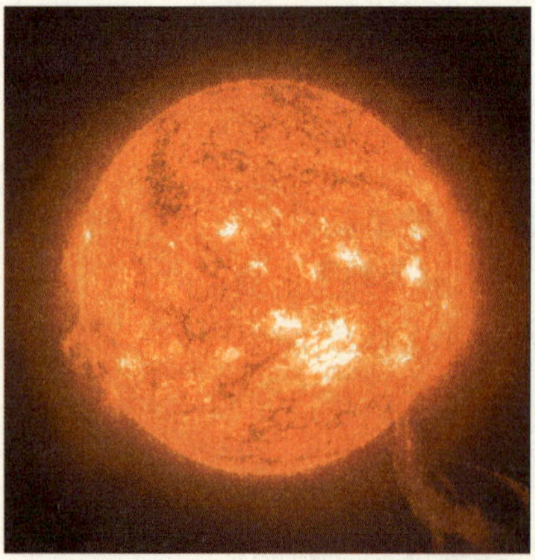

天文观测卫星用30.4纳米远紫外光拍摄的色球和耀斑图像

太阳耀斑是在太阳上观测到的最复杂的现象和最剧烈的活动现象,由于主要发生在色球中,因此也称色球爆发,俗称太阳爆发。耀斑爆发引起的高能粒子辐射和日冕物质抛射,会导致太阳风陡然增强,成为太阳风暴。如果太阳风暴向着地球而来,就会对地球的空间环境造成很大影响。

在太阳和太阳风层天文观测卫星上,安装了一组远紫外成像望远镜,能够用17.1纳米、19.5纳米、28.4纳米和30.4纳米4种不同波长的远紫外光拍摄太阳色球的单色光图像,尤其是对可能出现的耀斑进行全天候监测,以便及时地向地球发出太阳风暴预警。

(王家骥)

太阳光和热的来源

太阳每分钟要放出多少能量？为了回答这个问题，我们可以测量在与太阳光垂直的某一面积上在1分钟内接收到的总辐射能量。需要注意的是，这一测量必须把所有波长的辐射都包括在内。为此，通常的做法是把接收到的各种波长的辐射能量都转变成热能，用测量热量的仪器来进行测量。这种测量是在地球大气内进行的，因此还需要对大气的吸收作用进行改正。另外，由于地球公转轨道是个椭圆，还要考虑地球到太阳距离的变化，要统一计算到相当于位于日地平均距离处的数值。这样最终得到的数字，称为太阳常数。

因为大气改正很难做得绝对准确，加上所用仪器、方法不一，所以不同的人在不同年代得到的太阳常数数值存在一些差别，大致的范围是在每分钟每平方厘米1.92～2.00卡之间。进入太空时代以后，人们可以在地球大气外直接测量太阳常数，精度大大提高，现在公认的这一数值介于每分钟每平方厘米1.957到1.963卡之间。

由太阳常数，通过几何计算和单位换算，很容易得到每秒钟整个太阳放出的能量总量，再除以整个太阳的质量，我们可以得到太阳上每千克物质平均每秒钟应该产生万分之1.9焦的能量。别看这个数字好像很小，我们要知道，在19世纪以前，人们曾经以为，太阳的光和热是化学燃烧产生的，就像我们在地球上烧火一样，那么，我们来看看，如果真是这样，整个太阳能够燃烧多久。

太阳上主要的成分是氢。我们假定太阳完全由氢气组成，每千克氢气燃烧，与氧化合成水，可以放出28 900千卡热量，这些热量相当于1.2亿焦能量。据此，我们可以得到整个太阳质量的氢只能维持约2万年这样的燃烧。然而，氢的这种化学燃烧必须要有8倍于氢质量的氧气存在，且不说太阳上没有这么多氧，即使有，那么氢的质量最多只占1/9，也就是说，这样的化学燃烧最多只能维持2 000多年。

人工热核反应——氢弹爆炸

化学燃烧不可能是太阳光和热的来源，这促使人们不得不为太阳考虑其他的能源。物理学告诉我们，气体受到压缩，温度会升高，这是外部的机械能变成了气体内部的热能。太阳是一团气体，可以设想它原来体积很大，密度很低，但是在这团气体内部应该有万有引力存在，于是气体就会在引力作用下收缩。太阳中的气体收缩时，引力能（也就是势能）就转变为热能，于是太阳的温度升高，从而发出光和热。1854 年，德国物理学家赫姆霍茨就是这样考虑的。

按照赫姆霍茨的理论，计算太阳的寿命，也就是说，太阳如果是依靠引力收缩发光发热，最多能维持多少年，结果只有 2 000 万年。到了 20 世纪初期，地质学家定出地球的年龄至少已经有 10 亿年。如果赫姆霍茨的理论是正确的，那么与地球的年龄相比，太阳的年龄就小得令人不敢相信了。

随着原子核物理学（简称核物理学）的发展，到 20 世纪 30 年代后期，德国的魏茨泽克和美国的贝特先后提出，在太阳内部，存在 4 个氢原子核聚变成 1 个氦原子核的热核反应。天文学家把这种热核反应称为“氢燃烧”，不过，这与氢的化学燃烧完全是两回事，化学燃烧不改变原子核的结构，只是不同的原子结合成了一种化合物分子。

这里称之为燃烧的热核反应，把原来的原子核结构破坏了，生成了一种新的元素的原子核。早在 20 世纪初，爱因斯坦在他的相对论里，已经从理论上提出了物质的质量可以转变成能量。核物理学实验表明，在氢燃烧的过程中，确实有千分之七的质量变成了能量。可别小看这千分之七，如果把 1 千克氢原子全部通过氢燃烧变成氦原子核，所能产生的能量，是同样质量的氢气化学燃烧放出能量的 500 多万倍，或者说相当于燃烧 4 000 吨石油产生的能量。

按照氢燃烧所能产生的能量，整个太阳如果都由氢组成，并且最终都能通过氢燃烧变成氦，那么太阳可以维持现在这样发光发热长达 1 000 亿年。不过，要使氢燃烧能够发生，温度必须达到 700 万摄氏度以上。只有在太阳的核心附近，温度才有这样高。因此，太阳的氢燃烧主要发生在核心周围一个小区域内。等到这个核心区域（约占太阳总质量的 10%）中的氢全部变成氦以后，太阳会发生一些巨大的变化，然后很快走向死亡。太阳的寿命实际上只有大约 100 亿年，太阳现在的年龄约为 50 亿年，正好是中年时期。

（王家骥）

太阳内部结构的理论推断

太阳表面是不透明的，但人们可以依靠物理理论，从通过观测了解到的太阳表面和整体的物理状况出发，对太阳的内部结构进行推断。

那么，在我们进行这种推断的时候，有哪些要求必须满足呢？

首先，太阳的光和热都是由内部热核聚变产生的，这种核反应把 4 个氢原子核聚合成 1 个氦原子核。这种核反应每秒钟所能释放出的能量可以通过物理实验和理论计算得到。太阳的内部结构，应该能够保证在它内部进行的核反应每秒钟释放的能量，恰好等于每秒钟通过太阳表面向外辐射的总能量。另外，太阳表面辐射的能量主要是以可见光、紫外光和红外光的形式向外辐射，太阳的内部结构也要能够满足这个要求。

其次，在太阳内部，气体主要受到两个力的作用。一个是气体的重力，它是由气体自身物质之间的万有引力作用产生的，方向指向太阳中心。气体在重力的作用下会发生压缩，于是就会产生压力，抵抗重力产生的压缩作用。另一方面，气体在高温下要膨胀，这种膨胀作用也会产生压力。压力的方向与重力方向相反，因为太阳目前处于稳定状态，两者的大小应该相等。因此，太阳内部的温度、压强、密度等物理条件，必须要能够满足这个要求。

早在 1870 年，英国物理学家累恩就开始考虑恒星结构问题。20 世纪 20 年代，英国理论天体物理学家爱丁顿为这个问题的解决奠定了基础。后来，在 20 世纪中期，印裔美国天体物理学家钱德拉塞卡进一步为这个问题的基本解决做出了杰出的贡献。现在，我们对于包括太阳在内的恒星的内部结构，从总体上说已经基本上得到很好的解决，当然还有不少细节问题有待进一步探索。

恒星的内部结构，因恒星质量的不同而有所不同。一颗恒星的质量，小的不到太阳的十分之一，大的可以达到太阳的几十倍。因此，太阳是一颗质量偏小的恒星。对于像太阳这样的恒星，其内部可以分为核反应区、辐射区和对流区三个层次。

太阳的核心区域是核反应区，这个区域很小，其半径大约只是太阳半径的 1/4。太阳核心区域的物质处在外层物质重力所造成的巨大压力之下，这一压力达到地球表面大气压的 3 300 亿倍。巨大的压力使得核心区域内气体的密度可达水密度的 160 倍，因此核反应区的质量可达整个

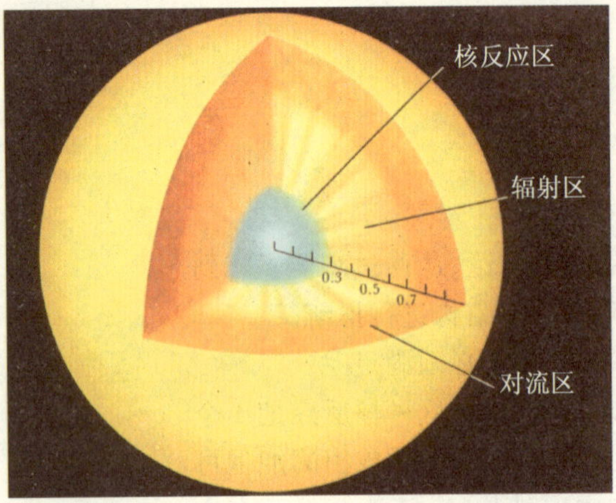

太阳的内部结构

太阳总质量的大约一半。核反应区的温度高于 700 万摄氏度，在中心可达 1 500 万摄氏度。正是在这样的高温高压条件下，热核聚变反应才能够稳定地进行。

核反应区的外面一层称为辐射区，范围从太阳半径的 1/4 处延伸到半径的 80%处。按体积而言，这一层约占太阳的一半，但因为密度已经急剧下降，质量与核反应区相当。辐射区内的温度仍然很高，压力仍然很大。在辐射区的外边缘，温度约为 70 万摄氏度，压力约为地球表面大气压的 150 万倍，然而密度已经只有水密度的 18‰。

在核反应区内，通过核反应所产生的光子都是能量极高的高能光子，属于伽马射线。这些高能光子不可能直接射到外面来，它们被辐射区内的物质吸收，然后以较低的频率再辐射。在辐射区内，通过这种对光子不断地吸收和再辐射实现能量的传递，把核反应区产生的大量能量向外传送，同时光子的频率逐步降低，由伽马射线变为 X 射线，再变为紫外光，最后变为可见光。太阳核反应区产生的能量，通过辐射区传输到太阳表面要 20 万年。

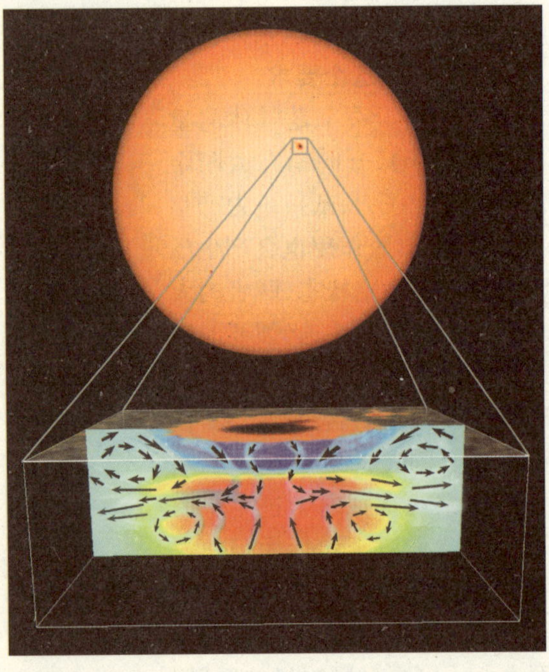
太阳黑子下物质对流示意图，其中蓝色表示相对低温区域，红色表示相对高温区域

辐射区之外是对流区。对流区一直延伸到光球层的底部，厚度约为 14 万千米。在对流区内，温度、压力和密度都向外急剧降低，到与光球的分界处，温度已降低到 6 000 多摄氏度，压力与地球表面大气压差不多，密度不到地球表面大气密度的千分之一。物理条件的急剧变化使得这一层次处在不稳定状态，其中的物质上下对流运动十分强烈，内部的巨大能量通过这种对流的形式，传送到光球的底层，并通过光球向外辐射。

（王家骥）

寻找失踪的太阳中微子

中微子是一种不带电荷的基本粒子，质量几乎等于零，几乎不与其他粒子发生相互作用，穿透力极强，所以非常难探测到。

位于美国南达科他州的中微子探测器

在氢聚变为氦的热核反应中，在释放出大量能量的同时，还应该释放出两个中微子。在太阳内部的核反应区，中微子产生之后，它们的命运与光子完全不同。光子要经历一系列的吸收和再辐射过程才会从太阳表面辐射出来，然而中微子却通行无阻，能轻而易举地逸出太阳，一路上几乎不与所遇到的粒子发生相互作用，它们应该携带着太阳核心区域热核反应的原始信息。

中微子几乎不与其他粒子发生相互作用，要探测到它们也就非常困难。美国宾夕法尼亚大学的雷蒙德·戴维斯及其合作者，从 1955 年开始在美国南达科他州的一个金矿 1 500 米深的矿井中建造中微子探测器。之所以要把探测器建在那么深的矿井中，是为了避免来自太空的其他粒子的干扰。探测器盛有 615 吨液态四氯乙烯，中微子会使液体中的氯原子变成氩原子。

1967 年，戴维斯等人首次测量了太阳中微子的数量。理论上应当每天在探测器中观测到一个在中微子作用下由氯原子变成的氩原子，实际上却每 2.5 天才观测到一个。其后 30 余年间，研究人员又对太阳中微子进行了一系列的实验观测，尽管使用了不同技术，结果却大同小异，到达地球的太阳

位于加拿大安大略省的中微子探测器

中微子数量始终明显低于理论预测值，大致有 2/3 的太阳中微子莫名其妙地失踪了。

问题会不会出在粒子物理方面呢？粒子物理的标准模型认为有 3 类不同的中微子，即电子中微子、μ 中微子和 τ 中微子。太阳中心的核聚变反应只能产生电子中微子，戴维斯以及其他人的实验装置都只能探测这类中微子。可是，如果电子中微子能够转变成另外两类中微子，那么失踪的中微子可能就不是真正失踪了，它们完全可能是由于某种原因转变成了另外两类中微子。

1990 年 1 月，加拿大和美国政府批准了在加拿大安大略省的一个镍矿矿井中建设采用重水的中微子探测器的投资。这个探测器建在地表以下 2 072 米深处，把 1 000 吨重水装在直径 12 米的透明丙烯酸容器中，监视重水的是 9 500 多个光电倍增管，每根光电管都能探测出单个光子。

地球表面每平方厘米面积每秒钟会通过 500 万个高能太阳中微子，可是即使用 1 000 吨重水来捕捉它们，它们绝大多数还是穿膛而过，每天只有其中 10 个会与电子或原子核发生碰撞。

重水是氢的同位素氘与氧的化合物，氘原子核由 1 个质子和 1 个中子组成。任何一种中微子与氘原子核发生碰撞，都能使氘原子核分裂，然后其中的中子会与另一个氘原子核结合成氢的另一同位素氚的原子核，同时释放出伽马射线，继而打出 1 个高能电子，这是第一种情况。第二种情况只有电子中微子会发生，中微子的碰撞也使氘原子核分裂，但中微子被氘原子核中的中子吸收，这个中子释放出一个高能电子，变为质子。第三种情况比较罕见，中微子直接撞击电子，使这个电子变为高能电子。

从 1999 年 11 月到 2001 年 5 月，这个探测器记录到 2 928 次中微子碰撞事件，其中 576 次属于第一种情况，1 967 次属于第二种情况，263 次属于第三种情况，还有极少量由其他原因引起。由第二种情况，可以推算出每平方厘米面积每秒钟有 175 万个电子中微子通过这个探测器，相当于预测值的 35％左右，从而证实了以前的检测结果。

然而关键的问题是，来自太阳的电子中微子数目是否远低于 3 种中微子的总数？后者可以根据第一种情况来推算，结果得到每平方厘米面积每秒钟总共有 509 万个来自太阳的中微子，恰好是电子中微子数量的 3 倍。

上述结果意味着，太阳中微子虽然原来都是电子中微子，可是有 2/3 在前来地球的途中转变成了 μ 中微子和 τ 中微子。经过 20 年的探索，太阳中微子的失踪之谜终于被圆满地解开了。

（王家骥）

倾听太阳的脉搏

在恒星世界中，有一小部分恒星会周而复始地一会儿增大、一会儿缩小。半径增大时，表面温度降低，但由于表面积增大，看起来就觉得更明亮一些。相反，当它们的半径缩小时，表面温度升高，但由于表面积减小，看起来就觉得较暗弱一些。因此，我们能看到这些恒星的亮度也相应地发生变化。天文学家称这些恒星为脉动变星，所谓脉动，是说它们像人的心脏一样，会发生搏动。

太阳不是一颗脉动变星，这对于我们人类是福音。不然，照射到我们地球上来的太阳光忽强忽弱，地球的气候变化就会剧烈得多，人类的生活也许就会更加多灾多难，甚至于这样的气候根本不适合人类生存，或者人类以及高级的生物没有合适的形成条件，从一开始就无从产生。

然而，世间事物，不变是相对的，变是绝对的。1960 年，美国天文学家莱顿和他的合作者，采用了一种全新的观测和处理方法，细致地检测太阳表面各处的起伏变化，结果发现，太阳表面也存在一种有规律的脉动，这种脉动的周期大约是 5 分钟，因此就称为“5 分钟振荡”。太阳的这种 5 分钟振荡，造成的太阳表面起伏变化的幅度大约在 25 千米左右，起伏的平均速度约每秒 300 米。整个太阳表面，并不是步调一致地同时起伏，而是不同的区域有先有后，每个区域的尺度在 1 000 千米到 5 万千米。太阳的半径约为 70 万千米，可以想见，与整个太阳的大小相比，太阳表面的脉动是极其微弱的，在通常情况下完全无法觉察。

太阳和太阳风层天文观测卫星（艺术画）

科学的伟大就在于能从平凡和细微之处洞察其背后的要义和奥秘。尽管在莱顿等人发现太阳 5 分钟振荡之后的 10 多年中，对于这种振荡的性质并没有更多的了解，因此没有引起更多天文学家的重视。然而到了 20 世纪 70 年代，深入的研究揭示了这种振荡的规律和起因的复

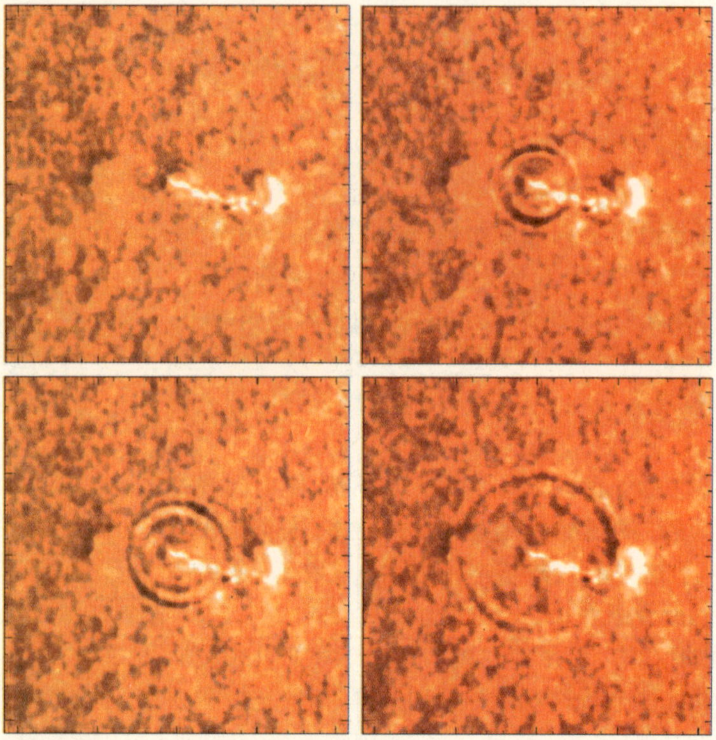

由耀斑爆发引起的一次日震，用太阳和太阳风层天文观测卫星上的仪器拍摄

杂性，原来它是发生在太阳内部的共振声波，是探测太阳内部尤其是对流区的极佳工具。

用观测太阳光球脉动的方法来探求太阳深处的秘密，这有点像医生用听诊器倾听人的脉搏来了解人的心脏。太阳内部物质的运动会产生声波，光球表层的脉动是太阳内部传播的声波反射到表面而产生的，声波不仅能使光球表层局部区域的气体随之上下运动，而且还能深深地穿透太阳内部。这与地球的地震非常相像，因此就称为日震。利用日震来研究太阳内部结构，原理类似于利用地震来研究地球内部结构，因此称为日震学。通过日震学的研究，不但可以探测太阳的内部结构，而且能够测定太阳内部的较差自转。

日震学观测的第一个结果是发现太阳对流区的深度比原先认为的要深，因此底部的温度也更高。根据这一发现，对流区的深度约为 20 万千米，而对流区底部的温度约为 200 万摄氏度，而以前的估计，对流区深度仅约 14 万千米，底部温度仅为 70 万摄氏度。通过日震学理论与观测结果的比较，证明现在的恒星结构与演化理论大致是正确的，然而观测与理论之间仍有明显差别，说明了用于恒星演化计算的某些物理假定和数据仍有待改进。

日震学观测可以测定太阳内部的较差自转。在太阳表面，赤道附近的自转最快，其周期只有大约 25 日，而在中纬度区域则减慢到 27 日左右，两极附近甚至慢到 30 多天。日震学观测结果表明，在太阳内部，赤道附近自转向内减慢，两极附近则向内加快，而中纬度区域几乎不随深度变化。在接近太阳对流区的底部，经过一层很薄的过渡区，不同纬度区自转的步伐变得一致起来，成为像地球一样的刚体自转。

（王家骥）

太阳活动的 11 年周期

19 世纪初，德国一位姓施瓦贝的天文爱好者，用投影方法观测太阳黑子作为消遣。每天，只要看得见太阳，他就这样做。他把每次观测到的太阳黑子数目汇集在一起，写成观测报告寄给有名的德国天文学术刊物《天文通报》，可是这份刊物的主编认为这些数据没有什么用处，迟迟没有刊登。

过了 25 年，施瓦贝根据他观测到的太阳黑子数目和面积，推算出黑子的变化有大约 11 年的周期。这个周期里有极盛时期，那时太阳表面不断地遍布着黑子；还有极衰时期，那时常常一连几日、几周甚至几个月没有一颗黑子出现。后来，瑞士苏黎世天文台的沃尔夫从望远镜观测资料，证实了施瓦贝的观测结果。

黑子在太阳表面上出现的纬度，也有大约 11 年的周期变化。在太阳黑子数出现极小之后，一个新的周期开始，这时太阳黑子出现在日面纬度 40 度左右的中纬度区域。在黑子数极大年份，黑子大多数出现在日面纬度 15 度左右的低纬度区域。到这一周期结束前，黑子出现的区域在日面纬度 8 度左右。太阳黑子的这种纬度变化，充分说明了太阳黑子数量和面积以大约 11 年为周期的变化有着深刻的物理原因，是太阳活动的一种本质特征。这一周期从太阳黑子数出现极小值为起点，到又一次出现极小值为结束，这样一段时间称为一个太阳活动周。天文学家还给太阳活动周编了号，从 1997 年开始的这个太阳活动周，为第 23 活动周。

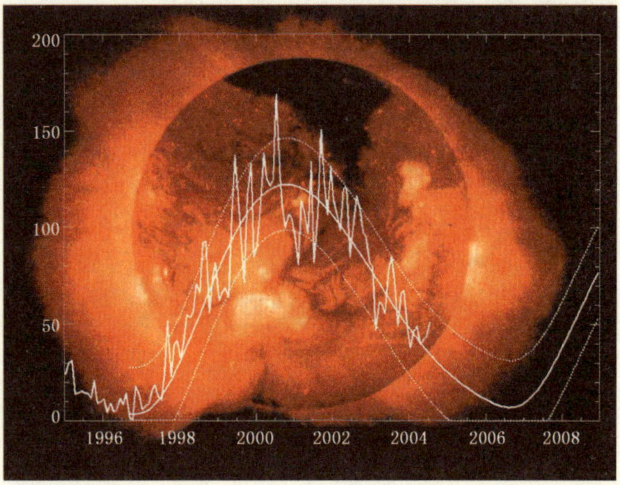

第 23 太阳活动周的太阳黑子数，其中剧烈起伏的曲线是实际观测结果，中间平滑的实线和上、下两条虚线是预测数值及其误差范围

太阳黑子的磁场极性也与太阳活动周有关。在每个黑子群中，通常有两个主要黑子，西边的叫前导黑子，东边的叫后随黑子，两者的极性通常相反。在同一个太阳活动周内，以日面赤道为分界，若北半球前导黑子为 N 极，后随黑子为 S 极，那么南半球前导黑子就为 S 极，后随黑子就为 N 极。然而

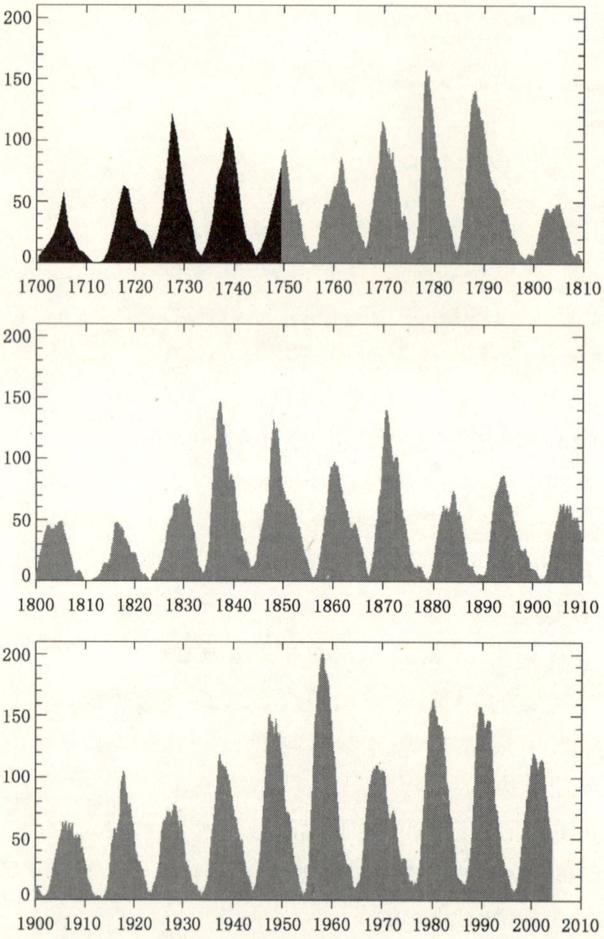

1700年以来太阳黑子数的变化，其中深色为年平均数，浅色为月平均数

到了下一个太阳活动周，两个黑子的极性会发生倒转，即北半球前导黑子为S极，后随黑子为N极，而南半球的情况则相反。因此从磁场活动来看，太阳活动的周期应该是22年。

太阳的其他活动现象，例如耀斑、日珥、日冕物质抛射等等，也都与太阳活动周有紧密关系。例如，日珥的数目和总面积，在一个活动周开始和结束时均为极小，而在其中间达到极大，而且在日面上出现的区域也有与黑子类似的变化规律，而强耀斑和猛烈的日冕物质抛射，也是在太阳黑子数的极大年前后出现得更频繁。

究竟是什么原因造成了太阳活动具有11年的周期，至今仍然是一个不解之谜。需要指出的是，说一个太阳活动周大约是11年，这只是一种平均的结果。实际上，太阳活动周期的长短不是恒定的，而且变化很大，有的不到9年，有的超过13年。分析300多年来太阳黑子数的变化曲线，可以看到，除了大约11年的周期之外，还存在一些更长的周期，叠加在11年周期之上，使得不同太阳活动周极大年的太阳黑子数出现大幅度波动。这说明，导致太阳活动周期性变化的机制相当复杂，还有待于进一步的深入研究。

（王家骥）

太阳的X光照片

我们到医院检查身体，常要做X光透视，必要时还要拍X光照片。X光又称X射线，是一种波长比紫外线还短的电磁波，波长介于0.01到10纳米之间。X射线有较强的穿透能力，用于身体检查的X射线，能够透过皮肤、肌肉等组织，但穿透骨骼和例如结核病灶的能力较差，因此，通过X光透视或拍摄X光照片，可以获得骨骼和内脏的健康信息。

1938年，美国海军研究实验室科学家哈尔伯特在探讨地球电离层的形成时，注意到了来自太空的X射线。然而，当时并不知道这些X射线是太阳发出的。来自太空的X射线在地面上空几十到100多千米的高度就被大气完全吸收，不能到达地面。

1946年，在哈尔伯特的领导下，开始应用在第二次世界大战中从德国缴获的V-2火箭，把仪器设备发射到高空对太阳进行探测。1948年8月6日，他们第一次确切地测量到了太阳的X射线。此后10年，他们继续进行这方面的观测，结果证明，太阳是一个很强的发射X射线的天体。哈尔伯特等人的工作，开创了天体物理学的一个重要分支学科——X射线天文学。

在进入太空时代以后，对天体发射的X射线的观测就由专门的卫星来担当了。从此，太阳的X射线观测得到了飞快发展。几十年间，曾有许多具有观测太阳X射线能力的卫星先后发射上天。

观测结果表明，太阳X射线主要是从日冕发出的。因此，与人体的X光照片显示的是人体内部情况不同，太阳的X光照片展现的却是它的外部大气高层的情况。日冕物质极其稀薄，处在高度电离状态，其中的带电粒子受到太阳磁场的磁流体力学作用加热，温度高达上百万摄氏度。太阳的X射线正是由日冕物质中的电子在这样的高温下产生的。

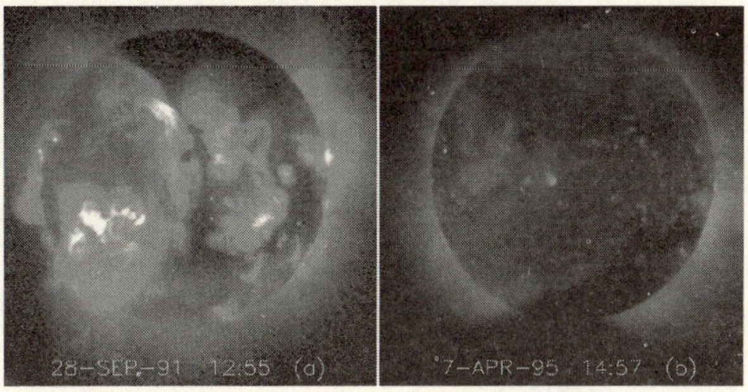

太阳的X射线像：（左）太阳活动极大期，（右）太阳活动极小期

在太阳的X射线像上，冕洞是最大、最突出的结构。冕洞的X射线辐射强度明显比日面的平均X射线辐射低，在图像上呈现为大片的暗黑区域。冕洞大致可分为极区冕洞、孤立冕洞和延伸冕洞

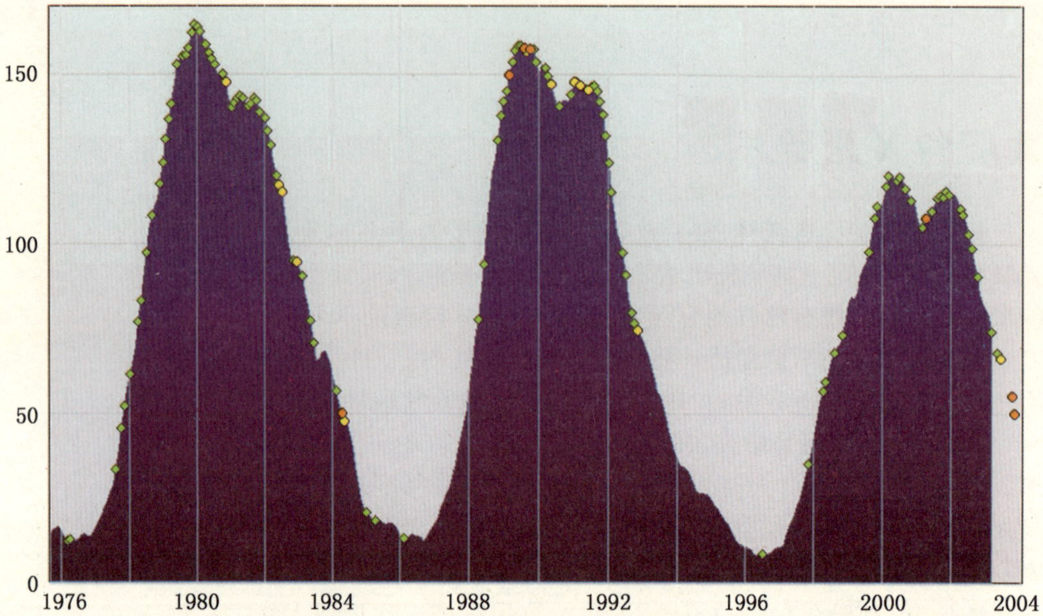

太阳黑子数(蓝色)与X级耀斑的关系,其中绿色圆点表示出现X级耀斑的月份,黄色圆点表示出现较强X级耀斑的月份,橙色圆点表示出现极强X级耀斑的月份

三种,冕洞的总面积约占日面的1/5左右,其中3/4是面积很大的极区冕洞。有趣的是,当一个极区冕洞变大时,另一个极区冕洞就缩小,从而使两极的冕洞面积之和基本保持不变。

与冕洞相反,在太阳的X射线像上还可以见到一些比周围明亮的区域,它们称为日冕凝聚区。日冕凝聚区大致成环状或亮点,前者称为冕环。日冕凝聚区内部有精细结构,高度约为10万千米,温度达到几百万摄氏度。日冕凝聚区的X射线辐射比周围日冕强几十倍。

冕环是光球能量输往日冕的主要通道,它们连接着不同的太阳局部活动区或者单个活动区内两个极性相反的磁场区域。太阳X射线像上的亮点与局部活动区无关,但像活动区一样具有封闭的磁场结构,可能是处于雏形的活动区。

耀斑爆发时,通常都同时发出X射线,但X射线的强弱各不相同。具有强烈X射线辐射的耀斑称为X射线耀斑,或者称为太阳X射线爆发。在太阳的X射线像上,X射线耀斑呈现为特别明亮的斑点。X射线耀斑通常都是异常强烈的耀斑,常常伴随着日冕物质抛射,因而受到格外重视。

(王家骥)

日地关系和太空气候

当太阳上出现耀斑和日冕物质抛射等剧烈的太阳活动时，来自太阳的紫外线、X 射线等辐射以及太阳风都会增强，从而对地球产生各种短期的和长期的影响。日地关系研究的就是这些影响。

由于耀斑和日冕物质抛射等太阳活动大多发生在大黑子群中，而太阳黑子是最容易观测的太阳活动现象，因此，在研究日地关系时，常常把太阳黑子数作为太阳活动程度的指标。早在 1801 年，英国天文学家威廉·赫歇尔就指出，年降水量与黑子数有关，这是最早的日地关系研究。

今天我们已经知道，太阳活动对地球的影响首先表现在太阳风对地磁场的影响。在地球周围空间，地磁场受到太阳风的影响，朝向太阳的方向磁力线受到压缩，而背向太阳方向的磁力线被太阳风拖拽延伸，其结果形成一个彗星状的磁层。朝向太阳的磁层顶离开地心为 8～11 倍地球半径，太阳风增强时，压缩到 5～7 倍地球半径。背向太阳的磁尾截面宽约 40 倍地球半径，长度可达几百甚至一千倍地球半径以外。

日冕物质抛射会使太阳风强度大大增加，即引起太阳风暴。如果太阳风暴向着地球而来，地球的磁层受到剧烈压缩和扰动，从而使地磁场出现突然的剧烈变化，称为磁暴。磁层的压缩和扰动还会使得地球大气电离层发生变动，大气中出现强大的带电粒子流。电离层的变化将会影响短波无线电通信，而大气中强大的带电粒子流会使地面产生强大的感应电流，从而有可能对供电系统造成破坏。

强大的太阳风暴还有可能威胁到人造卫星的安全，在历史上曾经有过这方面的事例。最近的一个例子是日本的环境监测卫星“绿色 2 号”。这颗卫星发射上天还不到 1 年，在 2003 年 10 月 25 日出现故障而报废。当时，恰好有一股强大的太阳风暴袭击地球周围空间。造成这一故障的原因，虽然元器件本身很可能存在缺陷，可是太阳风暴至少起了触发作用。

在太阳风作用下的地球磁层

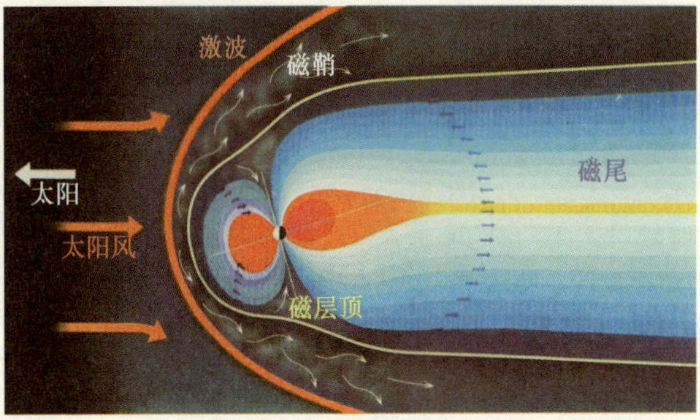

太阳风的速度为每秒几百到 1 000 千米，太阳风暴在太阳上产

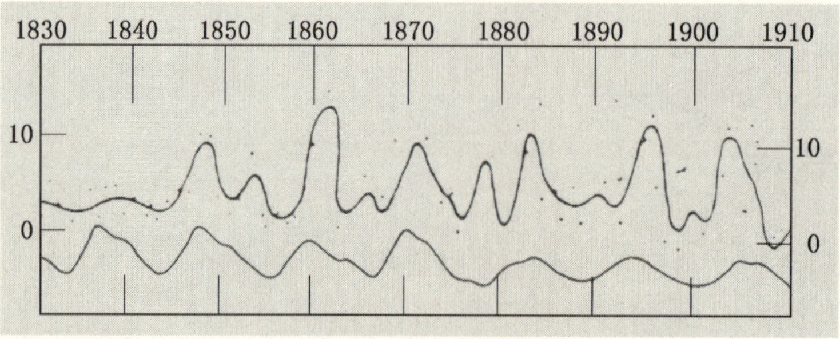

树木年轮疏密（绿色曲线）与太阳黑子数（红色曲线）的关系

生之后，需要1～3天才能到达地球。因此，只要能及时观测到太阳上强耀斑爆发和日冕物质抛射，提前对将要来到地球附近空间的太阳风暴作出预报，是完全可能的。另外，如果日冕物质抛射不是向着地球而来，对地球就不会有什么影响。现在，国际上已经有专门的机构，利用太空和地面观测设备，对太阳活动进行不间断监测，据此发布每天的太空气候报告。

耀斑等太阳活动除了造成太阳风暴之外，还会使紫外线和X射线辐射大大增强。这些辐射属于电磁波辐射，以光速行进，因此只要8分多钟就可到达地球。强烈的紫外线和X射线辐射会使地球大气电离层中的离子浓度升高，从而对电离层产生影响。对于这种影响的预报，需要对大黑子群内的磁场结构变化进行监测，对于其中正在酝酿着的耀斑爆发进行预测。这方面的工作现在也已经取得了很大进展，可以提前一两天或者数天作出预报，当然准确性不如太阳风暴那么高。

太阳活动对地球的影响，除了如上所述各种短期的影响之外，还有着一些长期影响，其中最重要的是对地面气候的影响。200年前威廉·赫歇尔的工作就属于这方面，可是，迄今为止，人们对于太阳活动如何影响气候的具体机制仍然远未认识清楚。尽管如此，大量的统计资料表明，两者之间的确存在着某种程度的联系。

在植物生长方面，已有确凿无疑的证据，即树木生长的年轮疏密明显地呈现出11年的周期性。

（王家骥）

日冕物质抛射

人们通常把太阳现象分为宁静太阳现象和活动太阳现象。而活动太阳现象中的爆发现象主要包括太阳耀斑、爆发日珥和日冕物质抛射(CME)，其中又以日冕物质抛射最为剧烈。这些爆发现象的主要特征就是在极短时间内（几十分钟）释放出极大的能量。

由于太阳离地球很近，因此这些能量的释放就可能对地球产生严重影响。已知的包括对空间探测和宇航的影响、对卫星运行和通讯的影响、对依赖电离层的地基通讯的影响，以及电网和电力设施，甚至输油管道的影响。它的影响可以说覆盖了地球上人们生活中的各个层面。

太阳的死亡和白矮星

天狼星是我们看到的全天空最明亮的恒星，离开我们约9光年远。它相对于我们的运动速度为每秒17千米，由于距离较近，在天空中相对于其他遥远的恒星每年移动的角度达到1秒多，比较容易在望远镜上用精密的测量设备测量出来。1844年，德国著名的数学家和天文学家贝塞尔分析天狼星的测量结果，惊奇地发觉它的运动路线不是一条直线，而是波浪形的。他推断，天狼星旁边一定有一颗看不见的恒星在围绕天狼星转动。这颗看不见的恒星质量不应该太小，正是这颗恒星与天狼星之间的强大引力，使得这两颗恒星互相绕转，从而使天狼星的运动路线呈现出波浪形。天文学家把像这样两颗靠得很近、互相有引力作用而彼此绕转的恒星称为双星，其中较明亮的那颗星叫做主星，另一颗星就称为伴星。1862年，美国人克拉克用他自己制造的望远镜看到了天狼星的伴星，它的亮度只有天狼星的万分之一。

天狼星的发光强度即光度约为太阳的250倍，天狼星伴星的光度只有太阳的2%多些。这说明，这颗伴星不仅仅看上去暗，而且发光强度确实比较低。由于发光强度低的恒星体积相对来说也小，而这颗伴星发出的光颜色是白的，天文学家就把这样的恒星叫做白矮星。根据计算，这颗伴星的体积只有地球的一半，可是质量却与太阳差不多。这也就是说，这颗伴星上物质的平均密度，是水密度的380万倍。如此高密度的物质已经不是一般的物质，这种物质状态称为简并态。简并态物质超高的密度使得原子核外的电子层被挤破，原子核都裸露了出来。

那么，白矮星是怎样形成的呢？

以太阳来说，在它变为红巨星之后，中央氦核心的密度和温度不断升高，当温度达到1亿摄氏度时，就开始了氦燃烧这种热核聚变反应，把氦聚变成碳和氧，并且释放出能量，致使氦核心的体积有所膨胀。同时，外面的氢燃烧壳层中的氢聚变反应还在继续。氦燃烧的速度比氢燃烧快得多，在氦核心的中央，氦很快耗尽，形成一个主要由碳和氧构成的核心。这个碳氧核心，因为又没有了热核反应提供能量，从而进一步剧烈收缩。但是，质量和太阳差不多的恒星，不会再进一步发生碳燃烧、氧燃烧等聚变反应。这些恒星的碳氧核心收缩时，达不到能够发生碳燃烧、氧燃烧的温度。

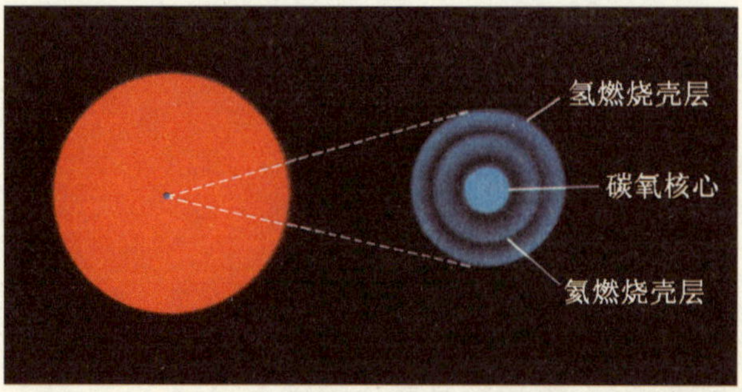

双壳层燃烧阶段的太阳结构示意图

于是，我们的太阳将变成一颗有两个壳层在燃烧的恒星，其中靠外面的是氢燃烧壳层，里面则还有一个氦燃烧壳层。在氦燃烧壳层里面，是一个碳氧核心；在氦燃烧壳层与氢燃烧壳层之间，是尚未燃烧的氦；而在氢燃烧壳层外面，是尚未燃烧的氢。这时整个星体的体积又会膨胀，甚至变得比红巨星还大，而中央的碳氧核心内的物质密度不断升高，成为简并态。氢燃烧壳层越来越靠近星体表面，使得星体的外层出现不稳定，反复地交替发生大幅度膨胀和收缩，最终会与星体的核心分离，向星际空间扩散，形成所谓行星状星云。

像太阳这样的恒星，在出现双壳层燃烧并进入不稳定状态之后，一旦把它自己的外层物质抛掉，那也就意味着它的死亡。恒星在抛掉外层物质之后，就把里面的处在简并态的碳氧核心裸露了出来，也就成了一颗白矮星。白矮星不会发生热核聚变反应，它没有核能源，只能依靠进一步收缩，把引力能转化为热能，继续发光。天文学家以热核反应的开始作为一颗恒星生命的起点，而如若这颗恒星内部的热核反应停止了，那么它的生命自然也就结束了。因此，白矮星虽然也能发光，却已经不是真正意义上的恒星，它只能算是恒星死亡之后的残骸。

一颗质量与太阳差不多的恒星，从变成红巨星算起，直到变成白矮星死亡，这段时间比它作为主序星的时间短得多。就太阳而言，据估计，也就是 20～30 亿年。

然而，“百足之虫，死而不僵”。白矮星尽管没有核能源，可是它的发光强度非常小，因此依靠引力能转化，仍然可以维持很长时间发光。据计算，一颗白矮星的寿命，甚至可以长达 100 亿年，与太阳作为一颗恒星的寿命差不多长。当然，在漫长的岁月里，这颗白矮星随着引力能逐渐耗竭，会变得越来越冷，越来越暗，最终变为一颗不发光的“黑矮星”。

（王家骥）

有名的行星状星云——天琴座环状星云

太阳的复杂空间运动

宇宙中的各种物质形态无不处于运动之中,太阳也不例外。哥白尼的日心说正确地认识了太阳在太阳系中的地位。但是,在他的日心说中,认为太阳处于宇宙中心而且是不动的观念却是错误的,这一点已为后人所纠正。实际上,太阳处于很复杂的运动之中。

首先,太阳是有自转的。伽利略开创了用望远镜观测天体的时代,他作出了一系列重大发现,其中包括发现太阳黑子,并根据黑子在日冕上的运动认识到太阳有自转。现在知道,太阳自转的方向与地球自转的方向相同,但由于太阳是一个气体球,太阳表面不像地球那样有一个固体壳层,因此太阳表面纬度不同的地方自转速度是不一样的:在太阳赤道上自转最快,纬度越高,自转越慢,这种形式的自转称为较差自转。通常说太阳的自转周期为27.3天,这是指从地球上观测到的、日冕纬度17°处的太阳自转周期,称为会合周期。由于地球在绕太阳公转,这个27.3天并不是太阳的实际自转周期。太阳相对远方恒星的实际自转周期是25.4天,称为太阳自转的恒星周期。太阳赤道上的会合周期为25.5天。

其次,就太阳系范围来说,太阳也并不是固定不动的。为了说明这个问题,先来讨论一下地球—月球系统的运动。通常我们说月球绕着地球公转,实际上在地月系统中地球和月球是在作互绕运动,也就是地球和月球都绕着地月系统的质心作轨道运动,而这个质心则绕着太阳公转。不过,因为地球的质量比月球大得多,地球绕地月系统质心的运动轨道要比月球小得多。在专业天文研究工作中,有时必须考虑这种比较复杂的运动状况。

地月系质心的运动

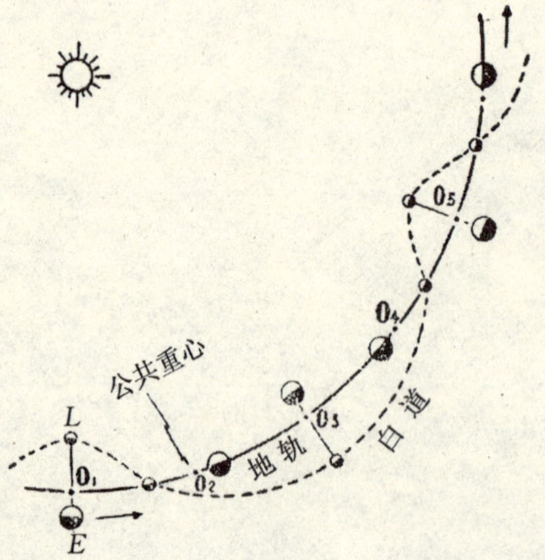

根据同样的道理,严格来说,太阳系内所有的天体都绕着太阳系的公共质量中心(质心)运动,太阳也不例外。只是因为太阳的质量很大,约占太阳系总质量的99.8%,其他所有天体的质量加在一起也只及太阳质量的0.2%,太阳系的质心实际上位于太阳之内,太阳绕这一质心的运动幅度是很小的。运动都是相对的,通常说的地球、行星或彗星、小行星绕太阳的运动,都是指这些天体相对太阳的运

动，而这种相对运动的概念可以帮助我们比较容易对天体运动的状态取得清晰的图像。

太阳位于银河系内，离银河系对称平面不远，距银河系中心约2.6万光年。太阳携带着包括地球在内的太阳系全体成员，在银河系内绕着银河系中心运动。这种运动可以看做是两个运动成分的合成，一个是太阳随着附近的恒星群一起，绕银河系中心作圆轨道运动，轨道运动平面与银河系对称平面近乎重合，运动速度约为每秒220千米，转过一整圈需要2亿多年时间。因此，太阳自诞生以来，已经绕银河系中心转了二十多圈。另一个是太阳相对附近恒星群的运动，称为本动，运动速度约为每秒20千米，运动方向与天球的交点称为太阳运动的奔赴点，奔赴点位置离织女星不远。

银河系只是星系世界中的普通一员，它与附近大大小小几十个星系组成了一个星系集团——本星系群，尺度范围约为650万光年，其中银河系和仙女星系是两个最主要的成员。本星系群是一个受万有引力束缚的系统，内部各个成员之间存在着相对运动。具体运动状况当然是很复杂的，比如，银河系与仙女星系约以每秒120千米的速度相互接近，而太阳相对本星系群质心的运动速度达每秒310千米左右。

在更大的范围内，本星系群又与大约50个大小不同的星系群和星系团构成了一个更大的天体系统，这就是本超星系团。包括太阳在内的银河系全体成员必然参与本超星系团的内部运动。银河系绕本超星系团中心公转一周约需要1 000亿年，银河系自诞生以来大约只转过了十分之一周。

根据宇宙大爆炸理论，今天宇宙从总体上说仍处于不断膨胀之中，构成宇宙的基本单元——星系之间的距离在不断拉大，星系在不断地相互远离，其中自然包括银河系。从这一点上来说，太阳也参与了宇宙的整体膨胀运动。

尽管太阳在宇宙空间中的运动情况十分复杂，但天文学家根据哥白尼日心学说对太阳系天体运动状态的认识仍然是正确的。比如，无论是长期、准确地预报日全食，还是为空间探测器设计合理的飞行轨道以实现人类登月或拜访火星，天文学家无须顾及太阳的种种复杂运动成分，只需仔细考虑太阳系内天体相对太阳的运动和主要天体相互之间的引力作用就够了。

（赵君亮）

难以觉察的恒星高速运动

古时候,人们发现天上除了少数几颗星星之外,绝大多数星星在几十年甚至几百年内,相互间的位置没有什么变化。因此,认为前者是在运动的,称为行星;后者则是不动的,称为恒星。恒星这一名不副实的名称一直沿用到今天。实际上,恒星也在一直不停地运动着,速度可达每秒几十千米甚至更高,只是由于它们离开我们极其遥远不容易觉察到罢了。

速度包含了大小和方向两个方面内容,它是一个矢量,而矢量是可以分解的。天文学上通常把天体的运动速度沿两个方向分解,一个是沿观测者到天体的视线方向,称为视向速度,以每秒千米为单位;一个是与视线相垂直的方向,称为自行,后者也就是我们直观上所看到的、天体在天空上位置的变化速度,以每年角秒为单位。

英国天文学家哈雷于1718年首先发现恒星的自行现象。他把天狼星等若干颗亮星当时的位置和托勒密星表上的位置作了比较之后,发现这些恒星的位置大约有月亮直径(0.5°)那么大的变化,这一变化就是恒星在约1 500年期间自行运动的结果。测定恒星自行的基本原理是,相隔一段比较长的时间,测定同一颗恒星在天球上的位置,并加以比较,从而确定该恒星每年在天球上移动的角度,称为恒星的年自行。肉眼可见恒星的年自行大多小于0.1″,而暗星的自行一般还要小。目前所知自行最大的恒星是蛇夫座的巴纳德星,年自行为10.31″。即使是这颗星,也得经过350多年才移动1°,无怪乎古人没有发现恒星的自行现象,以至把它们当作是恒定不动的天体了。今天,天文学家已经测定了两百多万颗恒星的年自行,精度达到千分之一角秒。

恒星自行虽然很小,但是在漫长的岁月中,它会使恒星间的相对位置发生显著的变化。在天空中,由一些星星构成的图案,如北斗七星,是我们所熟悉的。由于恒星自行的缘故,在十万年前或十万年后它的形状和现在就完全不同了。

恒星沿视线方向的运动与自行的情况不同,它使恒星远离或靠近我们,但不会改变我们所看到的恒星在天空中(即天球上)的位置。那么怎样测出恒星的视向速度呢?这需要应用物理学上的多普勒效应。以高速运动的火车通过站台时汽笛声的变化为例,当它接近我们时汽笛声会变得比较尖(频率比较高,或者说波长比较短),而远离站台时汽笛声就比较粗(频率比较低,即波长比较长)。如果以 c 表示声速,v 为火车的运动速度,λ_0 为声源(火车)静止时声音的波长,而由于声源在运动,我们实际所观测(听)到的声音的波长 λ 与 λ_0 是不同的,这就是多普勒效应,它的数学表达式是 $(\lambda-\lambda_0)/\lambda_0 = v/c$。声速 c 和静止波长 λ_0 是已知的,λ 可以通过观测来确定,于是利用多普勒效应即可得出声源(火车)的运动速度。

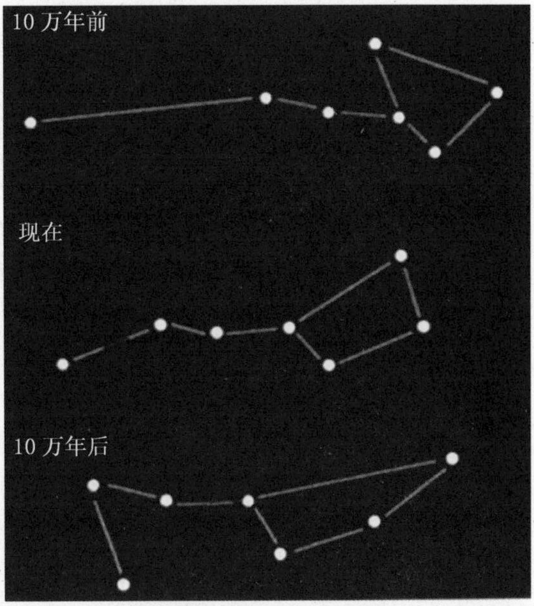

北斗七星
形状的变化

光是一种电磁波,把多普勒效应用在恒星星光的传播上,上面公式中的 c 就是光速,v 是待确定的恒星的视向速度。借助摄谱仪可以拍摄到恒星的光谱。通常在恒星光谱中会有一些吸收谱线,这些谱线是由恒星大气中的各种元素吸收恒星光辐射所造成的,而且一定的元素严格对应着一定波长的若干条吸收线。只要把恒星的观测光谱与某种元素(比如铁)的实验室标准光谱相比较,就会发现恒星光谱中铁谱线的波长(即运动光源的波长 λ)与实验室中铁谱线的波长(即静止波长 λ_0)是不同的,两者之间产生一定的位移 $\Delta\lambda = \lambda - \lambda_0$。铁的静止波长是已知的,$\Delta\lambda$ 可以通过观测得到,于是即可由多普勒效应求得恒星的视向速度 v,这就是天文学上确定天体视向速度的原理。大量的观测表明,约有 50%恒星的视向速度不超过每秒 18 千米,大约 80%恒星的视向速度不超过每秒 30 千米。

通过自行和视向速度的测定,我们就知道了恒星空间运动的速度和大小。任何运动都是相对的,观测得到的恒星空间运动(包括自行和视向速度)必然由两部分组成:一部分是因太阳运动引起的恒星运动,另一部分是恒星自身的运动,后者称为恒星本动。对于一大批恒星来说,它们本动的方向和大小是杂乱无章的,因而平均值接近于零。根据这一点,可以利用大批恒星的自行和视向速度来确定太阳的运动。现已知道,太阳相对附近的恒星以大约每秒 20 千米的速度朝着织女星附近方向运动,在近 20 个小时的时间内才能移动自己直径大小那么一段距离,从天文学的角度来看这种速度实在是很慢的。

(赵君亮)

从恒星颜色知其表面温度

在晴朗的夜晚,满天星斗有的呈蓝色,有的呈橙黄色,有的则是暗红色。正是这些颜色,为我们提供了有关恒星的许多重要物理性质。

在日常生活中,你也许有过这样的经验:当我们用煤气烹饪食物时,火焰在平时是蓝色的;可是到了除夕之夜,由于大家都在烧年夜饭,煤气显得不足,火焰便变成了黄色,烹饪食物所需要的时间也长了。这个现象告诉我们,蓝色火焰的温度高,黄色火焰的温度低。同样的道理也适用于天上的恒星:蓝白色恒星表面温度高,橙红色恒星表面温度低。恒星的颜色和表面温度之间大体上有着以下的对应关系:

颜色	表面温度(℃)
蓝	25 000～40 000
蓝白	12 000～25 000
白	7 700～11 500
黄白	6 000～7 600
黄	5 000～6 000
橙	3 700～4 900
红	2 600～3 600

根据这样的关系,就可以由恒星的颜色大致上判断出恒星的表面温度。例如,太阳看上去是黄色的,它的表面温度约为 6 000 ℃;织女星是白色的,表面温度大约为 10 000 ℃;北半球夏秋之交的南方天空中可以见到火红色的恒星心宿二(即天蝎 α),它的温度约为 3 000 ℃。

上面的关系显然是太粗糙了。温度可以作定量计算,但颜色是无法定量计算的。为了表示颜色上的少许差异,在日常生活中往往用浅黄、深黄、橙黄、橙红一类的形容词来描述介于两种颜色之间的某种色调。显然,这样的表述方式仍然是不严格的,难以和温度一一对应。为此,必须另辟蹊径。

实际上,所有的恒星都会发出各种颜色的光,比如用棱镜就可以把太阳光分解成"七色光"即是明证。只是有的恒星发出的黄光相对比较强,看上去呈现黄色(太阳就是这种情况);有的恒星主要发红光,从而表现为红色,等等。因此,对同一颗恒星来说,它所发出的不同颜色光的强度是不一样的。

天文学上用星等来定量地表述天体的亮度,星等数越小,亮度越高。因而对同一颗星的不同颜色光便有不同的星等,称为星等系统。不同颜色对应着不同的波段,而不同探测器对不同颜色光的敏感程度是不相同的。所以,为了测定天体不同颜色的星等,需要用不同的探测器,并配以相应波段的滤光片以限定接收器所能探测到的波长范围。测定天体星等的探测器可以是人眼、照相底片、光电管、CCD 接收器,等等,其中以人眼的测定结果精度最低,因而往往代之以黄敏照相底片并配以黄色滤光片,因此得出的星等称为仿视星等(m_{pv})。

在不同颜色星等组成的星等系统中,最常用的是目视星等和照相星等。人眼对黄光较为敏感,由人眼测定的星等称为目视星等(m_v);用普通蓝敏照相底片测定的星等称为照相星等(m_p)。另一种常用的星等系统是所谓 *UBV* 系统。*U* 星等为紫外星等,所涉及的主要波长范围为 320～400 微米;*B* 星等代表蓝色,主要波长范围为 340～540 微米;*V* 星等代表黄色,主要波长范围为 470～630 微米。另外,上述两种星等系统之间还有着一些简单的近似关系,如 $V \approx m_{pv}$, $B \approx m_p + 0.11$。

同一天体在同一系统中的两种不同星等之差(规定以短波段星等减去长波段星等)称为天体的色指数,任何两种星等都可以构成色指数。因此,$B-V$ 就是一种色指数。根据色指数的定义不难理解,色指数越大,相对来说天体的颜色就越是偏向红色;色指数越小,天体的颜色越偏向蓝色。这样一来,色指数便以一种定量的方式与颜色联系了起来,而我们就可以通过色指数建立颜色和温度之间的定量关系,即不同色指数对应着确定的温度。上面以列表形式给出某些色指数与恒星表面温度之间的对应关系:

色指数($B-V$)	表面温度(℃)
−0.2	18 800
0.0	10 800
0.2	8 190
0.4	6 820
0.6	5 920
0.8	5 200
1.0	4 530
1.2	3 920
1.4	3 480

由此可见,色指数越大,天体的表面温度越低;具有负值色指数的天体,表面温度都是很高的。除了 $B-V$ 外还有其他的各种色指数,如 $U-B$ 等。对于太阳来说,它的色指数是 $B-V=+0.650$ 和 $U-B=+0.195$。除了与温度之间的确定关系外,不同色指数在天体物理研究中还有着其他的用途。

(赵君亮)

恒星“双胞胎”和“多胞胎”

在纷繁的星空中，我们可以看到有的两颗恒星相互之间离得很近。这可能会有两种情况，一种是由于透视造成的，这两颗恒星其实可能相距很远很远，仅仅是我们看上去处在同一方向；另一种情况是两颗恒星确实相距很近，彼此之间有万有引力相互作用，而且当初它们形成的时候就在一起，就像是“双胞胎”一样。后一种情况，天文学家称为双星。

双星中的两颗恒星称为双星的子星。其中，较亮的子星称为主星，较暗的子星称为伴星。并非所有的双星我们都能直接看出它们是两颗恒星，事实上，有很多双星离开太远，而两颗子星彼此之间相距又非常近，即使用最大的望远镜，看到的依然只是一颗星。然而，如果用摄谱仪观测这颗星的光谱，可以看到其中的光谱线都是两两成对的。这是因为双星中的每一颗子星都有自己的光谱，两颗子星的光谱叠加在一起。可是，由于它们相互之间在万有引力作用下彼此绕转，在视线方向相对于我们的运动速度就有所不同，由于多普勒效应而产生的光谱线位移也就有所不同，于是两颗子星的光谱线在叠加时就会略微错开，看上去就成了两条。根据这一点，尽管不能直接观测到这两颗子星，可是我们还是可以断定这颗恒星是双星。像这样的双星，称为分光双星。相应地，如果双星中的两颗子星能够直接观测到，不管是直接用肉眼还是通过望远镜，都称为目视双星。

有的双星，还会有第三颗子星。这第三颗子星，与原来的两颗子星相比，通常相距要远得多。这样的三颗恒星聚在一起，就好比是“三胞胎”，成为三合星。例如，离开我们最近的恒星比邻星和南门二，就组成这样的三合星。南门二是一对目视双星，离开我们的距离是 4.39 光年，主星与太阳差不多大，伴星比太阳略小，两者相距约为日地距离的 100 倍，相互 80 年绕转 1 周。比邻星的质量只有太阳的 1/9，离开我们的距离是 4.22 光年，在天空中离开南门二的角度有近 2 度半，与南门二的实际距离约为日地距离的 16 000 倍，可是与南门二之间仍有万有引力作用，以长达几十万年的周期绕南门二转动。

有名的北斗七星，其中斗柄 3 星中间的那颗恒星，名叫开阳。1650 年，意大利天文学家利齐奥里发现开阳由两颗星组成，这是历史上最早发现的目视双星。1899 年，进一步又发现，组成开阳的两颗星中的主星，是分光双星。这是历史上最早发现的分光双星。1908年，组成开阳的两颗星中的伴星，也被发现是分光双星。因此，开阳是一颗四合星，4颗子星两两结合成分光双星，然后再组成目视双星。在开阳旁边，相距角度约1/5度，有1颗很暗但直接用肉眼尚能看到的小星，这颗恒星名叫辅。长期的研究表明，辅与开阳之间有万有引力相互作用，而辅也是分光双星。辅与开阳构成了六合星。对于像三合星、六合星等等这样恒星出现“多胞胎”的情况，天文学家称其为聚星。

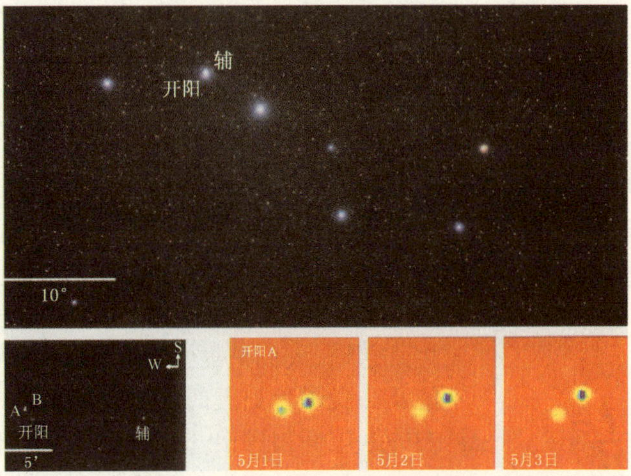

北斗七星中的开阳和辅组成了六合星，右下角的棕色图像是用现代光学干涉方法拍摄的开阳的主星，依靠光学干涉方法极高的分辨本领，这颗原来的分光双星的两颗子星被分离了开来，并可以看到它们在3天内相互绕转的情形

英国天文学家威廉·赫歇尔于1779年起开始有系统地搜索目视双星，编制目视双星表。后来有很多天文学家从事这项工作。到1963年，美国利克天文台的杰弗斯等人收集出版了到1960年为止发现的64 247对目视双星的星表。已发现的分光双星数量较少，到20世纪80年代约为5 000对。然而，这丝毫不意味着实际上分光双星比目视双星少，之所以已发现的分光双星数量比较少，主要是因为分光双星的发现要用摄谱仪拍摄恒星的光谱，观测上比目视双星困难。不过，分光双星与目视双星在本质上并没有截然分明的界限。

一些距离很远的双星，即使子星之间相隔的距离相当大，我们看上去的角度也还是显得很小，无法直接通过望远镜分辨开来。如果尚能够拍摄到它们的光谱，能够依靠光谱确定它们是双星，那么就是分光双星。然而，当恒星距离非常远时，就会变得非常暗弱，光谱的拍摄就会因为亮度太暗弱而变得不可能。这样，我们就无从知道它们是不是双星。据估计在银河系的恒星中间，约有一半以上是双星或聚星。

（王家骥）

给远方的恒星"称重"

质量是一个重要的物理量。要知道物体质量的大小,人们立即会想到秤。然而,有不少东西的质量是不能用一般的秤可以直接秤得出来的。质量太小,秤就无能为力,比如分子、原子、电子等微观世界的粒子,秤就无用武之地,人们是靠物理学的客观规律"算"出来的。质量太大秤也力不能及。我国历史上的三国时期就有"曹冲秤象"的故事,那是利用水的浮力的原理间接秤出几吨重的大象的体重。至于月亮、太阳以及恒星这类巨大而又遥远的天体的质量,那就根本不能靠秤来解决问题,必须通过科学计算才能测出它们的质量。

16世纪末,丹麦天文学家第谷对太阳系地内行星的运动作了大量的观测,积累了丰富的资料。第谷的学生、德国人开普勒在仔细分析这些观测资料的基础上,总结出了著名的行星运动三定律。其中1618年发表的第三定律指出:任何行星的公转轨道半长径(记为 a)的立方与其绕日公转周期(记为 p)的平方之比是一个常数。第三定律的数学表达式是 $a^3/p^2 = GM/(4\pi^2)$,式中 M 代表太阳质量,而 $G = 6.67\times10^{-8}$ 厘米^3/克·秒^2 是万有引力常数,可以通过实验测出。嗣后,牛顿建立了万有引力定律,并把开普勒第三定律修正为 $a^3/p^2 = G(M+m)/(4\pi^2)$,从而更准确地反映了行星运动的客观规律。

开普勒第三定律建立了行星公转周期、公转轨道半长径和质量之间的关系,根据这个定律可以计算出太阳的质量。如果把这一定律用于地球,那么 a 就是地球公转轨道半长径(天文单位),等于1亿5千万千米,也就是 1.5×10^{13} 厘米;p 是地球公转周期,等于1年,即 3.16×10^7 秒。这样我们就可以算出 $M+m = 4\pi^2a^3/Gp^2 = 2\times10^{33}$ 克。因为太阳质量要比地球质量大得多,所以太阳的质量就是 2×10^{33} 克,或者说2千亿亿亿吨!这样,根据开普勒第三定律,利用地球公转轨道半长径和地球公转周期,便得出了太阳的质量。

同样的原理可以用于测定双星中恒星的质量。恒星在宇宙空间中的分布是各式各样的。有的单颗存在,如我们的太阳。有的则两颗、三颗、多颗以至成千上万颗聚集在一起,称为双星、三合星、聚星、星团等等。在银河系中大约有半数甚至半数以上的恒星以双星形式出现,所以双星是很普遍的。双星中的两颗恒星都称为双星的子星,质量较大的一颗称为主星,较小的一颗称为伴星,伴星绕主星作椭圆轨道运动。从地球上看,伴星和主星的相对位置在不断改变，经过一定时间伴星绕主星转一周，就像地球绕太阳公转一样。因此，只要把 M 看作主星的质量，把 m 看作伴星的质量，就可以用开普勒第三定律得到双星的总质量。例如，天空中最明亮的恒星天狼星是一个双星。通过天文观测得到伴星绕主星的公转周期为 $p=50$ 年，公转轨道半长径为 20 天文单位，于是由开普勒第三定律可以得到天狼星两子星的质量和为 3.2 $M_\odot$，这里 $M_\odot$ 表示太阳质量。

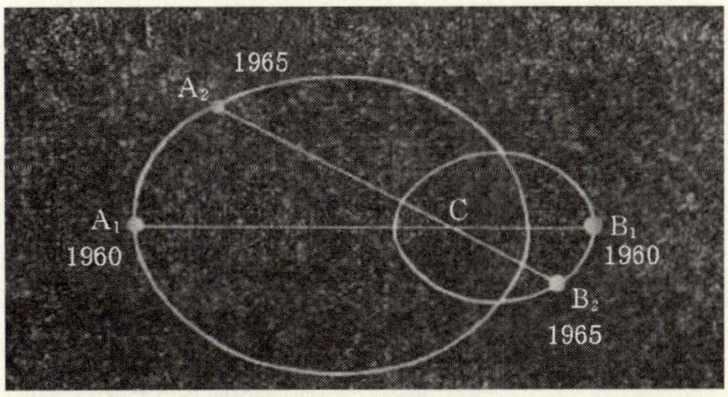

双星的轨道运动。A 为伴星，B 为主星，C 是系统的质心。数字是假定的年份

世界上一切运动都是相对的，双星也不例外。上面是假定主星不动，伴星绕主星运动，从而确定了双星的总质量。实际上主星、伴星都绕着双星系统的“质心”在作椭圆运动。主星质量大，轨道半长径小，伴星质量小，轨道半长径大，轨道半长径的大小与子星的质量成反比。由于在任意时刻主星、伴星和双星的质心总是在一条直线上，质心的位置就不难确定，于是可以得出主星与伴星的轨道半长径之比，也就是两者质量之比。有了双星系统的总质量和两子星的质量之比，就很容易得到主星和伴星的质量。比如天狼星的主星和伴星轨道半长径之比为 1∶2，因而它们的质量之比为 2∶1。已经知道两子星的质量之和为 3.2 $M_\odot$，于是不难得到主星质量为 2.2 $M_\odot$，伴星质量为 1 $M_\odot$。

遗憾的是，能够通过上述方法确定恒星质量的双星是很少的，而且完全不适用于单星。20 世纪 20 年代，天文学家在大量观测结果的基础上总结出了一条重要的经验规律：除了体积小、密度大的白矮星外，大部分恒星的光度(记为 L)越大，质量也越大，它们之间的关系为 $L=M^\alpha$，称为质光关系，其中幂指数 α 随恒星光谱型的不同而不同，平均来说有 $\alpha\approx3$。对于单颗恒星来说，光度是可以测出的，而有了光度便可以利用质光关系来确定恒星的质量。

很明显，这种质光关系是大量观测的统计结果，也就是说对于一大批恒星而言这种关系总体上是成立的，但对具体某一颗恒星来说这种关系并不严格准确。因此，用质光关系确定的恒星质量，就没有用双星运动的方法来得准确，只能说是一种估算。不过对于遥远的恒星来说，这种估算还是比较可靠的。

地球以它庞大的“身躯”吸引着世界万物，它的质量是 6×10^{27} 克。太阳质量是地球的 33 万倍，达 2×10^{33} 克。无论从大小、年龄、光度还是质量来看，太阳在恒星世界中都处于中等地位。

（赵君亮）

绚丽多姿的梅西叶天体

查尔斯·梅西叶(1730—1817)是一位法国天文学家,热心于彗星观测,经他独立发现的彗星就有13颗,法国国王路易十四称他为"彗星猎手"。在梅西叶所处的年代之前,彗星的出现最为引人注目,加之人们对彗星的本质缺乏了解,这类奇特天体的出现往往使人产生恐惧感,甚至担心会把地球撞坏。在18世纪,西方关于彗星的迷信邪说已经没有太大的市场,而到18世纪下半叶则出现了一股观测彗星的热潮。搜索彗星成了一种时尚,许多人都想拥有自己的望远镜,并不惜花费大量的时间和精力在天空中耐心地寻找,以期发现新彗星并获得由此带来的奖金和荣誉。

然而,发现一颗新的彗星在当时并不那么容易。要想成为新彗星的发现者,必须在离开太阳比较远、因而彗星还相当暗的时候及早找到它。须知,彗星在远离太阳时既没有彗发,更没有彗尾,看上去只是一个暗淡、模糊的雾状斑点,而很多具有这种外形的天体并不是彗星。那时,人们把这类天体统称为"星云",而"星云"的存在却给彗星猎手们带来了很大麻烦。

为了有效地解决这一问题,必须把这种所谓"星云"中的彗星和其他天体区分开来,而现在我们知道,除了彗星以外,在这些暗淡、模糊状斑点的天体中,有银河系中的星团和真正的弥漫星云,以及一些河外星系。区分出彗星的办法实际上很简单,那就是对所关注的对象相隔一段时间重复进行观测,如果发现它们的位置相对恒星发生了变化,那就是彗星。

三叶星云 M20

1758年,梅西叶本人在搜寻预报应该出现的哈雷彗星时,不经意间看到了金牛座中的蟹状星云。开始他误认为这就是他所要找的彗星,后来经过一段时间的观测,发现它并未在恒星之间移动,才明白这并不是彗星,而应该是"星云"。为了让后人在寻找彗星时能够很方便地把非彗星天体排除掉,少做无用功,梅西叶从此开始专心致力于星云状天体的观测,发现了许多星云、星团以及后来才知道的河外星系,并着手编表。他先是把所观测到的

45个"星云"编制成表，于1774年公布于世。后来又与另一位天文学家梅契因合作，不断寻找新的"星云"，经过三次增订，于1781年刊布了列有103个天体的星云表。

现在，人们把梅西叶编撰的这份专用星表称为梅西叶星云星团表，简称梅西叶星表，表中共有110个天体，称为梅西叶天体。表中的天体是按发现时间的先后依次排列的，并冠以英文大写字母M，这是因为参与该星表编制的两位天文学家梅西叶和梅契因的姓氏第一个字母都是M，而梅西叶天体又称M天体。例如，著名的蟹状星云是第一个发现的梅西叶天体，因而被冠以M1，即第一号M天体。

昴星团 M45

旋涡星系 M51

梅西叶星表中所收集的都是较早时期用小望远镜发现的天体，因而大多数比较亮，有的用肉眼也能看到，如昴星团(M45)等。因此，梅西叶天体可算是已知星云、星团和星系中的精华部分，尤其对天文爱好者来说特别具有观赏价值。即使对专业天文学家而言，有的梅西叶天体还极具研究价值，如猎户大星云(M42)可用于探索恒星的形成和早期演化，蟹状星云可用于研究恒星的晚期演化和超新星爆发，星系M82可用来研究星系中恒星的爆发式形成，等等。

每年3月下半月，是观测梅西叶天体的最佳时间段。在一个晴朗无月的夜晚，如果没有灯光污染，那么只要在充分准备的基础上抓紧时间，从傍晚到次日清晨一个接一个观测，就有可能在一个晚上观测到绝大部分甚至所有的梅西叶天体。这种一夜观测100个以上M天体的活动被称为梅西叶天体马拉松，一些西方国家的天文爱好者还经常组织"梅西叶天体马拉松竞赛"，中国的天文爱好者也已开展了此类观测活动。

梅西叶可谓是编制星云星团表的第一人。继他之后，随着观测设备的进步和新天体的不断发现，天文学家陆续编撰了许多内容更加丰富的星云星团星系和星系团表。在早期的这类星表中，最著名的当推1888年出版的星云星团新总表(NGC)及嗣后出版的补编IC星表，分别收录了7 840个和5 836个星云、星团和星系，而110个M天体是其中的精品。这些星表在天文工作中发挥了很大的作用，而梅西叶的开创性贡献实乃功不可没。

(赵君亮)

美丽的星云世界

银河系内除了大约1 000多亿颗恒星外，还存在许多亮度较为暗弱、外形比较模糊而又不规则的云雾状天体，这就是星云。绝大多数星云必须用望远镜观测才能窥其真貌，肉眼只能看到个别明亮的星云，而且看上去也只是一些模糊而又非常暗淡的光斑。

猎户星云

马头暗星云

星云就其形成的原因可以分为弥漫星云、行星状星云和超新星遗迹三类。银河系内的恒星际空间中并非空无一物，而是存在着由气体和尘埃构成的星际弥漫物质，称为星际物质或星际介质。星际物质的密度极低，但分布是不均匀的，其中密度相对较高的地方便形成弥漫状的气体尘埃星云，也就是弥漫星云。这类星云形状很不规则，它们本身是不发光的。如果在星云中或星云附近有一个或几个高光度的亮星，星云就会因反射星光而为我们所看到，这就是反射星云。要是这些亮星的温度足够高，在它们的照射下星云便会受激发光，成为发射星云。反射星云和发射星云合称为亮星云。另一类是暗星云，在它们的附近不存在能使星云发光的明亮恒星，但我们可以在远方恒星的背景上看到这种暗星云的轮廓。

恒星在到红巨星阶段的末期，随着红巨星包层向外膨胀，恒星外层大气会抛出大量的物质，每秒高达$10^{21}\sim10^{22}$克，这意味着整个包层可以在几千年内抛射完毕。分离出去的包层继续向外膨胀，体积变得很大，形成所谓“行星状星云”，相对来说行星状星云的外形算是比较规则的。

据估计，在银河系的一生(10^{10}年)中，

会有 $10^9 \sim 10^{10}$ 颗恒星经历行星状星云的阶段，因此这类星云很可能是一种普遍存在的天体。不仅银河系，在一些河外星系中也观测到了许多行星状星云，如在仙女星系和大小麦哲伦星云中就已发现有好几百个。

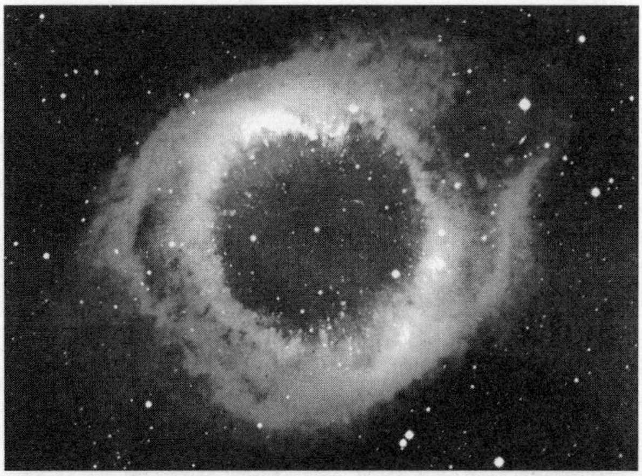

行星状星云

另一类星云是超新星遗迹。大质量恒星在演化到晚期时会发生超新星爆发，其结果是使恒星结构发生根本性的变化，甚至使恒星化为一片“灰烬”，这就是超新星遗迹。超新星爆发时，恒星外层向周围空间迅猛地抛出大量的物质，抛出物在膨胀过程中与星际物质相互作用，并为我们所看到。除了银河系，在一些近距离河外星系中也观测到了超新星遗迹。

大多数超新星遗迹具有丝状结构或壳层结构，它们向外膨胀的速度最高可达每秒数千千米，最慢的只有每秒几十千米。根据物质的膨胀速度，并从理论上假设这些物质同时因爆炸由一点向外膨胀，不难推算出超新星爆发所发生的时间和位置。比如，蟹状星云是 1054 年超新星爆发事件的产物，并由中国史书上的记载予以确证。又如天鹅座网状星云可能起源于 2 万年前的一次超新星爆发，古人很可能看到过这一事件。

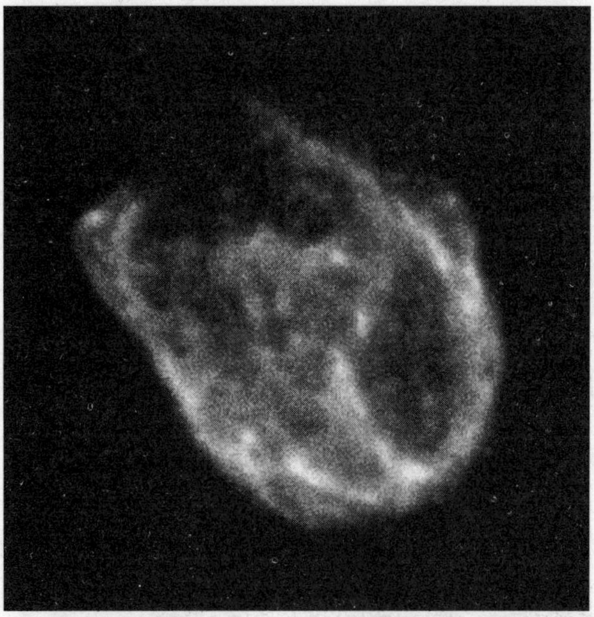

河外星系大麦云中的超新星遗迹

各类星云的观测和研究，对于探讨恒星的形成和演化过程具有重要的意义。

（赵君亮）

星际空间中的有机分子

1937 年，美国天文学家亚当斯正担任美国威尔逊山天文台的台长。这个天文台拥有当时世界上最大的口径为 2.5 米的反射望远镜。亚当斯和邓哈姆等人利用这架望远镜拍摄某些恒星的光谱。他们在研究这些光谱的时候发现，其中有的光谱，有一些很特别的甲川分子 CH 和离子 CH^+ 的吸收线。

甲川是一种碳氢化合物，是很多有机物的基本构成单位。在恒星光谱中竟然会出现分子的吸收线，而且是一种有机分子，这很让人感到惊讶。以后的研究表明，这些分子并不是恒星上的，而是处在恒星与地球之间的星际空间中。当恒星的光穿过星际空间向我们射来时，特定波长的光被这些分子吸收，从而在恒星光谱中间产生相应的黑暗吸收线。

这是人类第一次在星际空间发现有分子存在，许多天文学家为之受到鼓舞，竭力想在星际空间找到更多种类的分子。可是，继 1940 年又发现了氰基分子 CN 之后，在此后的 20 多年中，这项研究却几乎没有取得什么进展。

射电天文学的发展打开了通向宇宙的一扇新的窗户。天体的无线电波辐射，在气体和尘埃中具有比可见光强得多的穿透能力，因而可以用于对浓厚的星际云进行观测，寻找其中存在的各种分子。

前苏联天文学家什克洛夫斯基在 1949 年预言，可以通过射电观测来判断星际空间是否存在羟基分子 OH。4 年后，他发表了对这个问题的更加明确的计算，给出了在无线电波段羟基分子吸收线的具体数量和相应波长。同年，美国物理学家汤斯及其合作者在实验室中精确测出了羟基在无线电波段所产生的吸收线的波长。此后，汤斯还在实验室中测量了氨、水、一氧化碳分子在无线电波段所产生的吸收线的波长。

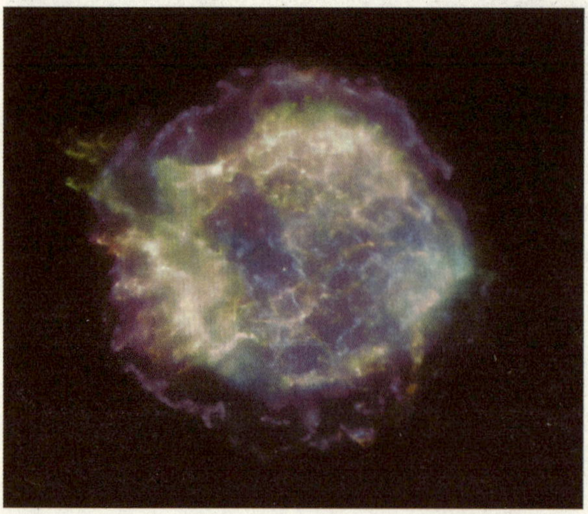

仙后 A 是一个发射无线电波的超新星遗迹，1963 年温莱布等人用射电方法在这个天体的方向上发现了星际羟基分子，这是钱德拉 X 射线天文观测卫星拍摄的 X 射线图像

1963 年，美国天文学家温莱布

等人观测到了星际羟基分子在波长18厘米处的吸收线。这是用射电天文方法探测到的第一种星际分子。1968年12月，汤斯等人在1.26厘米波长处探测到了星际氨分子的无线电波段发射线。不久，他们又发现了星际水分子。

次年，美国国立射电天文台的斯奈德等人在6.21厘米波长处发现了星际甲醛分子，这是第一个被发现的稳定的星际有机分子。甲醛在适当条件下可以转化成氨基酸，而氨基酸是形成生命的重要物质，因此星际甲醛分子的发现引起了生物界和化学界的广泛兴趣。有关的天文学家兴奋不已，更多的射电望远镜投入了搜索星际分子的观测研究。

1970年，发现了星际一氧化碳分子。在20世纪70年代，星际分子的发现形成了高峰期，到这个10年结束的时候，被射电望远镜捕获的星际分子已达50多种。现在，已经探测到的星际分子达到了120多种，其中大多是含碳的有机分子，最复杂的分子是氰基癸五炔 $HC_{11}N$。

据估计，在银河系中，星际分子的质量约占所有星际物质的一半，而氢分子的质量也占所有氢的大约一半，其余的氢则以离子或原子状态出现。

星际分子的发现与脉冲星、类星体、微波背景辐射并称为20世纪60年代射电天文学四大发现。之所以把星际分子的发现放在如此高的地位，主要是因为星际有机分子的发现涉及有关太空生命的某些带根本性的问题。

此外，在星际空间有机分子的普遍存在，使某些科学家认为，地球上最初的生命，也许来自太空。科学家们已经在彗星和某些落到地球上的陨石中发现了有机分子，据此，有些人认为，地球上的有机物，最早是在彗星尾巴扫过地球时或者由陨石从太空带到地球上来，然后繁衍起来的。当然也有不少科学家不同意这种观点，他们认为早期地球的自然条件可以自己在海洋中合成有机物。

关于生命的起源，尤其是太空生命，是很复杂的问题，星际有机分子的发现，只是向我们提供了一些很重要的值得考虑的线索，真正要解决问题，距离还很远。

（王家骥）

分子云和恒星的形成

宇宙万物究竟是怎么形成的？太阳系的中心天体是太阳，要解决太阳系的形成问题，首先得解决太阳的形成问题。宇宙间有无数像太阳这样的恒星，要问宇宙万物究竟是怎样形成的，自然首先要问恒星是怎样形成的。

17世纪后期，牛顿提出了万有引力定律。他从这一定律出发，猜测恒星是通过弥漫物质在内部引力作用下收缩而形成的。18世纪，德国哲学家康德和法国科学家拉普拉斯分别对星云收缩形成恒星的思想作了系统的阐述，前者倾向于哲学上的思辨，而后者则做了经典力学的简单推理。19世纪，在恒星形成理论方面没有多大进展，但天文学家通过观测发现宇宙中有大量弥漫星云存在。当时虽然还没有观测到恒星在这些星云中形成的直接证据，但是这些星云的发现增强了恒星由星云收缩形成这一思想的观测基础。20世纪，天文学家进一步发现，弥漫星云中常有一些温度非常高的发出非常强光的恒星，它们都是非常年轻的恒星，而且这些恒星通常聚集成团。

理论往往走在观测的前面。早在1901年，英国天文学家金斯的理论研究就已经表明，气体星云要能收缩形成恒星，必须达到一定的质量(称为金斯质量)。金斯据此提出了一个判据，即只有达到或超过金斯质量的气体云，万有引力才能阻止气体本身的扩散运动，使气体云收缩。

根据金斯判据，对于星云内通常的密度和温度，金斯质量远大于恒星的质量。随着云的收缩，气体密度升高，如果云中的温度保持不变，金斯质量就会降低，云中就会产生引力不稳定性，造成云的分裂，直到每个云团的质量与恒星质量相当。因此恒星总是成群产生，后来的观测证实了这个结论。很显然，为了在气体云收缩时保持云内的温度不变，气体云必须要能够足够快地把云收缩时产生的热量散发出去。理论研究表明，只有当气体云内的氢原子结合成分子时，才能担此重任。金斯判据要求这种气体云有很大的质量(于是体积也比较大)，天文学家就称它们为巨分子云。

1969年，美国天文学家拉森率先计算了质量与太阳一样的气体云团收缩形成恒星的过程。这个云团是在巨分子云中经过一系列的分裂形成的，最初的直径接近0.2光年(相当于日地平均距离的1万多倍)，密度是每立方厘米1 000亿亿分之一克，云中的温度是10开。这样的云团被称为原恒星云。

拉森的计算表明,原恒星云的收缩首先从中心附近开始,云团中的气体以自由落体速度向云团的中心坠落,称为坍缩。这样的坍缩很快在原恒星云的中心附近形成一个高密度区域。当中心密度增大到每立方厘米10万亿分之一克时,这一区域内的气体就变得不透明了,密度的继续增大将使温度升高,压强增大,阻止气体继续自由下落。这时在中心区域就形成了一个密度较高的核,直径为6亿千米(比木星轨道略小)。

位于船底座的一个剧烈的恒星形成区,中心是刚形成的成团大量恒星

核形成以后,核外的气体还在下落,核继续在收缩。当核内温度上升到2 000开时,氢分子分解成氢原子,这种分解要吸收能量,促使核再次坍缩,在中心区域形成一个新核。这个新核称为原恒星,质量为现在太阳质量的千分之1.5,半径是现在太阳半径的1.3倍,中心温度达2万开。

M16星云中的恒星形成区

原恒星外的物质还在下落,所以它的质量不断增大,半径则略有减小,但随着外部物质的减少,这一过程最终会停止,原恒星的质量就不再增大。这时,原恒星就变成了一颗主序前恒星。主序前恒星内部温度还不足以点燃氢燃烧,它只能靠收缩把引力能变成热能,弥补辐射出去的热量损失。在这一收缩过程中,主序前恒星中心的压强、温度随着密度的升高急剧上升,最终到达700万开,点燃氢燃烧,成为一颗主序星。于是,一颗新的恒星正式诞生了。

从原恒星云开始坍缩到生成的恒星成为主序星,所经历的时间与恒星的质量有关。根据美国天文学家艾本1965年发表的计算结果,太阳为5千万年,0.5倍太阳质量的恒星为1亿5千万年,3倍太阳质量的恒星为250万年,15倍太阳质量的恒星只需6万年。

(王家骥)

流产的恒星

什么是恒星？什么是行星？

顾名思义，恒星就是固定不动的星星，行星则是会移动的星星，这是古人所持的观念。1718年哈雷发现了恒星在天球上也是动的，那么又怎么区分恒星与行星呢？

18世纪中期以后，物理学开始渗透到天文研究中。人们开始明白，恒星和太阳一样都是些自行发光的物体，而行星则不发光，后者发光是反射太阳光的缘故。此后，恒星的名称虽然沿用了下来，但是我们把“由炽热气体组成的、能自己发光的球状或类似球状的天体”定义为恒星，而在椭圆轨道上绕太阳运行的球形天体则称为行星。这种划分一直被保留到今天，并见之于各百科全书。

但是，自己能发光的球状天体都是恒星吗？其实，行星也是能“自己发光的”，只是它们发射的光绝大部分落在红外波段，我们眼睛看不见而已。20世纪初人们才知道，只要温度高于绝对零度的任何物体都会“发光”，这就是所谓的“热辐射”，温度越低，发射的波长越长，行星也发光，它们发的光主要落在红外波段上。因此，用是否发光来区分恒星与行星依然是不严格的。更确切的划分是在认识到恒星内部能量来源以后的事。1938年美国物理学家贝蒂和德国物理学家魏茨泽克提出，恒星之所以能长期稳定发光，其能量源自它内部的原子热核反应，即氢核聚变成氦核的反应。自那以后，恒星是依靠氢核燃烧稳定发光的球状或类球状天体成为共识。

猎户四边形星团中新近发现100多颗低质量星，其中大部分是褐矮星，另有13颗质量低于13个木星质量的星，据认为是自由飘浮的巨行星

但是，要点燃氢氦核聚变反应需要一定的温度，它要求天体内部温度必须高于700万度。恒星是通过星云引力收缩形成的，原始星云质量越大，引力越强，积聚物质越多，形成的恒星也越大，内部温度也越高。所以，只有质量足够大的天体才能点燃氢氦聚

变反应。那么，天体至少多大才会点燃氢氦聚变反应形成恒星呢？从理论上我们知道，这个数值是太阳质量的0.072倍，相当于75个木星的质量。

既然比75个木星质量更小的星体是形成不了恒星的，那么它们是不是就是行星了呢？在我们太阳系里，木星是最大的行星，木星虽然很大，比起75个木星质量的天体还是小得太多，那么有没有介于1个木星质量和75个木星质量之间的天体呢？它们是行星吗？如果不是行星，那么最大质量的行星是多少？有没有质量介于最大质量行星与75个木星质量之间的天体？问题久久得不到回答，因为，这种天体即使存在，在宇宙中也是又暗又小，寻找它们何其困难。

观测上寻找虽然困难重重，不过理论上却有所收获，天文学家发现质量小于75个木星质量的星体虽然点燃不了氢氦聚变反应，却能够点燃氘或元素锂的聚变反应。氘聚变成氦的反应温度很低，只要100万度。锂的聚变最后也生成氦，它的反应温度要高些，约300万度。原则上，只要星体的质量大于13个木星质量就能点燃氘聚变反应。由于这种星体热核反应的温度不高，所以它们的颜色肯定很红，但是红矮星的名称又已经给了M型星，所以，天文学家不得已只好称呼它们为“褐矮星”，其实褐矮星不是褐色的，而是红色的。当然，质量小于13个木星质量的，什么热核反应都不能点燃，它们才成为真正的行星。

问题是能够找到点燃氘的褐矮星吗？十年前，天文学家在昴星团中发现了一颗名叫PPL15的暗星，后来认定它就是我们正在寻找的褐矮星，并发现它有60～70个木星质量。不久，另一颗名为GL 229B的星也被证实为褐矮星，那是一颗M型星的伴星，估计有40个木星质量。褐矮星通常非常暗，光度至多是太阳的一万分之一。随着观测技术的飞跃发展，褐矮星的数量与日俱增，它们填补了行星与恒星之间的空白。

现在我们把质量介于行星和恒星之间的褐矮星统称为亚恒星，有人形象地称呼它们为“流产的恒星”。质量较大的亚恒星刚形成时可能表现为一颗M型星，不过很快就用完了核燃料氘，于是变得更冷更暗，这时我们称它们为L型星，表面温度在2 200到1 300开之间。表面温度在1 200到750开的亚恒星称为T型星，最冷的T型星温度与木星温度140开已经非常接近了。

（傅承启）

恒星演化的活化石——星团

冬至前后的晚上天黑以后,在东南方向,你可以看到全天最明亮的恒星天狼星正冉冉升起,雄壮的猎户七星悬挂在低空,而在东方的半空中,有一团星星簇拥在一起,如一堆闪光的宝石熠熠争辉。

这一团星星,就是有名的昴星团,这些星由于在我国古代归属于二十八宿中的昴宿而得名。昴星团在西方又叫七姐妹星团,相传是擎天之神亚特拉斯的七个女儿,之所以叫七姐妹,据称是因为用肉眼可以看到 7 颗星。不过,实际上,一般的人只能看到 6 颗星,而视力特好的人能看到的星则不止 7 颗。昴星团的这些星星聚集在一起,并不是由于透视的原因,它们在太空中的确都靠在一起。事实上,昴星团内还有很多较暗的星星,一共有几百颗。这些星星离开我们 400 多光年远,分布在直径 10 多光年的空间范围内。

天文学家已经在银河系里发现了数千个像昴星团这样的星团,不过它们几乎都没有昴星团这样明亮,要用望远镜才能看到。另外,天文学家还观测到有一些星团,其中星星的数量远远比像昴星团这样的星团里多,达到上万颗甚至近千万颗,而且相互之间靠得也远比昴星团里的星星紧密。这一类星团的形状看上去像个球,因此就叫球状星团,而像昴星团那样的星团称为疏散星团。在银河系中,球状星团的数量远比疏散星团少,已发现的只有 150 多个。

昴星团(箭头所指)及其周围星空,上方为一流星

疏散星团和球状星团的存在,给天文学家研究恒星的演化带来了很大方便。同一个星团内的恒星离开我们的距离大致都差不多,于是,我们所观测到的这些恒星的亮度,就与它们的发光强度等同了起来,两者仅相差一个比例系数;另一方面,它们形成的时间以及形成时的化学成分也都大致差不多。这些恒星惟一的差别是它们形成时的质量。由于质量不一样,内部的核反应进行的速度就有快有慢。质量越大的恒星,内部的热核反应速度越快,目前这样的恒

星可能已经变成红巨星，甚至已接近死亡或者已经死亡；而质量越小的恒星，内部的热核反应速度越慢，它们可能还处在主序星阶段，甚至尚未进入主序星阶段。

星团内恒星数量众多，离开我们的距离又大致相同，用赫罗图来进行研究就显得特别方便。星团内恒星的视星等差异就表明了它们光度的大小，因此可以用视星等代替绝对星等作为纵坐标。在赫罗图中，每个星团内所有的恒星都集中分布在一定的演化轨迹上，构成一个序列，但不同星团的演化轨迹有所不同。不过所有星团的演化轨迹有一段大致共同的部分，而且这一部分恒星的数量也特别多，这就是主序星所在的位置，即主序。

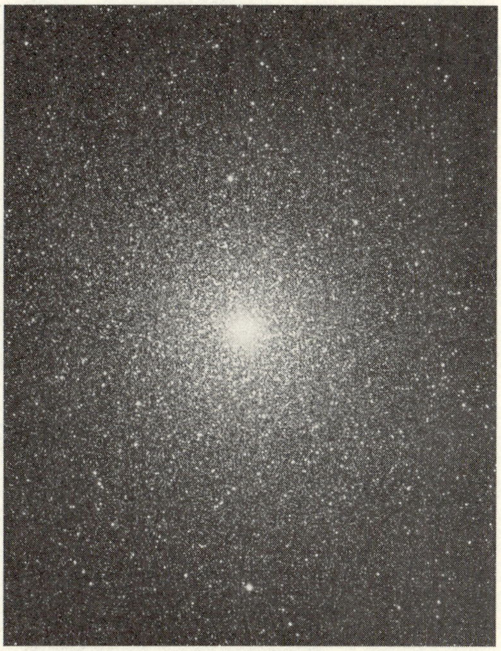

球状星团杜鹃 47，位于南天的杜鹃座

刚形成不久的年轻星团，星团内大质量恒星已经到达主序，中、小质量恒星仍处于主序前。随着时间推移，大质量恒星先离开主序，中等质量恒星到达主序，然后小质量恒星到达主序。年老的星团，大质量恒星先死亡，中等质量恒星离开主序，小质量恒星仍在主序。

天文学家发现，疏散星团的年龄，最年轻的只有几百万年，大多数的年龄为几千万年到几十亿年，极少数达 100 亿年左右。球状星团的年龄则都很老，从接近 100 亿年到 135 亿年左右。

星团赫罗图对于研究恒星结构和演化特别有用。例如，按照旧的恒星结构和演化理论，用赫罗图测定某些球状星团的年龄可以老到 170 亿年。可是，在 20 世纪 90 年代，哈勃太空望远镜上天以后，根据这架望远镜的最新观测资料，天文学家测定我们所观测到的这部分宇宙的年龄只有 140 亿年左右。难道说在宇宙大爆炸之前，就已经有球状星团存在了吗？这当然是不可能的。天文学家改进了恒星结构和演化理论，再用赫罗图测定这些球状星团的年龄为 135 亿年左右，这就与宇宙年龄没有矛盾了。

正因为如此，天文学家把这些星团，尤其是那些年老的球状星团，看成了恒星演化的活化石。星团的研究，也因此在天文学研究工作中占有了重要的地位。

（王家骥）

不同质量恒星的不同命运

不同恒星在质量上的差别，与它们在体积、光度上的差别比较，要小得多。若论体积和光度，与太阳比较，最大的可达太阳的100万倍，最小的则只有太阳的100万分之一。可是，质量最大的恒星，不超过太阳质量的100多倍，而质量最小的恒星，是太阳质量的0.08倍。质量小于0.08倍太阳质量的原恒星，收缩时核心的温度永远也达不到点燃氢燃烧所需要的700万开，因此不能成为主序星，而变成一颗褐矮星。褐矮星的能量仅仅来自引力收缩中势能的转化，只发出很微弱的红外光。

恒星质量直接决定了引力收缩时恒星中心能够达到的温度，后者又直接影响到恒星内部核反应的速度，因此恒星质量的大小决定了恒星一生的命运。比如，质量小于0.5倍太阳质量的恒星，中央氦核永远也不会达到氦燃烧所需要的温度，它们将不经过氦燃烧阶段就坍缩变成一颗主要由氦组成的白矮星。

中等质量恒星是指质量明显比太阳大，但不超过6倍太阳质量的恒星。这类恒星氢燃烧的速度比太阳快很多，例如5倍太阳质量的恒星，主序星阶段(即中心氢燃烧阶段)只有5 000多万年。中等质量恒星在中心氢燃烧停止、变为壳层氢燃烧时，即成为红巨星。与小质量恒星不同的是这一转变非常迅速，例如5倍太阳质量的恒星，只有300万年。这类恒星的氦燃烧阶段只有1 000万年左右，比小质量恒星短很多。当它们中心氦燃烧停止后，变为双壳层燃烧。它们的最终归宿与太阳相似，在经过一个不稳定阶段之后，外层气体抛出形成行星状星云，留下一颗主要由碳、氧组成的白矮星。

矩尺座中一颗大质量恒星星风吹出的气体形成了两边的两个星云

大质量恒星主序阶段表面温度非常高，可达几万开，又由于半径大，表面积也大，因此发光强度特别大。它们的演化与中小质量恒星相比，还有一个特点，即物质损失特别巨大。这种物质损失在主序星阶段主要以星风的形式发

生，这种星风类似于太阳风，然而强度和规模远远大得多。大质量恒星的星风甚至可以很快就把外壳全部吹掉，暴露出内部核心。这类恒星的氢燃烧在几千万年甚至更短的时间内就结束。进入氦燃烧后，因其质量不同而分别成为蓝超巨星、黄超巨星和红超巨星。在变为超巨星以后，物质损失愈发严重，内部的核心逐渐裸露出来。在演化的最后阶段，核心通过收缩可以达到非常高的温度，在很短的时间内，依次点燃碳燃烧、氖燃烧、氧燃烧、硅燃烧，最后生成铁。然而，这些热核反应产生的总能量远远比不上氦燃烧，更不能与氢燃烧相比。

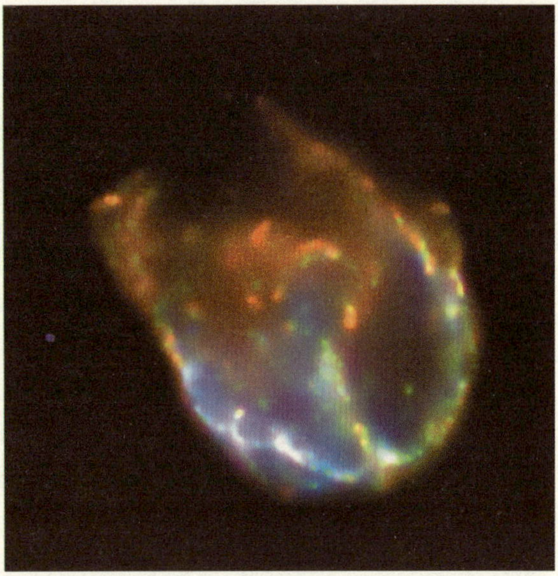

位于剑鱼座中的一个超新星遗迹，由钱德拉 X 射线望远镜拍摄

铁的生成对于恒星来说是灾难性的，因为铁和比铁更重的原子核不能发生热核反应，这些原子核的核反应不但不放出热量，反而要吸收热量，使得恒星的核心突然冷却下来。于是，支撑这个核心的压力几乎消失，核心区域内的物质以自由落体速度收缩（即所谓坍缩）。

铁核心的坍缩在其中心产生的压强是无可比拟的，在这样强大的压力下，质子与电子结合成中子。中子不带电荷，可以挤压到非常近的距离，于是在原来的铁核心中心，形成了一颗超密、超强磁场、体积很小、自转极快的中子星。

在中子星形成后，恒星铁核心的中心就成为不可压缩的，可是外部的物质继续在快速下落，于是发生反弹。在反弹的过程中，蓄积着的由引力势能转化而来的大量能量释放出来，造成爆炸，这就是超新星爆发。超新星爆发以后，星体的外层被炸掉，扩散成为一种类似行星状星云的超新星遗迹，但形状更不规则，星云内部气体扩散的速度比行星状星云高很多。在超新星遗迹的中心，留下的中子星裸露出来，成为大质量恒星死亡后的残骸。

中子星的质量有一个上限，如果坍缩后的星体残骸质量超过这个上限，它就会继续坍缩下去，成为一个黑洞。因此，大质量恒星演化的最终归宿也有可能是黑洞。黑洞并非真的是个洞，而是一类比中子星物质密度还要远远大得多的天体。黑洞的物质已经密集到这样一种程度，以致产生的引力大得连光也不能逸出，外部观测不到，所以是“黑”的。

（王家骥）

蟹状星云与超新星爆发

中国史书《宋会要》中有这样一段记载:“至和元年五月晨出东方,守天关,昼见如太白,芒角四出,色赤白,凡见二十三日。”经考证,这是北宋仁宗至和元年由当时的司天监观测人员所记录的一次特殊天象。这次天象出现的日期是公元1054年7月4日,时间是清晨4时左右,位置是天关星(即猎户ς星)附近,在它南面不远处可以看到亮星参宿四(即猎户α)。上述记载的内容主要是说,该日清晨,天关星附近突然出现了一颗亮星(在古书中称“客星”),它像太白金星一样明亮,白天都可以看到,这种明亮状态共延续了23天。客星最终消失的日期是1056年4月6日,距发现之日已有643天。在这段时间内,司天监人员坚持不懈地进行观测,详细记录了客星的位置、颜色和亮度变化。后人把这颗客星称为“天关客星”。

1731年,英国的一位医生、天文爱好者拜维斯首次用小望远镜观测到后来被称作“蟹状星云”的模糊椭圆状云斑。在法国天文学家梅西叶编制的《梅西叶星表》中,拜维斯发现的星云排在第一个,记作M1。梅西叶本人是在1758年发现这个星云的,但当时他并不知道拜维斯已经发现了这个星云。1844年,英国天文爱好者罗斯观察到了星云的纤维状结构,他对M1进行了几十年的仔细观测,并根据目视观察的印象,于1850年把它取名为蟹状星云。

自从照相术用于天文观测以来,早期拍摄的天体照片便成为后人研究的宝贵历史资料。1921年,美国天文学家邓肯比较了相隔12年拍摄的两张蟹状星云照片,仔细研究后,他惊讶地发现在这段时间内蟹状星云居然膨胀了!但是,当时由于观测资料的限制,还不能准确地测定膨胀速度有多大。随着资料的积累和方法的改进,1928年美国天文学家哈勃首先估计了星云的膨胀速度,以这一速度往回推算,便发现蟹状星云大约是在900年前的一次超新星爆发中产生的,而爆炸发生的地点恰好就在中国人记录下来的天关客星附近的位置上。1942年,荷兰天文学家奥尔特与一位荷兰的汉学家合作,仔细研究了中国古代有关这颗客星的记录,并最终确认蟹状星云正是1054年超新星爆发事件的产物。

恒星演化理论是20世纪天体物理学的最大成就之一,然而恒星演化过程与人类的历史相比实在是太缓慢了,人们很难直接观测到因恒星演化

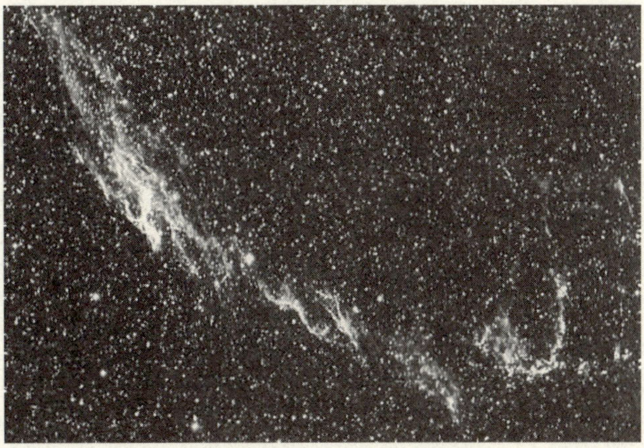

天鹅座网状星云，它可能是2万年前一次超新星爆发后的遗迹，恒星已化为乌有

而造成的景象。所以，当蟹状星云与1054年超新星的关系被确认后，天文学家为之兴奋不已，这可算是有史以来人类亲眼看到的、最为珍贵的恒星演化实例，蟹状星云和1054超新星因此而名声大振。

那么，什么是超新星呢？恒星自诞生后，便进入演化阶段。恒星在演化过程中，依靠内部的核反应发光、发热。恒星质量越大演化得越快，因而寿命就越短。作为恒星的最终归宿，有三种不同的天体，这就是白矮星、中子星和黑洞。这里，三种归宿何去何从，质量的大小又一次起着关键作用。恒星在"生命"晚期的质量小于1.44倍太阳质量时，恒星便演化为白矮星；如果质量在1.44～3倍太阳质量范围内，恒星便演化为中子星；更大质量的恒星最终演化为黑洞。

演化晚期的恒星处于一种不稳定的状态，而且越来越不稳定。最终它会因某种原因发生一次或数次极其猛烈的爆炸，把外层物质高速向外抛出，并与内部分离开来。对于质量比太阳大很多的恒星来说，这就意味着发生"超新星爆发"。这类爆炸对恒星来说是一场真正的灾变，它使恒星的结构发生根本性的变化，或者在中央留下一颗白矮星或中子星，或者甚至会使恒星炸得粉身碎骨，化为一片灰烬。超新星爆发时，恒星的亮度会增强千万倍甚至上亿倍，光度为10^7～10^{10}太阳光度，释放能量10^{47}～10^{52}尔格，是恒星世界中最为剧烈的爆发现象。当年，天关客星"昼见如太白"，正是超新星爆发的结果。

蟹状星云是一次超新星爆发后的恒星遗迹，在星云的中央留下了一颗快速自转的中子星。据估计，整个银河系内平均每50年爆发一次超新星，但有历史记载而被确认的超新星爆发仅有7次，如1572年的第谷超新星和1604年的开普勒超新星等，不过像蟹状星云那样近乎完美的样品只有1个，这也正是天文学家特别看重蟹状星云的原因。当然，在银河系以外的河外星系中也会发生超新星爆发，而且即使星系的距离十分遥远，由于超新星爆发时非常明亮因而也能观测到，这一点对于宇宙学研究特别重要。

（赵君亮）

形形色色的黑洞

早在1798年,法国科学家拉普拉斯首次依据牛顿引力理论猜测,可能存在一种奇异的天体——黑洞。他发现如果有一个大质量天体,直径是太阳的250倍,而密度却与地球差不多,那么这颗巨恒星的引力之强,足以使速度高达每秒30万千米的光子也无法摆脱它的巨大吸引力。结果,这颗恒星尽管存在,却无法为外界所观测到,因而被后人称之为"黑洞"。实际上在更早的1784年,一个名叫米歇尔的人曾给大物理学家卡文迪许写过信,提出如果有一颗恒星的密度比太阳高500倍,那么这颗恒星所发出的光就会被恒星强大的引力拉回去。可惜的是,卡文迪许对此好像并不感兴趣。

实质上,黑洞的物理特性要比米歇尔或拉普拉斯的观念复杂得多,完全不是牛顿物理所能解决的,其中涉及一些深奥的物理学和数学问题。关于黑洞的想法提出后,物理学家们只关注了几十年便不屑一顾了,主要原因在于当时人们普遍认为光是一种波,而不是粒子。直到1939年,美国"曼哈顿"原子弹计划负责人、物理学家奥本海默等人才首次根据广义相对论证明,黑洞可以在一定条件下生成。不过,"黑洞"这一名称正式见之于学术界是在1967年。

仙女星系M31的核区,黑洞位于右下图中的红线范围内

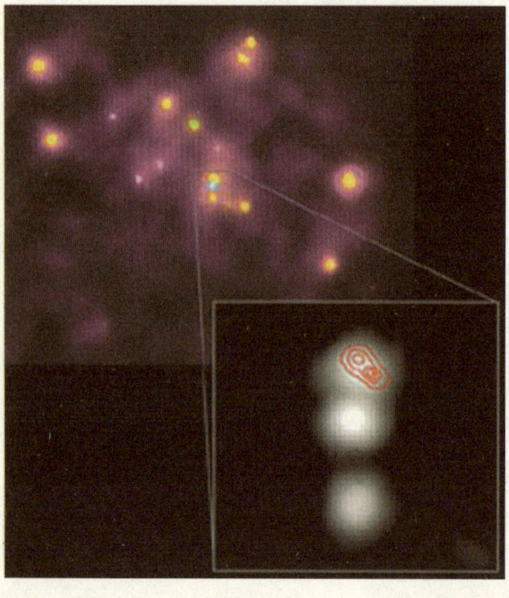

"黑洞"一词包含了极为丰富的物理学内涵。通俗地来说,黑洞可算是一个"无底洞",因为它的强大引力会把一切物质和辐射吞食掉,而不会让它们逃逸出去。黑洞的边界就是外部观测者视线的边界,称为视界。黑洞的半径叫引力半径,又称史瓦西半径,以纪念在黑洞物理学上作出杰出贡献的德国科学家卡尔·史瓦西。太阳质量物体的引力半径为2.9千米,这样一个黑洞的平均密度高达每立方厘米200亿吨,简直令人匪夷所思!

由大质量恒星演化到晚期所生成的黑洞称为恒星级黑洞,也曾一度叫经典黑洞。黑洞不能直接看到,只能借助引力效

应来找到它们存在的依据。比如双星中有一颗子星是不可见的，但从可见子星的运动特征可以发现不可见子星的存在，要是后者的质量大于中子星的上限，并能发出X射线，那它可能就是黑洞了。这是因为理论研究表明，物质在被黑洞吞食的过程中会发射出X射线。

20世纪60年代人们通过射电观测发现了类星体，类星体的尺度只有普通星系直径的千万分之一，但实际发出的能量可以抵得上100个普通星系。用来解释恒星能量来源的核反应机制不足以产生这样大的能量，类星体的产能效率应该比核反应高得多。为此人们提出了若干种假设，而目前普遍被接受的理论是认为在类星体的中央存在超大质量黑洞，质量范围为几百万到几十亿倍太阳质量。这种超大质量黑洞在吞噬其附近的气体和尘埃时，通过一些比较复杂的物理过程，会释放出极大的能量。

除了类星体外，在其他一些活动星系，甚至普通星系的中心也可能存在巨型黑洞。许多证据表明，银河系中心很可能存在一个质量为400～500万倍太阳质量的巨型黑洞。

巨黑洞周围的景象（艺术图）

除了恒星级黑洞和星系核中的大质量黑洞外，在致密星团内可能存在质量介于这两者之间的中等质量黑洞。X射线观测表明，银河系内的球状星团中含有发射功率非常大的X射线星，这种X射线的产生可能起源于星团内的大质量黑洞。最近，钱德拉X射线天文卫星的观测发现，在特殊星系M82里的星团MGG11中可能有一个约1 000倍太阳质量的黑洞。

不要误以为黑洞的密度一定是很高的。黑洞的质量与半径成正比，而体积则与半径的立方成正比，所以密度与半径的平方成反比。对于一个一亿倍太阳质量的黑洞来说，它的密度居然与水密度差不多！

根据大爆炸宇宙论，在宇宙早期的高温、高密度条件下，可能会形成一些小质量的微黑洞，称为原生黑洞，这一思想首先由著名英国物理学家霍金提出。这种原生黑洞的尺度极小——一个质量为10亿吨（相当于地球上一座不大的冰山的质量）的原生黑洞的空间尺度（视界）为10^{-13}厘米，大约只相当于一个质子的大小！黑洞世界的奇事对于熟悉普通物质性质的我们来说实在是难以想像，甚至无法接受的。

（赵君亮）

化学元素的制造厂

元素是怎么存在的？它们在哪里产生？又是怎么产生的？

根据现在的流行宇宙学说，宇宙在大爆炸之后，出现了电子、质子和中子，由这些基本粒子结合形成的元素，主要是氢和氦，前者约占3/4，后者约占1/4。此外，还有极微量的轻元素，如锂、铍、硼等。其余的元素，包括更多的氦和锂等轻元素，都是在恒星内部核反应过程中形成的。这种过程，从130多亿年前宇宙中第一批恒星诞生就已经开始，而且没有这一过程，就不会有形成今天地球上组成生命有机体的碳、氧、氮等元素。

天体物理学家可以用一连串的热核聚变反应，说明直到铁系元素为止的几乎所有元素如何在恒星内部形成。铁系元素是指原子序数与铁差不多的一些元素，包括铁在内。这里所说的直到铁系元素为止的几乎所有元素，它们的原子序数在6到30之间。像太阳这样质量较小的恒星，只能够产生到碳、氧等元素为止的原子量较轻的元素，而质量更大的恒星，在其生命的后期，碳、氧原子核可以进一步发生聚变反应，最终形成铁系元素。

那么元素周期表中原子序数大于30的元素是如何制造的呢？在宇宙中，所有这些元素的含量加在一起，按质量计，也只有氢的含量的亿分之一，因此，它们一定是在一些非常特殊的过程中形成的。这些元素的制造，依靠的不是热核聚变反应，而是在恒星演化到晚期发生的中子俘获过程。

原子核俘获自由中子，与中子结合成原子量更大的原子核，并进一步发生衰变，生成原子序数更大的元素，这样一种过程称为中子俘获过程。通过中子俘获过程生成的元素，称为中子俘获元素。中子不带电荷，原子核中质子所带的正电荷不会阻止中子俘获反应的发生，因此，发生中子俘获过程的条件仅仅是需要有大量自由中子存在。

对于很大质量的恒星，在演化晚期内部发生原子核聚变的反应层内，都会产生大量自由中子，它们成为中子俘获反应所需要的中子的来源。这些中子一旦被原子核俘获，原子核就变得含有较多中子，成为富中子同位素。在这种情况下，被俘获的中子有足够的时间释放出一个电子而变成质子。这种中子释放出电子变成质子的现象，称为β衰变。发生β衰变后，原来生成的富中子同位素就变成了原子序数更大（即含有更多质

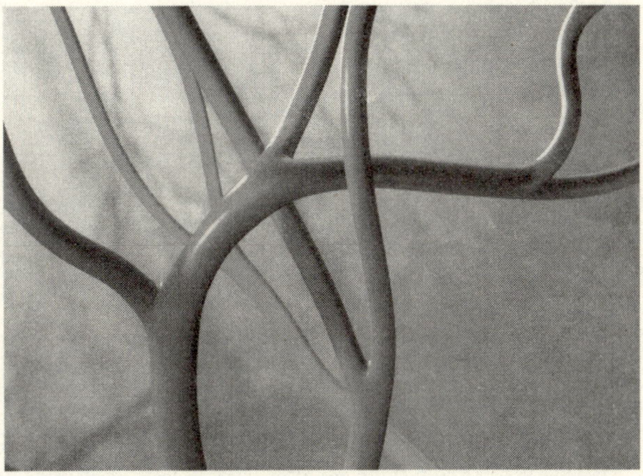

正在你身体里流动的血液中的铁元素,是在至少五十亿年之前爆发的一颗超新星中制造出来的

子)的另一种元素。这一较慢(相对来说)的事件链称为慢中子俘获过程(s过程),这一过程产生的中子俘获元素约占一半。

大质量恒星在演化晚期发生超新星爆发时,它们的核心坍缩到极高密度,在此过程中会从核心区域释放出大量自由中子,每立方厘米的中子数可高达 10^{23} 个左右。这些中子被外层正在爆发的气体中的原子核吸收,吸收了大量中子的原子核原子量迅速增加,但由于在这种情况下中子的增加远比β衰变的发生来得快,质子数在非常短暂的时间内还没有改变,于是大约几秒钟内就可以产生大量极端富含中子的原子核。

这种类型超新星的爆发过程极其快,以致在爆发的物质中自由中子的来源很快枯竭。极端富含中子的原子核变得很不稳定,将迅速经历一系列β衰变,把多余的中子变为质子,从而在周期表上移动到原子序数更大的位置。同时,原子核内的质子数和中子数也就逐步趋向平衡,原子核变为稳定,变为一种更重的元素。以这种方式产生中子俘获元素的过程称为快中子俘获过程(r过程)。

因此,正是恒星的存在以及它们的演化,产生了今天宇宙中的各种各样元素,从而使宇宙变得丰富多彩,并使得生命得以产生和发展。

特别需要指出的是,铁离子在我们的血液中担负着运输氧离子的重任,要产生像人类这样的智慧生命,没有铁元素是不行的。可是,太阳内部的热核反应不会制造出铁。因此,太阳和太阳系里的铁元素,必定是在太阳和太阳系形成之前就已经存在了。这也就是说,太阳不应该是银河系中的第一代或第二代恒星。银河系中,在太阳附近本来应该有一颗第一代或第二代的恒星,在至少五十亿年之前它走完了生命的历程,变成了一颗超新星而爆发,在爆发中把它所制造的铁抛到了星际空间,混合在星际介质中。这种混合了铁和其他各种重元素的气体,就成了后来形成太阳和太阳系的原料。你能够想到吗,正在你身体里流动的血液中的铁元素,就是这颗超新星在那时候制造的!

(王家骥)

变星的真相

漫天星斗中有一类恒星的亮度是会变化的，这就是变星。那么，变星的亮度为什么会发生变化呢？天文学家经过研究发现，变星又可分为几何变星和物理变星两大类：由几何原因引起观测亮度变化的变星称为几何变星，这类变星的实际亮度并没有发生变化；由恒星自身物理原因造成观测亮度变化的变星称为物理变星，这类变星的实际亮度确实发生了变化。

相对来说，几何变星的情况比较简单。如果有一颗恒星实际上是双星，只是因为两颗子星靠得很近，用肉眼甚至望远镜都不能把它们分辨开来，看上去就是一颗星。这时，要是双星中两颗子星的轨道运动平面差不多与我们看它的视线方向相平行，那么随着子星的运动，有时一颗子星会被另一颗子星所遮掩，而双星的总亮度就会减小。一旦遮掩阶段结束，亮度会恢复到原来的状态。于是，从地球上看，这颗恒星的亮度便会出现周期性的变化，成为一颗变星；亮度变化非常有规律。由于这类变星光变的原因是两颗子星出现相互交食现象，因而称为食变星，光变周期就是两子星的交食周期。

食变星大陵五（英仙 β）的光变规律

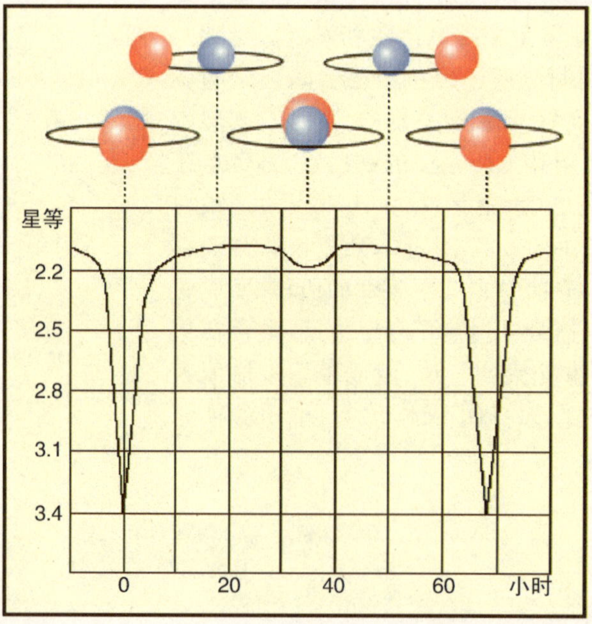

除了食变星外，还有一类几何变星是自转变星。由于恒星没有固态外壳，而恒星又都有自转，所以因自转的作用它们往往呈椭球状。如果恒星的椭球形状与球形的差异比较明显，那么在自转过程中，我们所看到的恒星像的大小就可能发生变化，由此造成恒星的观测亮度发生变化，光变周期即为恒星的自转周期。无论是食变星还是自转变星，它们的光变幅度不会很大的。

物理变星的情况比较复杂，总的来说可以分为脉动变星和爆发变星两类。所谓脉动主要是指

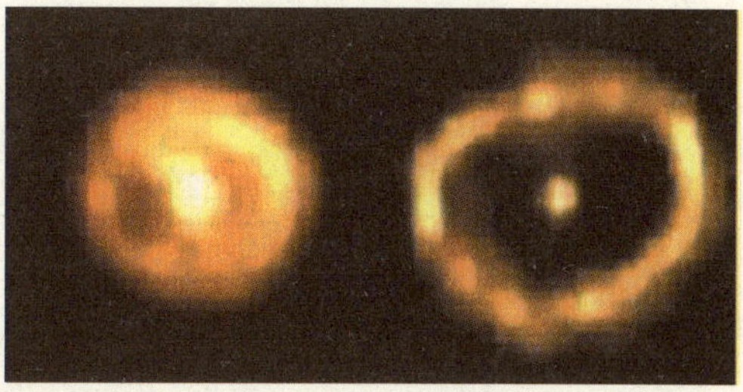
新星爆发

恒星本身在不断地膨胀、收缩，犹如人脉搏的跳动。随着恒星体积的脉动式变化，亮度就会发生变化，因而称为脉动变星。实际上，在脉动过程中，除了大小发生变化外，恒星的颜色和其他一些物理特征也会发生变化。有的脉动变星光变周期非常有规律，这就是规则变星。可以用于测定天体距离的造父变星即属于高光度的规则脉动变星。规则变星的光变周期差异很大，短的不到一小时，长的可以长到几百天甚至十年以上，后者又称为长周期变星。长周期变星的光变幅度往往很大，最大和最小亮度可相差 2 000 倍左右。有一些脉动变星的光变周期不太有规律，甚至粗看上去完全没有规律，它们分别称为半规则变星和不规则变星。不过，即使是不规则变星，如果进行长时间的监测，往往会发现它们也存在某种光变周期，不过这种周期不很明显，或者周期本身又在变化。

脉动变星在年龄上的分布很广，年轻星和老年星都有。恒星脉动的原因很复杂，总的来说是因为恒星在演化过程中的一定阶段，内部结构出现某种不稳定性，结果便造成恒星的脉动式变化，所以脉动的具体情况取决于恒星的内部结构，并表现为形式多样的脉动变星。

顾名思义，爆发变星是一种亮度会在较短时间内突然增亮的变星，而这种突发式光变则起因于恒星自身的爆发。在爆发变星中，有的亮度变化非常剧烈，如新星，一般可增亮几千倍，甚至观测到亮度增亮几千万倍的新星爆发现象。有的新星在一次爆发后，经过几年或几十年后会再次甚至多次爆发，这就是再发新星，但这时亮度变化一般就不会像第一次那么剧烈了。新星或再发新星又可统称为激变变星。

比激变变星光变更为剧烈的爆发变星就是超新星，又称为灾变变星，因为一旦发生超新星爆发，对恒星来说是一场真正的灾变，原来的恒星变得面目全非。超新星爆发时，恒星的光度会增强千万倍甚至上亿倍，即使离开我们几十亿光年以外，用望远镜在地球上也能观测到。

世界上一切事物无不处于变化之中，绝对不变的东西是不存在的。即使是呈现稳定状态的恒星，实际上由于种种原因亮度也会有微小的变化。以太阳来说，就存在 11 年周期的有规律的活动，而且太阳活动及其预报已成为天文学上一个重要的研究课题。因此，从严格意义上来说，像太阳这类恒星的亮度也是在变化的，不过这种变化的幅度非常小，不能归入变星之列。

（赵君亮）

量天尺——造父变星

太阳系外天体距离的测定是天文学上最重要也是最为困难的问题之一,原因在于天体的距离十分遥远。以离我们最近的恒星——半人马座比邻星来说,它的距离是4.22光年,约等于42万亿千米。测定近距离恒星最基本的办法是三角测量法。如果在相隔半年地球绕太阳公转的两个不同位置上观测同一颗恒星,那么可以测出恒星对地球轨道半径的张角π(称为恒星视差,见图),地球轨道半径是已知的,于是不难算出恒星的几何距离d。

恒星视差是很小的,恒星离我们越远,视差越小。半人马座比邻星的视差不到1″,距离326光年恒星的视差为0.01″,距离3 260光年的恒星视差为0.001″,更远的恒星视差就更小了,即使用现代最先进的技术也测不出这么小的角度。这就是说,三角测量方法确定恒星距离的适用范围是有限的,它不适用于远距恒星。

恒星的实际发光本领称为光度,我们所看到的是恒星的亮度,观测亮度与天体的光度成正比,与天体到地球的距离平方成反比。同样光度的天体,距离越远,看上去就越暗。因此,只要设法知道恒星的光度,就可以由观测亮度确定恒星的距离。这种方法称为光度测距法,所得到的距离称为光度距离。

现在的问题是如何得到恒星的光度。有一类恒星的光度是会发生变化的,这种恒星称为变星。有的变星光度变化很有规律,从最亮到最暗再到最亮,有着确定的周期,称为周期变星。造成恒星光度周期性变化有多种原因,其中之一是因为恒星体积会发生周期性的膨胀和收缩,这就是脉动变星。有一类高光度的脉动变星称为造父变星,因所发现的第一颗这类变星中名造父一(学名仙王δ)而得其名。造父变星的光变周期与光度有着确定的关系:光度越大,光变周期越长,称为周光关系。造父变星的周光关系是在1912年由美国女天文学家勒维特发现的。只要对

三角方法
测定恒星距离

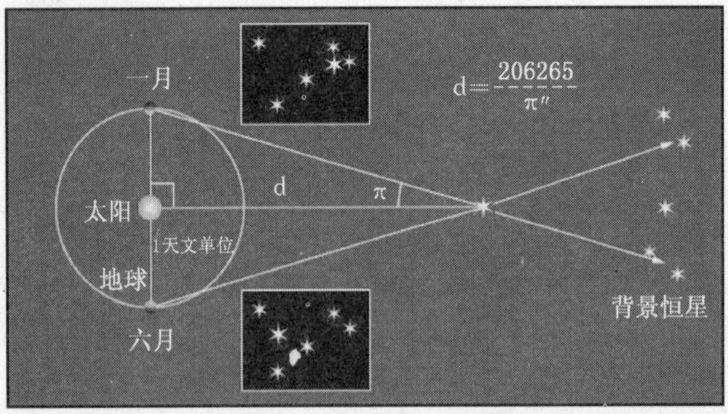

某一颗造父变星的亮度监测一段足够长的时间,我们就不难确定它的光变周期,然后利用周光关系便可以推算出这颗变星的距离。所以,造父变星周光关系的存在为天文学家确定恒星距离提供了一条非常有用的途径。

1923年10月6日,美国天文学家哈勃利用2.5米望远镜观测仙女星云,在这架当时世界上最大的望远镜中,仙女星云的边缘部分被分解成一颗一颗的恒星,哈勃分辨出其中的一些造父变星,并利用周光关系推算出仙女星云的距离为225万光年,远在银河系之外,仙女星云实际上应该是仙女星系,这样就证实了河外星系的存在,从而把人们的视野从银河系扩大到河外星系。造父变星为天文学发展史上这一具有里程碑意义的重大事件立下了不朽的功勋。

造父变星对于确定河外星系的距离起着十分重要的作用。首先,造父变星有着特有的光变特性,因而这类变星很容易在众多的恒星中加以识别,不会发生误判。其次,造父变星普遍存在,太阳附近有,河外星系中也有,具有普遍适用性。可以利用近距离造父变星确定它们的周光关系,然后用于测定遥远河外星系的距离。第三,造父变星的光度很大,即使在相当远的地方也能观测到,适用范围可达500万光年以上。最后,造父变星的周光关系已经确定得非常好,由它所推算出的天体距离具有很高的精度。这些重要特征决定了造父变星在遥远天体的距离测定中有着广泛的用武之地。鉴于距离测定的重要性,天文学家已经找到了多种测定天体距离的方法,而由造父变星周光关系测得的距离往往被作为比对标准,用来判断用其他方法所确定的距离的可靠性。因此,造父变星被天文学家誉为"量天尺"。

造父变星并不是惟一一类能用于测定天体光度距离的恒星,而且1 000万光年以上的距离它也无能为力了。对于更远的天体,有一种测定光度距离的办法是利用超新星。超新星属于爆发变星,它们是大质量恒星演化晚期的产物,爆发时光度可以增亮千万倍甚至上亿倍。人们早就发现许多最明亮的超新星有着很相似的性质,特别是其中的Ia型超新星,爆发过程中极大光度时的绝对星等差不多总是达到−19.5等,对于不同的Ia型超新星,这一数值的变化范围仅为0.1等左右。Ia型超新星具有确定的极大光度这一点,便构成了所谓"标准烛光",只要测出这类超新星爆发时的极大亮度,就可以利用−19.5等这一标准烛光,推算出超新星的距离。超新星爆发时的极大光度要比造父变星高得多,因而在非常远的地方也能观测得到,最远可达100亿光年。

(赵君亮)

天体距离测定与宇宙距离尺度

测定天体的距离，是天文学研究中最重要也是最困难的问题之一。然而，天体的距离又实在太远了，地球上用以测定距离的几何或物理方法，对于测定天体的距离来说，或者适用范围十分有限，或者根本不适用。几百年来，天文学家为了解决这一必须解决的难题可谓费尽心机。除了人们熟知的三角测量方法以外，不断引入新的测距途径，如光度距离、速度距离、尺度距离、宇宙学距离等等。

测定天体距离最基本的方法是所谓三角视差法。只要相隔半年时间，在地球公转轨道直径的两端观测同一颗恒星，则不难得到该恒星对地球轨道半径的张角 π，称为恒星的视差。地球轨道半径是已知的，约为1.5亿千米，于是由视差 π 就可以推算出恒星的距离，称为几何距离。目前，利用空间观测手段，用三角视差法测定恒星距离的最远范围大致不超过500光年。银河系的尺度约为10万光年，其中绝大部分恒星的距离远远超出今天三角视差法的适用范围；至于银河系以外的天体，三角视差法更是鞭长莫及，必须另辟蹊径。

如果能通过其他途径确定天体的光度，那么根据同一天体的光度和亮度，便可以确定它的距离，称为光度距离。天文学家已经找到了好几种确定天体光度的方法，其中最著名的当推造父变星的周光关系，即利用这类变星平均光度与光变周期之间存在的确定关系，由光变周期来求得光度，适用范围可达500万秒差距，远远超出三角视差的能力范围。

研究表明，某些天体具有比较确定的光度，它们可以用来作为宇宙中的“标准烛光”，并由此推算出天体的距离。这类天体包括新星、超新星、天琴RR型变星等等，其中适用范围最远的是Ia型超新星。这一类超新星爆发时极为明亮，最大光度又非常恒定，是一种很好的标准烛光，所测定的光度距离最远可超过100亿光年。

测定恒星的几何距离

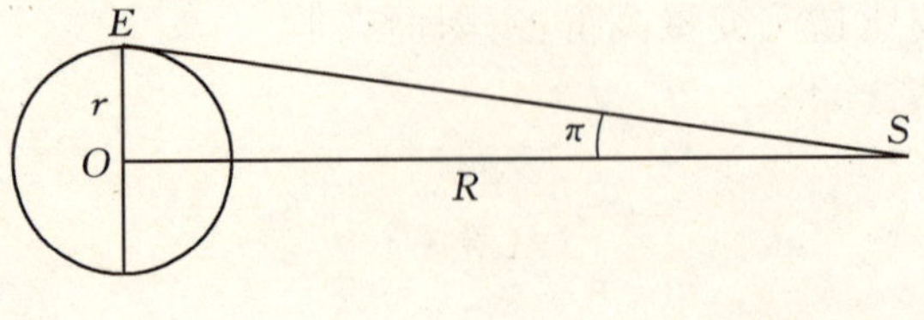

天体的空间运动速度可以分解为沿观测者视线方向和与视线正交方向的两个分量，这就是视向速度和切向速度。视向速度可以通过观测天体的光谱，利用天体光谱谱线的多普勒位移来测出，这是线速度 v。切向速度可以通过比较同一天体在相隔很长(比如几

年或几十年甚至更长)一段时间内天空位置的变化来加以确定,这是角速度 μ,称为天体的自行。就单颗恒星来说,由于我们不知道它的运动方向,线速度 v 和角速度 μ 之间不存在 $v = r\mu$ 这样的严格关系。但是,对于一群恒星来说,可以合理地假设不同恒星的运动速度在大小和方向上的分布是杂乱无章的,因而这群恒星的平均自行 $\hat{\mu}$ 和平均视向速度 $\hat{v}$ 便具有可比性,于是就可以利用关系式 $\hat{v} = r\hat{\mu}$ 推算出这群恒星的平均距离 r,称为速度距离。

如果能测出恒星(或其他天体)的角直径 ϕ,同时又设法求得同一天体的线直径 d,那么由关系式 $d = r\phi$ 就可以确定该恒星的距离 r。通过这条途径取得的天体距离称为尺度距离。由于恒星距离遥远,地球上观测到的恒星角直径很小,测定颇为不易。另一方面,线直径的测定更为困难。不过对于一些特定的天体,天文学家还是通过不同的观测手段测出了它们的角直径 ϕ 和直径 d,从而得到了它们的距离。

1927 年,哈勃在证实河外星系的存在后不久,发现河外星系普遍存在谱线红移。所谓红移是指由于天体远离我们而去,因多普勒效应引起的天体光谱线向长波端(红端)的位移。相反,如果天体的运动是向我们而来,谱线就向短波端(蓝端)位移,称为蓝移。利用已经通过其他方法确定了距离的二十几个星系,哈勃发现星系的距离与红移成正比:$r = cz/H_0$,这就是著名的哈勃定律;式中 c 为光速,H_0 为哈勃常数,而 z 为红移,它是可观测量。于是,只要知道哈勃常数并测出红移,就可以确定遥远天体的距离,称为宇宙学距离。

利用上述各种方法,使天体距离测定的范围可达 100 亿光年以上。下列数值可以使我们对宇宙距离尺度有一个粗略的认识:

太阳到银河系中心的距离	2.6 万光年
银河系主体部分直径	10 万光年
最近河外星系(大麦哲伦云)的距离	16 万光年
最近巨星系(仙女星系 M31)的距离	240 万光年
最近星系团(室女团)的距离	5 400 万光年
最近富星系团(后发团)的距离	2.7 亿光年
可观测宇宙的范围	约 140 亿光年

(赵君亮)

银河不同于银河系

晴朗夜晚的天空,特别是在夏季,只要没有城市灯光的影响,我们可以看到一条乳白色的亮带横跨夜间星空,从地平线的一端起,经过头顶附近,一直延伸到地平线的另一端。这就是银河,在中国古代又称为银汉,而在西方则称作“牛奶之路”。关于银河,无论是在中国还是在西方,都流传着许多美丽动人的神话故事。

如果我们在一年四季的不同日子里仔细观察银河,就会发现银河在整个天空中构成一条封闭的环带,称为银道带。银道带的轮廓是不规则的,不同部分亮度不等,有的地方会出现暗区,有的地方则一分为二。银道带的宽窄不很一致,最宽处可达 30°,或者说相当于月亮直径的 60 倍,最窄的地方也有 10°。天文学上为了便于识别恒星,把全天划分为 88 个星座,而银河所经过的地方涉及 23 个星座,可见它的范围相当大。

1609 年,意大利著名物理学家、天文学家伽利略制成了第一架天文望远镜,并发现银河实际上是由无数个恒星所构成的,只是因为这些星星又多、又暗、又密,肉眼无法一一加以分辨而形成了我们所看到的银河图案。1750 年,英国天文学家赖特指出,银河和我们看到的所有恒星实际上构成一个巨大的扁平状恒星系统,也就是后来所说的银河系,其外形如运动员用的铁饼。“不识庐山真面目,只缘身在此山中”,只是因为地球处于这一系统的内部,我们从不同方向看去才呈现为恒星密集的银河和离散分布的一颗颗恒星,而银道带正是银河系在天空中的投影。

罗马百花广场上的伽利略铜像

18 世纪 70 年代起,著名天文学家威廉·赫歇尔开始通过实测手段研究银河系的结构。他用的方法是恒星计数,也就是计算在天空不同部位用他的望远镜所能看到的恒星的数目。赫歇尔在 1 083 次观测中,总共计数了 117 600 颗恒星,就当时的条件来说,这项工作的工作量非常之大。

1785 年,赫歇尔在大量观测的基础上,再加上若干理论假设,建立了第一个银河系模型。赫歇尔在建立银河系模型时所作的假设是:(i)所有恒星的光度是一样的,因此看上去越暗的恒星离开我们越远;

W.赫歇尔与他的妹妹 G.L.赫歇尔和儿子 J.F.赫歇尔都是卓有贡献的天文学家

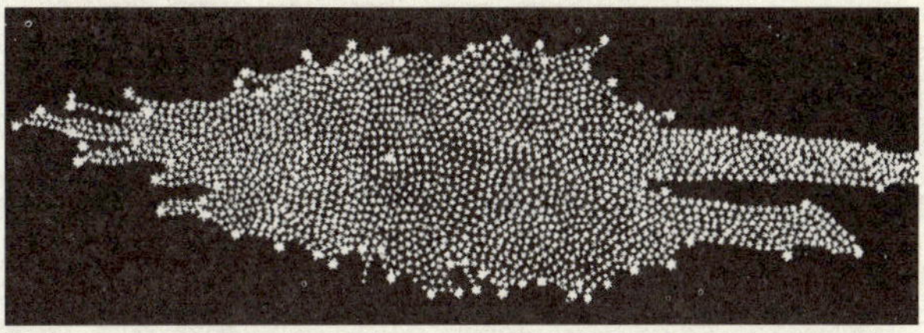

赫歇尔的银河系模型

(ii)恒星际空间完全是透明的,即不存在任何会影响到星光亮度的星际物质;(iii)恒星的分布是均匀的,因此恒星越多的地方恒星分布的范围越远;(iv)用他的望远镜可以看到最远的恒星,也就是说可以看到银河系的边缘。我们现在知道,这 4 个假设都不能成立:不同恒星的光度可以相差很大,银河系中存在各类星际物质并影响到恒星的亮度,恒星的空间分布是不均匀的,赫歇尔的望远镜不可能观测到银河系的边缘。因此,从今天来看,赫歇尔的银河系模型显得相当粗糙。尽管如此,他的模型还是大体上勾画出了银河系中间厚、边缘薄以及扁平状的轮廓。

赫歇尔的工作是在北半球进行的,没有涉及只有在南半球才能观测到的那部分恒星。19 世纪 30 年代,老赫歇尔的儿子约翰·赫歇尔把他父亲的工作扩展到南半球,在大约 5 年时间内,作了 2 299 次观测,共计数了 70 000 颗恒星,从而为银河系结构的研究奠定了更为坚实的观测基础。

(赵君亮)

银河

在银河里有许多小光点,就像撒了白色的粉末一样,辉映成一片。实际上一颗白色粉末就是一颗巨大的恒星,银河就是由许许多多恒星构成的。太阳是其中的一颗恒星。像太阳这样的恒星在银河中有 2 000 多亿颗,很多恒星有卫星。在太空俯视银河,看到的银河像个旋涡。

实际上,银河是银河系的一部分,银河系是太阳系所属的星系。因其主体部分投影在天球上的亮带被我国称为银河而得名。是我们置身其内而侧视银河系时所看到的它布满恒星的圆面。由于恒星发出的光离我们很远,数量又多,又与星际尘埃气体混合在一起,因此看起来就像一条烟雾笼罩着的光带,十分美丽。

银河各部分的亮度是不一样的,靠近银心的半人马座方向比其他部分更亮一些。

美丽的银河

银河系的复杂空间结构

银河系是一个普通旋涡星系，不包括暗晕部分的总质量为 1.4×10^{11} 倍太阳质量(太阳质量为 2×10^{33} 克)，其中以恒星形式出现的约占 90%，由气体和尘埃组成的星际物质约占 10%。银河系的年龄估计约为 100 亿年。银河系中的恒星主要分布在一个扁平、凸透镜状的空间范围内，称为银盘。银盘中心部分隆起而近似成球形，称为核球；在核球的中心有一个范围更小的物质分布致密区，称为银核。在银盘的外围有一个范围更为广大、物质近似呈球形分布的系统，称为银晕。

银河系结构示意图(侧视)

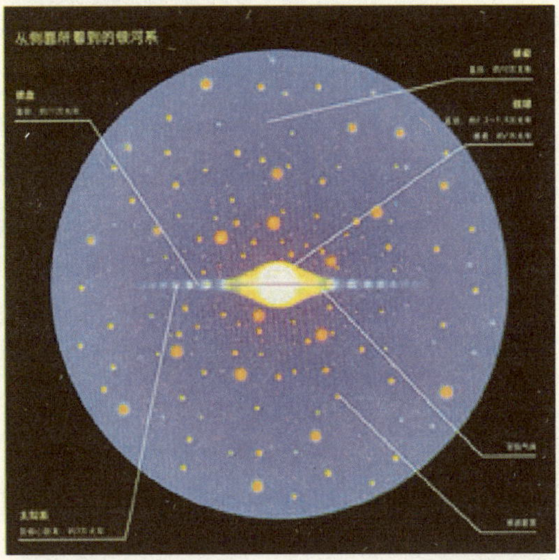

银盘以轴对称形式分布在核球的周围，而且又呈平面对称。它的直径约为 8 万光年，太阳位于距银河系中心约 2.6 万光年的地方，距对称面只有几十光年。银盘中间厚、边缘薄，中间部分的厚度为 6 500 光年，太阳附近银盘的厚度约为 3 300 光年。银河系总质量的 85%～90% 集中在银盘内。银盘中的恒星主要是年轻恒星，气体、尘埃也大多集中分布在银盘内。近期的研究表明，银盘又可以分为厚盘和薄盘两种成分。相对来说，厚盘恒星年龄比较老，绕银河系中心的运动速度比较小，但不同厚盘恒星间的速度差异比较大；薄盘恒星年龄比较轻，运动速度比较大，但速度差异比较小。

银河系结构示意图(俯视)

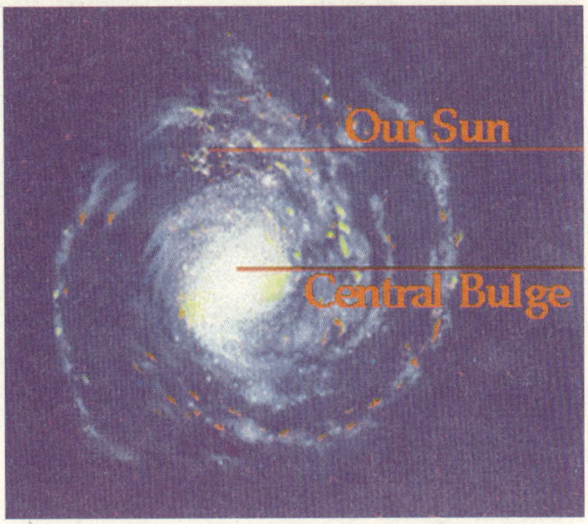

银河系有自转，它主要表现为银盘中的恒星绕着银河系中心缓慢转动，但这种转动既不是刚体转动，又不服从开普勒运动定律，而是较差自转。所谓较差自转，是指位于到银河系中心不同距离处的恒星有不同的自转角速度。太阳附近恒星绕银河系中心的自转速度约为

每秒 220 千米,绕中心一周需要 2 亿多年。太阳自诞生以来的 50 亿年内绕银河系中心已转过了 20 余圈。

核球是位于银河系中心部分的恒星密集区域,呈椭球状,长轴约为 1.5 万光年,厚 1.3 万光年。核球中主要是一些老年恒星,年轻恒星只占少数。越接近核球中心,恒星越密集,估计核球的质量约占银河系总质量的 5%。核球中央在称为人马 A 的强射电源内有一个直径不到 5 光年的明亮核心,这就是银核,质量达几百万太阳质量,其中 100 万个太阳质量以恒星的形式出现。由于在银河系中心方向存在大量的星际尘埃,光学望远镜是看不到银核的,必须通过射电观测。除了射电辐射外,银核还发出很强的红外辐射和 X 射线辐射。

包围着银盘的是一个由稀疏分布的恒星和星际物质组成的球状区域,这就是银晕。银晕中主要是老年恒星和由老年恒星构成的球状星团,除恒星外还有少量的气体。银晕的直径约为 10 万光年,质量约为银盘质量的 10%。根据对不同恒星绕银河系中心转动速度的研究,以及对河外星系的相应研究,可以推断在银晕之外应该存在一个范围更大的物质分布区。因为它们可能以暗物质的形式出现,现在还无法观测到,所以称为暗晕。暗晕的直径可能是银晕的 10 倍,质量也可能是银河系其他部分质量总和的 10 倍,所以密度应该是很低的。

银河系内的恒星有相当一部分都属于不同的恒星集团,小的如双星、三合星、聚星,大的就是星团;根据外形和恒星向中心密集的程度,星团又可分为疏散星团和球状星团,在球状星团中恒星数可达几十万颗。双星是很普遍的,约占恒星总数的一半或一半以上。

除恒星和恒星集团外,银河系内还存在着由气体和尘埃构成的星际弥漫物质,这种弥漫物质高度集中在银盘对称面的附近,离开对称面越远弥漫物质越少。星际物质中,有相当一部分集聚成密度相对较高的星际气体尘埃云。星际物质的密度非常低,平均密度约为每立方厘米 10^{-24} 克,或每立方厘米 1 个氢原子;其中星云的密度为每立方厘米几十个到几千个原子或离子,而云际物质的密度只有每立方厘米 0.1 个粒子。作为比较,地球表面的大气密度为每立方厘米 5.8×10^{-4} 克,由此可见星际物质的密度之低。星际物质包括星际气体和星际尘埃,其中星际气体约占总质量的 90%,主要成分是氢;星际尘埃约占 10%,组成成分有水、氨、甲烷等的冰结物,二氧化硅、三氧化二铁等矿物质,石墨晶体,等等。

以上便是银河系的总体结构、运动及其组成成分的基本情况。

(赵君亮)

天体博览馆——银心

夏日夜空，一条淡银色带子横空出世，从北向南蜿蜒伸展，在天鹅座处忽而一分为二，然后向南偏西南奔泻而去，经过人马座后又合而为一，最后消失在地平线上，这就是银河。其实，银河的分叉只是个表面现象，那里正是我们银河系中心所在的方向。在银河系形成之初，由于旋转和引力的结果，恒星和星际介质都集聚在银道面的两侧，越靠近银道面，越接近银心，物质的密度也越高。特别在人马座方向的银河系中心，大量星际介质吸收和阻挡(统称为消光)它们背后恒星的星光，结果，从天鹅座到人马座呈现出一条黑色的影带，造成了银河分叉的现象。

但是，星际介质有个奇特的性质，随着波长的增加，它的消光作用会迅速下降，到了红外波段，银心深处的星光能够穿透重重星际介质，被我们“看到”，在这些波长上看到的银河是不分叉的。特别是银心中某些原子和分子产生的红外谱线、射电谱线，几乎可以毫无阻挡地穿透星际介质。在电磁波谱的短波端，即 X 波段和 γ 波段，星际介质也变得渐渐透明，可以“看到”银心。所以，当红外天文、射电天文、X 射线天文等技术发展起来后，银心渐渐地露出了它自己的真实面貌及秘密。

原来，银心区域充满了形形色色的天体，几乎包罗了银河系中所发现的各类天体，就像一个“天体博览馆”。

在上千光年直径的银心区里布满了大量的、各种形态的分子原子气体和尘埃，有的呈圆环状，有的呈弧状，还有的呈羽状，其中有些显然是超新星的遗迹。更多的气体尘埃集聚成许多巨大的分子云，有些云的深处可以清楚地看到正在形成中的年轻恒星。银心处有一个呈环状的气体尘埃云，称为中央分子带，那里面集聚了许多一簇簇的分子云，不对称地环绕着银心，构成半径约 600 光年的环带，而且以每秒 100～200 千米的速度向外膨胀。有人推测，数百万年到上千万年以前银心发生过大规模的恒星爆发，它的遗迹就是今天这个环状分子云。

银心区还有许多年轻的星团，其中的恒星大多数都很年轻，质量很大，也有不少已经演化成了红超巨星和蓝超巨星，进入了恒星的晚年阶段，也有许多非常年轻的恒星。银河系里最热最蓝的恒星就在银心区，这是很奇怪的现象，因为对恒星的形成来说，银心区的环境非常恶劣，很强的潮汐力、磁场，很高的温度和压力，使得分子云不能像其他地方那样容

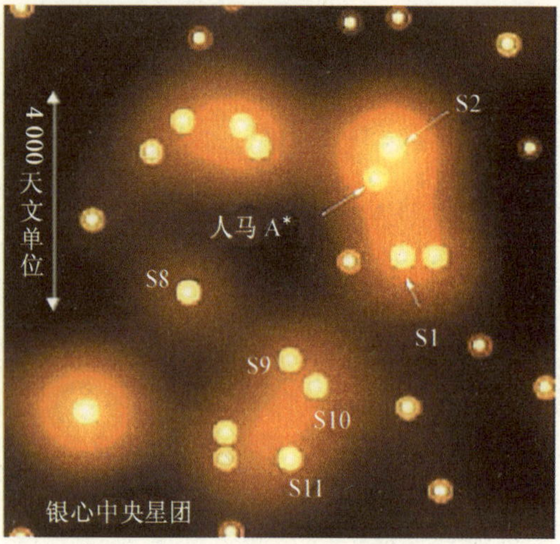

位于银河系中心的中央星团，银心位于人马 A* 的附近，S1、S2 等是很接近银心的恒星

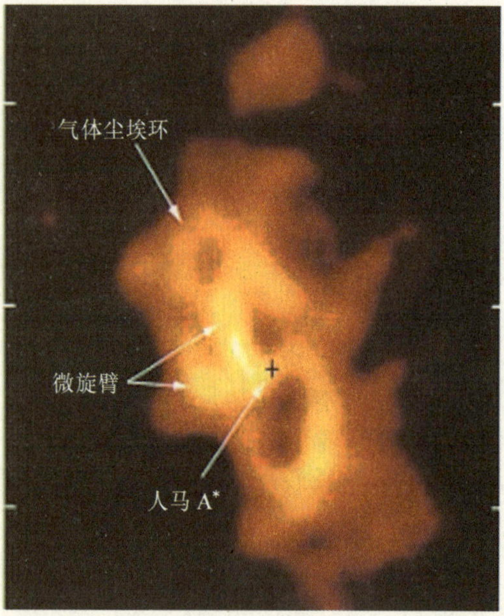

银心区的微旋臂

易坍缩形成恒星，因为潮汐力会撕裂分子云，强磁场和内部压力会阻止分子云的坍缩，结果很难形成恒星，或者形成不了大质量的恒星。但是实际情况恰好与天文学家想象的相反，他们猜测，银心处最初形成的恒星很可能都不大，由于那里的气体特别密集，形成的小恒星也十分密集，它们之间会发生频繁的碰撞，相互吞并，逐渐长大，结果像滚雪球似的变成超大质量的恒星。

最有趣的还是在银心区的中央，那里的结构很奇特，有个长 10 光年的卵状的气体尘埃环，环的内部有 3 条弯曲的微型旋臂交叉在环的中央，整个形状有点像一个只有 3 条车辐的车轮。另有一条形如舌头的尘埃带从环外伸入环内，直指微旋臂的交叉处。在气体尘埃环内的腔体里有个很年轻的红外星团，称为中央星团，年龄只有数百万年，其中有许多大质量的恒星。在微旋臂交叉处附近有一个叫红外 7 号的红外天体，它的附近有一个名叫“人马 A*”的射电源，那里才是我们的银心真正所在处。20 多年前，天文学家就发现那是个很强的射电源，由于不清楚这个发射无线电波的天体的性质，天文学家给它取了个古怪的名字“人马 A*”，因为它位于一个叫“人马 A”的分子云的内部，用“*”来区别这个射电源与分子云和云内的其他天体。除了很强的无线电辐射，天文学家发现它还是个很强的 X 辐射源。根据测量，这个源发射的总功率高达十亿亿亿千瓦，而且都发自于一个比 1 天文单位更小的区域。这个看不见的、发射这么强功率的暗天体是个什么类型的天体？这引起了天文学家的极大兴趣。

（傅承启）

从麦哲伦开始的天文发现

1519 年 9 月,麦哲伦率领船队作环球航行。麦哲伦和他的水手们在麦哲伦海峡中航行时注意到,夜空中,有两团像银河一样闪闪发光的云。这两团云并不在银河之中,与银河所在位置相距几十度。可是,它们肯定不是地球大气中的云块,而像银河一样是天体,因为它们夜夜如此,形状不变,而且相对于周围恒星的位置不发生变化,跟着恒星一起东升西落。

1521 年 3 月底,麦哲伦的船队来到了菲律宾群岛。麦哲伦因参与当地土著人的部族冲突而惨遭杀害。后来,他的助手驾船经印度洋、过好望角,辗转一年多,终于在 1522 年 9 月回到了西班牙,完成了环球航行。麦哲伦的助手回到西班牙之后,向欧洲人介绍他们的环球航行历程,其中,包括了他们发现南天有两个星云。于是,这两个星云就被叫做麦哲伦云,其中大的一个叫大麦哲伦云,小的一个则叫小麦哲伦云。

大、小麦哲伦云都很明亮,在南半球用肉眼很容易看到,可是在欧洲,它们永远处在南方地平线之下,不会升起,因此欧洲人不知道。在中国,除了南海最南端,其他地方也看不到,因此历史上也没有记载。其实麦哲伦并不是这两个星云的最早发现者。15 世纪葡萄牙人远航到南非好望角一带时就已经注意到这两个天体,并称其为“好望角云”,只是当时并没有引起人们注意。

大麦哲伦云

现在知道,大、小麦哲伦云是银河系的两个伴星系,它们像银河系一样由恒星组成,但规模小得多。这两个星云离开地球的距离,大麦云约为 16 万光年,小麦云约为 19 万光年。它们包含的恒星数量,大麦云约有 100 亿颗,小麦云约有 20 亿颗,相比之下,银河系有一千多亿颗恒星。

直到 1612 年,人们仍然只知道星空中有大、小麦哲伦云这两个星云,这是因为其他星云都比较暗,而且又很小。1609 年 12 月,伽利略开创了用望远镜进行天文观测的新时代。两年多以后,德国的马里乌斯

小麦哲伦云

用望远镜对准了仙女星座中一个肉眼隐约能见到的模糊亮点，这就是有名的仙女座大星云。

此后，随着望远镜口径的增大，成像质量的提高，人们发现的星云越来越多。同时又注意到天空中的"云雾状天体"，并不全是星云。有些云雾状天体，如果用放大倍率较大、成像质量较好的望远镜看，可以明显地看出是众多恒星簇拥在一起，这就是星团。另外还有一些云雾状天体，像行星一样在周围的恒星中间穿行，它们与彗星有联系，实际上就是没有伸出尾巴的彗星。

18 世纪下半叶，法国天文学家梅西叶把他在观测中发现的星云和星团记录下来，于 1774 年到 1781 年发表了包含 103 个这样天体的表。英国天文学家威廉·赫歇尔与梅西叶同一时代，他制造的反射望远镜在当时世界上首屈一指。梅西叶的工作启发了威廉·赫歇尔，他在 1783 年到 1802 年间用他的望远镜对星团和星云进行了系统的观测，并于 1786 年、1789 年和 1802 年三次出版星云和星团表，共记录了 2 500 个星云和星团。1822 年，威廉·赫歇尔去世，他的儿子约翰·赫歇尔继承父亲事业，在 1864 年出版了一本星团和星云的《总星表》，里面包含了到那时为止由他父亲、他自己和其他人观测发现的 5 079 个星团和星云。

约翰·赫歇尔在 1871 年去世，他的工作又由爱尔兰天文学家德雷尔继承。1888 年，德雷尔出版了载有 7 840 个星云、星团的《新总表》，这个表中的天体后人用字母 NGC 后加表中的序号来表示。1895 年和 1908 年，德雷尔又出版了《新总表》的两个补编，其中载有 5 386 个星团和星云。这个表中的天体后人用字母 IC 后加表中的序号来表示。

直到 20 世纪初，天文学家虽然陆续发现了大量的星团和星云，并把它们一一记录在案，但是始终没有解决的一个问题，就是他们所说的星云，实际上很多是星系。尽管在 18 世纪中叶前后，已经有一些科学家和哲学家猜测在宇宙中存在无数像银河系一样的天体系统，可是河外星系的存在得到证实，那还是到 20 世纪 20 年代的事。尽管如此，赫歇尔父子和德雷尔几代人前赴后继作出的发现，依然是天文学史上不能不让人赞叹的大手笔。

（王家骥）

仙女星云本质之争

18 世纪末,人类对宇宙的认识只限于银河系,或者说在当时银河系的范围即代表了整个宇宙。实际上,在威廉·赫歇尔尝试确定银河系结构之前,已经有人观测到夜间天空中除了恒星外,还可以看到一些亮度较为暗弱、外形模糊而又不规则的云雾状天体,天文学上取名为星云。1750 年,英国人赖特曾天才地猜想,在这种星云中,有一些可能是同银河系一样的巨大恒星系统。1755 年,哲学家康德首次明确提出在银河系外的宇宙空间中,存在着无数个与银河系相类似的天体系统,他甚至指出 1612 年发现的仙女座大星云即在此例。他把宇宙比作广袤的海洋,而这些天体系统就像是大海中的岛屿,于是早期就有"宇宙岛"一说。现在我们知道这就是河外星系,或简称星系。可是,当时由于对模糊状星云的精细结构缺乏了解,更不知道它们的距离,对于星云到底是银河系内的云状天体,还是银河系外的恒星系统,人们无法轻下断语。

美国天文学家哈勃

赫歇尔首次想到通过观测来探究这一问题的答案。当时,他拥有世界上最大的口径 1.2 米的望远镜,并且已经用这台望远镜做出了不少重要发现。赫歇尔认为,如果通过望远镜的放大作用,可以把星云分解成一颗一颗的恒星,星云就是星系;否则的话康德的观点便不能成立,星云是银河系内的天体,只是外形和结构与恒星很不一样罢了。一开始不少星云被望远镜分解为恒星,然而他又发现许多星云无法分解为恒星,这使得赫歇尔先是赞成而后又反对河外星系的存在,

仙女星系（M31）

不能得出明确的结论。实际上，被赫歇尔的望远镜分解成一颗颗恒星的天体只是银河系内的星团，而无法分解为恒星的是银河系内的星云，或者是河外星系，因为以当时望远镜的能力还不可能把河外星系分解为恒星。关于星云本质的争论，直到20世纪初仍然没有明确的定论。

1920年4月，美国科学院举办了一次“宇宙的尺度”辩论会。会上，以柯蒂斯为首的一方认为一部分星云实际上是河外星系，而以沙普利为首的另一方则坚持相反的立场，这就是天文学史上有名的“沙普利—柯蒂斯之争”。争论双方互相对立的观点相持不下，胜负难决。问题的关键在于正确测定这些星云的距离：如果距离远大于银河系的尺度，而且又可以分解为一颗颗恒星，那么河外星系的存在就可以肯定下来了。可是，测定遥远天体的距离又谈何容易。

20世纪初，美国威尔逊山天文台建成了当时世界上最大的2.5米口径望远镜。1923年10月6日，美国天文学家哈勃利用这台望远镜拍摄了仙女星云的照片，照片上星云的外缘已被分解成一颗颗恒星。哈勃在这些恒星中认出多颗造父变星，并利用它们推算出仙女星云的距离为225万光年，远远超出了银河系的范围。就这样，河外星系的存在经哈勃的工作而得以确认，仙女星云应更名为仙女星系，一场旷日持久的科学争论终于有了明确的结果。

赫歇尔的工作把天文学家的视野扩大到银河系，而哈勃的发现进一步把人们从恒星世界拓展到星系世界，人类对宇宙的认识又大大地跨进了一步。现在知道，在我们观测能力所及的范围内，河外星系的总数约有1 000亿个，它们形态各异，其中最远的星系离开我们的距离超过130亿光年。宇宙之大，由此可见一斑。

（赵君亮）

星系的哈勃分类

自 1924 年美国天文学家哈勃证实河外星系的存在以来，天文学家提出了若干种按形态对星系进行分类的方案。目前，应用最为广泛的是经后人修正后的哈勃分类法。在这种分类方案中，河外星系按外观形态被分为椭圆星系、透镜星系、旋涡星系和不规则星系四大类。

椭圆星系

透镜星系

旋涡星系

椭圆星系的主要特征是外形呈椭圆状，面亮度分布平滑，看不出任何结构，但大小和椭圆度有很大的不同。这里，椭圆度 n 的定义是 $n = 10(1 - b/a)$，其中 a 和 b 分别是椭圆的长轴和短轴。通常用字母 En 表示椭圆度为 n 的椭圆星系：E0 为圆星系，E7 是最扁的椭圆星系。椭圆星系的质量差别很大，最大的超巨椭圆星系质量可达太阳质量的 10^{13} 倍，而小的只有太阳质量的 10^6 倍。大部分椭圆星系是一些低光度、质量比较小的星系，它们又可以用 dE 来表示。由于我们所看到的星系的形状是星系实际三维形态在天球上的投影，所以星系的实际形态可能比我们所看到的形状更扁。

透镜星系的基本特征是有一个类似于椭圆星系的中央亮斑，外边有一个范围比较大的包层，构成所谓“透镜”。透镜星系用字母组合 S0 或 SB0 表示，后者表示星系的中央表现为有棒状结构。S0 星系可以根据星系内尘埃吸收带的强弱细分为 $S0_1$、$S0_2$、$S0_3$ 三类，其中 $S0_3$ 的尘埃吸收带最为明显。SB0 星系也可以根据棒的显著程度细分为 $SB0_1$、$SB0_2$、$SB0_3$ 三类，其中 $SB0_3$ 中的棒最为明显。

旋涡星系是河外星系中最引人注目的一种，它们的基本特征是中央有一个明亮的核球，从核球伸出两条或多条旋臂，称为正常旋涡星系，用字母 S 表示。有的旋涡星系通过中央核存在一根棒，旋臂从棒的两端伸出，称为棒旋星系，用字母组合 SB 表

棒旋星系

不规则星系

示。这两类旋涡星系又可以根据中央核区的亮度在星系总亮度中所占的比重、旋臂紧卷的程度，以及旋臂能分解为单颗恒星的明显程度，各自细分为Sa(SBa)、Sb(SBb)、Sc(SBc)三类；其中Sa(SBa)的中央核区最亮，旋臂卷得很紧，单颗恒星不易分辨。旋涡星系的质量范围为太阳质量的 $10^9 \sim 10^{11}$ 倍。我们银河系是一个Sb或Sc型的普通旋涡星系。

顾名思义，不规则星系是一些形状不规则、不表现出任何对称性的星系，以字母组合Irr表示。又可细分为两类，其中IrrⅠ星系没有明确的旋臂，可以看到若干个亮斑，有的还有隐约可见不甚规则的棒状结构；IrrⅡ星系的亮度分布较为平滑，且呈现有一些由尘埃造成的暗条。不规则星系的质量范围为太阳质量的 $10^8 \sim 10^{10}$ 倍。

哈勃把除不规则星系外的其他3类星系从左至右排列成图，最左边的是E0型椭圆星系，最右边是Sc(SBc)型旋涡星系。该图犹如一把音叉，称为哈勃音叉。分叉部分的上部是无棒星系，下部为有棒星系，上下一一对应。

尽管在哈勃之后人们对星系的形态分类作了某些改进，如增加了Sd型旋涡星系等，但随着观测技术的进步，特别是在射电、红外等波段上的观测结果表明，有相当一部分星系不能列入星系的基本分类序列，这些星系被称为非正常星系或特殊星系，并成为星系天文学的一个重要研究领域。

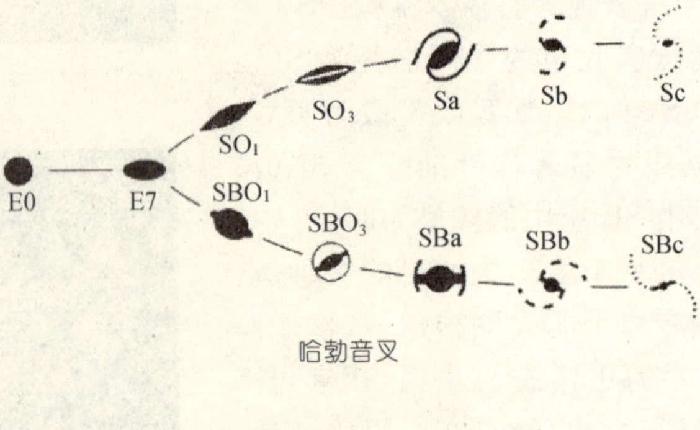

哈勃音叉

（赵君亮）

星系之间的超级碰撞

有一部分星系不能归入基本的形态类别，于是只得冠以“特殊星系”；相应地，能归入基本类别的则称为正常星系。特殊星系大多有着奇特的光学外形，而且它们的辐射特性也很特别，比如射电辐射异常强，等等。

特殊星系是如何形成的，这是天体物理学中需要加以解决的一个非常重要的问题。研究表明，星系间的碰撞甚至并合，是星系形成的一条重要途径。在一个星系中，恒星与恒星之间一般来说是不可能发生碰撞的。星系的情况就不同了。星系的尺度可达十万光年甚至更大，而星系间的距离也就是百万光年量级，而在星系团内，星系的密度就更高了。因此，星系在运动过程中有可能密近相遇，甚至发生碰撞，特别在星系团内，星系之间碰撞的可能性就更大。

当两个星系在运动过程中互相交错而过，彼此密近相遇，但并没有直接接触，这种情况称为星系交会。星系间的近距离交会会对星系的结构、运动学和动力学状态产生明显的影响，比如一个星系可能会把另一个星系中的一部分气体甚至恒星拖出来，并随着它们之间距离的增大而最终脱离原来的星系。

各种形态的特殊星系

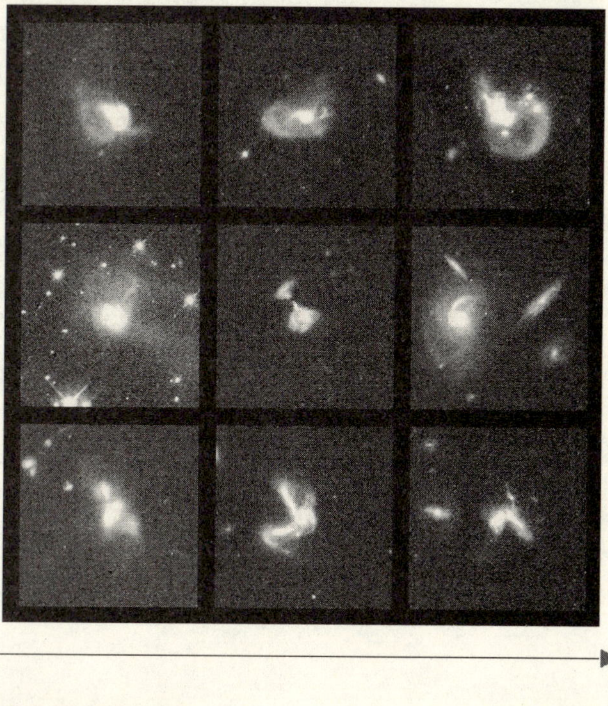

一旦两个星系彼此直接接触，就发生星系碰撞。当两个星系发生碰撞时，星系中的恒星只是相对穿越而过，恒星之间不会相互碰撞。但是，在碰撞过程中，星系整体之间的引力作用，以及星系中气体的剧烈相互作用，会对碰撞中星系的形态、演化，以至星系中恒星的演化产生重大影响。碰撞过程结束后，两个星系互相远离，但很可能已经变得“面目全非”了。

碰撞甚至会使两个星系“合二为一”，这就是星系并合。有人

碰撞中的
两个旋涡星系

认为,两个旋涡星系发生碰撞时,最终会并合成一个椭圆星系。这种并合必须要有气体参与,而气体在并合过程中会很快向星系中心密集,同时有相当一部分气体转变成了恒星。由于一大批恒星在相对比较短的时间(10亿年)内诞生,表现为星系内恒星的爆发式形成,称为星暴,而出现这一现象的星系便称为星暴星系。由于恒星的大批形成,其中必然有一定数量的大质量恒星,它们很快走完了一生并发生超新星爆发。因此,在这类星系中,超新星爆发相对比较频繁,平均每两年出现一次,而在银河系那样的普通星系中平均每100年才会发生一次超新星爆发。

星系并合可以有两种情况。一种是两个星系的质量相差比较大,结果是大星系“吞食”掉小星系,同时大星系的结构因小星系的引力扰动而发生明显的变化,比如银河系中的厚盘可能就是通过这类过程形成的。另一种情况是并合中的两个星系质量大致相当,结果当然就不会出现“大吃小”的局面,而是“两败俱伤”,形成了一个巨星系。无论是碰撞、并合或者密近交会,在这类过程中星系间的相互作用必然是很剧烈的,结果便形成了我们所看到的五花八门、形状奇特的特殊星系。

为了找到星系发生碰撞或并合的证据,必须观测到星系的精细结构。例如,人们在巨椭圆星系NGC1316中观测到了大量以小黑斑形式出现的尘埃带,而这种尘埃通常只存在于旋涡星系之中。据此天文学家相信,大约在1亿年前,巨星系NGC1316曾吞食了一个在它附近的旋涡星系。因为这类结构的尺度是很小的,需要用大型望远镜,或者进行空间观测才能发现。在这方面,“哈勃”空间望远镜已经发挥了巨大作用。另外,由于星系在碰撞和并合中会出现一些剧烈的或特殊的物理过程,因此往往需要进行射电、红外以及X射线波段上的观测。

也许我们更应该关心一下自己银河系的未来命运。银河系处于本星系群内,银河系和仙女星系是本星系群中最大的两个旋涡星系。有人通过研究后指出,在5 000~8 000万年后,银河系将有可能与仙女星系发生碰撞。碰撞的具体结果究竟怎样,比如会不会影响到地球绕太阳的运动轨道以及人类的存在等,现在当然是很难预测的。

(赵君亮)

星系团和超星系团

星系团按形态大体上可分为规则星系团和不规则星系团两大类。规则星系团以后发星系团为代表，大致具有球对称的外形，有点像恒星世界的球状星团，所以又可以称为球状星系团。规则星系团往往有一个星系高度密集的中心区，团内可包含有几千个成员星系，而且几乎全部都是椭圆星系或透镜星系。在团的中心有时会有一个特别明亮的超巨椭圆星系，称为 cD 星系，质量可达 10^{13} 倍太阳质量。规则星系团往往是强 X 射线源。不规则星系团又称疏散星系团，它们结构松散，没有一定的形状，也没有明显的中央星系密集区，但中心同样可出现 cD 星系，其代表性天体是室女星系团。不规则星系团的成员星系数相差悬殊，小的如本星系群只有几十个成员星系，大的如室女星系团所含的星系数超过 2 500 个。范围比较大的不规则团可以有几个离散的集聚中心，在团内形成一种次一级的成群结构，称为次团，整个团表现为这些次团结构的松散集合体。不规则星系团总是各种类型星系的混合集团，其中往往以小质量的矮星系占绝对优势。就目前所知，只有少数不规则星系团有明显的 X 射线发射。

星系团的运动特征可以从两个方面来认识，即团的整体运动和团内成员星系的相对运动。团的整体运动又可分解为两种成分，即随宇宙膨胀的运动（称为哈勃流）和团本身的运动。前者是一种远离我们而去的退行运动，而且团的距离越远，退行速度越大。例如，较近的室女星系团距离约为 6 200 万光年，退行速度约为每秒 1 200 千米；而长蛇Ⅱ星系团的距离约为 32.6 亿光年，退行速度高达每秒 60 000 千米。另一方面，星系团内成员星系间的相对运动状态可用速度弥散度来描述。一般来说，随着星系团尺度的增大和成员数的增加，速度弥散度也越来越大。小星系团成员星系的速度弥散度约为每秒 250～500 千米，而大星系团的速度弥散度可高达每秒 2 000 千米。

星系团，图中除带有光芒的是一颗银河系恒星外，其余都是形态各异的星系

银河系和它附近几十个大小不等的星系构成一个范围相对较小的星系集团，称为本星系群。本星系群的尺度范围约为650万光年，其中最大的两个巨型旋涡星系便是我们银河系和著名的仙女星系，通常把这两个星系的质心定义为本星系群的中心。本星系群的大部分成员是质量较小的矮星系，总质量约为6.5×10^{11}倍太阳质量，而银河系和仙女星系两者质量之和占了其中的2/3以上。本星系群是一个典型的疏散星系群，成员星系没有向中心集聚的趋势。总体上说，本星系群主要有以银河系和仙女星系为中心的两个次群，但小尺度细节很复杂，这正是星系团特别是不规则星系团的结构特征。

由于星系团内星系的空间密度要比团外星系的空间密度高得多，因而更容易发生星系间的相互作用甚至互相并合，并影响到星系的形态、动力学性质以至星系内恒星的形成和演化。比如，由于离银河系较近的大麦哲伦云(距离16万光年)在银河系强大引力的作用，一部分物质(包括恒星)可能会流入银河系。

星系团会进一步集聚成更高一级的星系集团，称为超星系团，简称超团。超星系团的质量范围为太阳质量的$10^{15}\sim10^{17}$倍，它们往往具有扁长的外形，长径为2～3亿光年，而长、短径之比平均可达4∶1，这种外形说明超星系团可能有自转运动。超团内的成员星系团个数是不多的，最多也就是几十个团。超团内成员星系团的速度弥散度可达每秒1 000～3 000千米，但成员星系团之间的引力作用要比星系团内成员星系间的引力作用弱得多，因而有人认为超团可能是一种不稳定的天体系统。由于超星系团的存在，说明宇宙空间的物质分布至少在2～3亿光年的尺度上是不均匀的。

包括本星系群、室女星系团以及约50个较小的群和团构成了一个庞大的天体系统，这就是本超星系团。本超星系团的尺度为1～2.5亿光年，呈扁平状，其中的亮星系集中在天空中一个大圆附近，这个大圆称为超星系赤道。本超星系团的中心位于室女星系团附近的方向，它可能一面自转，一面缓慢膨胀，银河系绕其中心的公转周期约为1 000亿年。

超星系团的存在已是不争的事实。有人甚至认为超星系团可以构成三级星系团甚至更高级的星系集团。尽管这一点没有定论，但星系在宇宙空间的不均匀分布无疑是一种普遍现象。

(赵君亮)

黑幕下的暗物质

早在1933年天文学家就发现宇宙中必定存在大量不发光的物质，那是瑞士天文学家兹维基在研究星系团质量时发现的。天文学上有两种估计天体质量的方法，一种是依据天体的发光强度，发光强的，质量也大，发光弱的，质量也小，因为物质的数量越多，它们向外辐射的能量也越多，看上去也越亮。这样只要测量出天体的光度，就能够估计出天体的质量。由于这种方法依据的是天体的光度，所以这样估计出来的质量称为光度质量。另一种基本方法是依据天体系统内部成员的运动可以解算出天体的质量，这称为动力学质量或位力质量，它建立在牛顿万有引力的基础之上。兹维基用这两种方法分别估计星系团的质量，结果发现星系团的光度质量远远小于它的位力质量，似乎少了一大团质量，不知上哪里去了，当时的天文学家并不清楚其中的缘由，于是将这种缺少的质量称之为隐匿质量或短缺质量，比喻一部分质量隐藏了起来。后来这种隐匿质量的现象越来越多，天文学家开始明白，宇宙中可能存在许多不发光的物质，它们虽然不发光，但是却有引力，所以在引力上能够感觉到它们的存在，这就造成了两种方法得到两种结果，为此天文学家把它们统称为暗物质。

星系团具有暗物质的结论不仅仅来自光度质量及位力质量的不等，而且它们的形态也表明其内部一定存在着大量的暗物质。星系团是一种非常稳定的天体集团，它们存在了百亿多年，却一直保持着稳定的集团形态，因此一定有一种强大的引力将星系吸引住，将它们保持在一起，不然的话，星系早就会四处飞散，引起星系团土崩瓦解。然而星系团内星系的数量又不足以产生这么强的引力，只有暗物质的存在才能解释星系团存在的现象。

发现星系团有大量暗物质后不久，在银河系中也发现有大量的暗物质，它具体地表现在银河系的自转上。自转是所有天体和天体系统的共同特征，银河系里的恒星都绕银河系中心旋转。但是，离银河系中心不同距离上的天体转动速度各不相同，这种转动方式称为较差转动。观测发现，银河系中心区域的天体像刚体那样转动，从里向外速度直线增加，一直达到每秒240千米左右，以后速度缓缓起伏，小幅度的有升有降，在太阳的位置处大约为每秒220千米，不过再往远处去，旋转速度呈现出奇怪的现象，它不但不下降反而开始慢慢地上升。天文学家对这种旋转方式

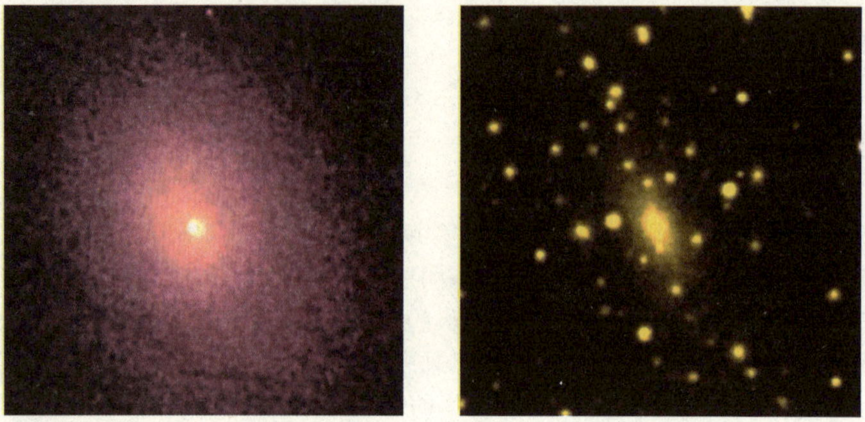

10 亿光年远的阿贝尔星系团在 X 波段(左)与可见波段(右)中的外貌。左图中可以见到该星系团充满了许多微弱的发光物质,正是暗物质的引力作用,使它们凝聚在星系团的广袤空间里。右图的亮斑是星系

很不理解,因为太阳以外的区域恒星非常稀疏,发光的天体很少。因此,远离银心的恒星转动速度应当越来越小,然而实际的情况恰好相反,怎么解释这种现象呢?唯一能解释的是,银河系的外部存在着大量不可见物质,也就是暗物质,正是它们对外部恒星的吸引,使它们的转动加快。根据实测结果可以推算出银河系发光物质与暗物质之比是 1∶9。后来发现其他的旋涡星系也是这样,同样存在大量的暗物质。

证明宇宙中存在暗物质的观测事实还有很多,科学家已经完全确信暗物质的存在,现在的问题是它们究竟是些什么样的物质?有什么样的性质?遗憾的是,这些问题依然是当今的宇宙之谜。我们仅仅知道的只是暗物质又冷又暗,且具有引力作用,它们与光子不发生相互作用,因此它们并不发光。宇宙学家曾为暗物质开出了一个长长的候选花名册:星系际气体尘埃、褐矮星、死亡的恒星、行星或黑洞,以及中微子、轴子、引力微子、引力子等等。在这张名单中,前几种天体仍然由重子物质组成,所以它们虽然很暗弱,但毕竟还是发射微弱的光芒,随着科学技术的发展,还是能够看到它们的。另外它们的质量和数量也实在太小太少,所以现在可以把这些天体从候选花名单中划掉。宇宙学家比较倾向于暗物质是一种质量较大、相互作用很弱或超弱的粒子,如轴子、引力微子、引力子等,它们又冷又暗,所以统称为冷暗物质。不过,这些粒子还只是理论上的粒子,在实验室里和宇宙中至今还没有找到过。暗物质究竟是什么样的物质,还有待于后人的研究。

(傅承启)

活动星系和类星体

20 世纪中叶以后，随着射电天文学的兴起，天文学家发现有些河外星系有非常强的射电发射。正常星系的能量辐射主要集中在可见光和近红外光、近紫外光波段(即光学波段)。可是这些星系，在光学波段，能量辐射与正常星系相差不大，甚至还不如正常星系，而在射电、红外、紫外和 X 射线波段，发射的能量远远超过正常星系，甚至单以在射电波段发射的能量而言，就比正常星系在光学波段发射的能量大得多，因此称为射电星系。

后来的观测表明，这些特殊星系的核比正常星系的核亮得多，而且亮度有快速变化，并有物质从星系核里喷射出来，物质喷流在射电波段可以清楚地观测到，运动速度甚至可以接近光速。另外，这些星系核内的气体运动剧烈，最大速度可达每秒 5 000 千米，因而被称为活动星系，而它们的核就称为活动星系核。

在搜索能发出强大射电辐射天体的过程中，天文学家发现其中有些天体用可见光观测竟然与恒星差不多，看不到星系应该有的弥散的发光面，而它们的显著特点是光谱有非常大的红移。例如，于 1963 年第一个发现的这类天体3C 273，看上去像一颗亮度为 13 等的恒星，仔细分析它的光谱后发现其红移大得出乎意料。3C 273 的红移是 0.158，表明它相对银河系的退行速度是每秒 47 400 千米，根据哈勃定律，它离开我们的距离竟有 20 亿光年之遥，这类天体，被称为类星体。类星体如此遥远，而看上去的光学亮度却不弱，因此，类星体在可见光波段发射的能量就与星系差不多，而同时它在紫外和射电波段发出的能量远远超过可见光，表明它在单位时间内发射的总能量大得令人难以置信。

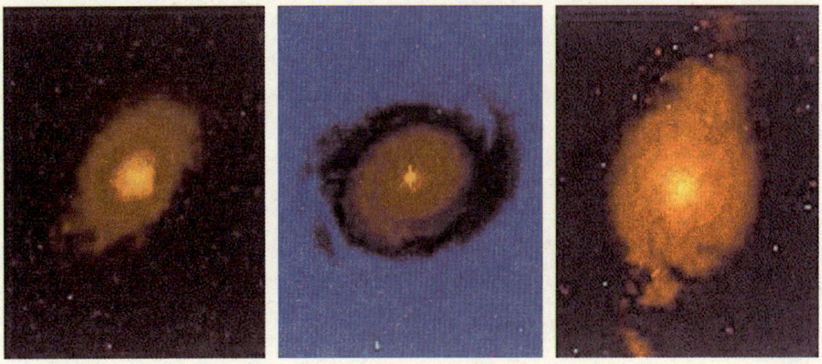

类星体实际上属于一种活动星系核。与类星体相比，其宿主星系显得十分黯淡

人们发现许多类星体的光度还会变化。20 世纪 60 年代发现类星体不久，威廉-利勒尔查阅了哈佛大学天文台从 1885～1954 年系统地巡天观测时拍摄的几十万张照片。从中比较了多次拍摄到的 3C 273 的照片，发现 3C 273 的光度有变化，周期为 13 年，变化幅度为 0.5 星等；另外，发现 3C 273 的亮度曾突然增亮一个星等，持续约一周左右；在 1929 年光度有一突然下降，然后逐渐上升，到 1940 年又恢复了原来的正常水平。

大量的观测表明，不少类星体都有光变现象，变化的周期有的是年，有的可以短到几个月。后来，当把观测波段扩展到射电波段和 X 射线波段时，也发现了辐射强度的变化。另外，类星体在 X 射线波段辐射出的能量并不比可见光波段少，而变化的周期却比可见光波段短的多。

类星体的种种“古怪”特性中，它的辐射功率最令人困惑。通常认为，类星体的谱线红移是由运动效应引起的，与一般河外星系一样，服从哈勃定律。这样的话，一颗类星体的辐射功率就将达到整个银河系辐射功率的几千倍。它们究竟是什么天体，何以有这样强大的能量发射本领？这实在是一个令人迷惑不解的难题。天文学家一度曾企图用别的原因来解释类星体的巨大红移。如果类星体红移不是或不完全是由于运动的多普勒效应所造成，而是由于某种物理原因或内在因素引起的——称之为“内禀性红移”，那么就意味着类星体的距离可能没有那么远，甚至是银河系内的天体，它们的辐射功率自然就变得不大了，也就不再是多大的难题。可是，这些努力都没有取得决定性的成功。

现在，人们普遍认为类星体确实是位于宇宙深处的遥远天体，它们的辐射功率确实很大，并且认为它们就是活动星系核。与一般的活动星系相比，类星体离开我们更远，因此我们看到的类星体是宇宙更早期的天体，它们比一般的活动星系核有更加剧烈的活动。现在观测到的最远的类星体，红移已经超过 6，离开我们超过 130 亿光年，它们的年龄与宇宙的年龄相差已经不到 10 亿年。因此类星体是人们观测到的最遥远、最年轻，也是辐射功率最大的河外天体。

（陈　力）

类星体能量

星系核心里恒星密度极高，经常发生碰撞，从而释放能量。恒星在碰撞中会黏合在一起成为越来越大的恒星，大质量恒星迅速演化为超新星，然后爆发，释放高能电子。还有理论认为，类星体是质量约为太阳 1 亿倍的大质量恒星，它的光度可能达到人们观测到的类星体的光度。但这种大质量恒星释放出的辐射应当具有热辐射的性质，而不是像类星体那样放出非热辐射。

比核能效率更高的能源

20世纪60年代天文学上有“四大发现”，即脉冲星、星际分子、微波背景辐射和类星体。对于前三个对象，它们的来龙去脉、结构实质，已经基本搞清楚；惟有类星体，从被发现起就成为“谜”一样的天体。

在类星体的许多争议中，关键问题是它们究竟是否有那么遥远。类星体的距离是根据它们的红移推算出来的。早在1929年，美国天文学家哈勃就发现，一个星系光谱红移的大小与这个星系的距离成正比，这就是著名的“哈勃定律”。既然类星体也是星系级的天体，人们自然会猜想哈勃定律必然也适用于它们。因此，只要测量出类星体光谱线的红移量，就可以推算出它们的距离了。但是，类星体的红移量之大，使天文学家非常吃惊。如果用多普勒效应来解释，那么绝大多数类星体离我们远去的速度为每秒几万千米至十几万千米，有些甚至达到每秒27万千米的“疯狂”速度，已达光速的90%！这样，根据哈勃定律推算，它们的距离就应该是远达数十亿甚至上百亿光年。

正因为距离如此遥远，而看起来又相当明亮，才造成了所谓类星体“能源预算”的难题。试举一例，1992年德国天文学家哈根发现的类星体HS 1946+7658，它的亮度为15.6等，但红移量为3.02，这样可推算出其光度达到太阳光度的10^{15}倍，如加上其他波段的能量，则功率可达10^{42}瓦，至少是银河系的10万倍！而更令人惊讶的是，类星体的直径一般只有普通星系的十万分之一到百万分之一，还不到一个光年。类星体的体积不大，却又释放出如此强大的能量，实在令人迷惑不解。

现在，天文学家普遍认为类星体的红移是宇宙学红移，即它们遵从哈勃定律，确实是位于宇宙深处的遥远的天体，是一类活动星系核。而类星体和活动星系核巨大的能源则可能来自隐藏在它们中间的大质量黑洞，黑洞吞噬着

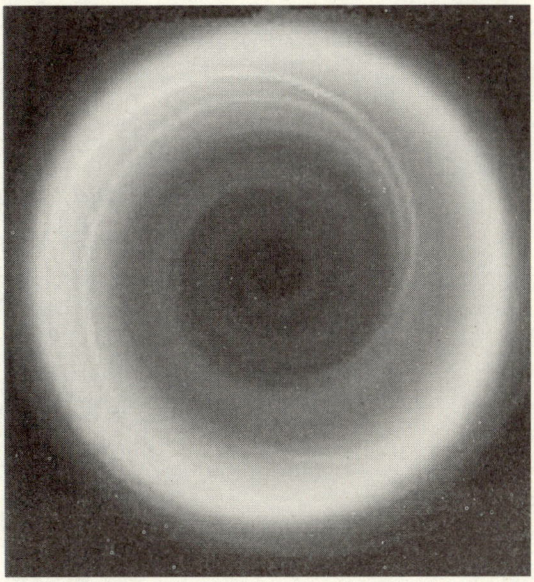

吸积气体在黑洞周围形成吸积盘（大小约几个“光天”），在按螺旋形式接近黑洞的过程中受到加热，产生巨大的能量

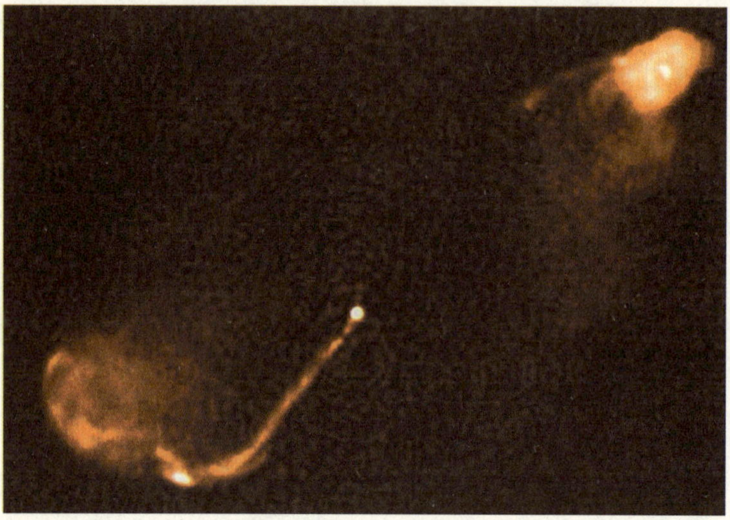

黑洞在吸积过程中可能在黑洞的转动轴方向形成双极喷流，喷流在远离核区处与星系际物质相互作用形成射电瓣

周围的物质，同时释放出巨额的能量，此即所谓类星体能源的黑洞模型。

1964 年，美国天体物理学家萨尔皮特和前苏联物理学家泽尔多维奇分别提出了类星体和活动星系核的能量可能来自黑洞附近发生的一些现象的想法。他们假设一个黑洞穿过气体云，气体在黑洞的强大引力作用下会以接近光速的速度涌向黑洞，在黑洞边缘，气体的巨大动能转化为热能，引起强烈辐射，其能量转换的效率，将比核燃料燃烧的效率还高。

5 年后，英国天文学家林登-贝尔提出了关于气体向黑洞下落的更完整和具体的模型。他指出向黑洞下落的气体将通过碰撞结合在一起，沿螺旋线下落，在黑洞周围快速绕黑洞旋转，形成一个圆盘，称为吸积盘。类星体的巨大能量，就是从这个吸积盘上发射出来的。

那么与活动星系核和类星体时时相伴的高速喷流又是怎样产生的呢？包括林登-贝尔在内的一些天文学家认为有四种可能的答案。第一种可能是吸积盘周围有冷气体，吸积盘上的热气体可以冲破这些冷气体，形成喷流。第二种可能是高速旋转的吸积盘内的热气体会形成“漏斗”(就像我们平日把一盆水转动起来后看到的那样)，热气体会沿着漏斗喷射出去。第三种可能是吸积盘内的高温气体处于电离状态，高速旋转时就会产生十分强大的磁场，带电粒子就会沿着两个磁极方向开放的并旋转成麻花状的磁力线向外运动，形成喷流。最后是黑洞本身就可能有强大的磁场，并随黑洞一起高速旋转，从而驱动外面的带电粒子沿磁力线高速向外运动。不管是哪一种可能性，喷流总是沿着黑洞和吸积盘的旋转轴方向喷出。由于黑洞附近的磁场十分强大，带电粒子不断受到磁场加速，以至喷流的速度可以达到接近光速。

（陈　力）

量天的超新星

造父变星被天文学家誉为“量天尺”，可以用来确定宇宙中天体的距离。其实，造父变星能够“量天”有点言过其实，因为它的亮度有限，只能用来“量”银河系及其附近星系的“天”，当距离超过十亿光年甚至数十亿光年时它就无能为力了。这时，超新星是一种很有效的工具。

以超新星形式爆发的恒星有两类：一类是原先质量很大的恒星，还有一类是双星中的白矮星。前一类恒星因为很大的质量，当它核心部分的核燃料用尽后再也承受不住外层的极大压力，于是引起整个星体的快速坍缩，强大的压力将恒星核心部分的原子紧紧地挤到一起。当核心处的压力高到将原子核都压碎了，电子与质子结合成中子，形成了一个极其坚硬的中子核，终于抵御住了强大的坍缩压力，这时坍缩突然停止。然而外层的物质还在源源不断地涌向核心，当这些物质遇到坚硬的中子核心时引起强烈的反弹，并产生强大的激波，这种激波快速地向外传播，巨大的能量终于引起恒星外层产生巨大的爆发，将自身抛射到四周的空间，并残留下一颗中子星或黑洞。第二类超新星的前身是与太阳质量相当的白矮星，但是附近还有一颗巨大的红巨星，两颗星构成一对双星。红巨星是处于演化晚期的恒星，核反应已经转移到了恒星的外层，大量的核反应热推动恒星的外层不断地向外膨胀，结果红巨星的体积变得非常庞大，最外层的物质在白矮星的引力吸引下渐渐地从红巨星流向白矮星，并在白矮星表面逐渐地堆积起来。随着时间的流逝，白矮星表面的物质堆积得越来越多，承受的压力也越来越大，温度越来越高，当多到白矮星再也承受不了时，将引发白矮星产生巨大的爆炸，这类超新星爆发可使恒星尸骨无存，什么遗骸都不会留下。

1987A 超新星爆发前（左）与爆发后（右）

后一类超新星我们称它为Ⅰa 型超新星，它比前一类超新星还要亮几倍。如果用

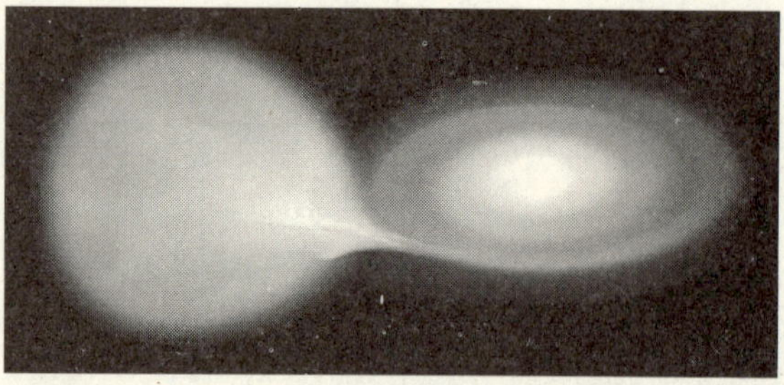

双星中的白矮星(右侧)吸积它的红巨星伴星(左侧)的物质，最终激发超新星爆发

绝对星等来量度，最亮的时候达到−20等。正因为极其明亮，所以，即使它们处在宇宙的深处，也能够被我们观测到，因此可以用来量度宇宙的距离，研究宇宙的运动和演化。

利用天体亮度测量距离需要满足一个基本条件，它要求这一类天体有完全相同的发光光度，或者说它们像一批有标准光度的光源，这样不同的亮度代表了它们的不同距离，于是我们可以测量它们的亮度反推出它们的距离。幸好，Ⅰa型超新星正是这样一种标准光源，当爆发到极大时它们发出的光的强度是相同的。

不过，要用超新星研究宇宙光有几颗是不够的，因为测量总有误差。但是，超新星十分罕见，一个星系通常一百年才出现2～3颗，其中Ⅰa型超新星更少些，平均说来，一个星系在1千年中才出现2个。特别是我们事先根本不知道超新星什么时间、在哪里出现，所以往往是一颗超新星出现之后才被人们察觉，而且很多时候还是业余天文爱好者首先发现，等到天文学家去观测时，超新星往往已经过了最亮时刻，亮度已开始下降。好在Ⅰa型超新星变暗的情况也差不多，而且与爆发极大时的亮度有关系。所以，我们可以长时间地跟踪观测一颗超新星，哪怕它已过了极大时刻也没有关系，只要记录下亮度变暗的全过程，可以反推出它极大时的亮度。办法虽然笨拙，却也很有效，只是很花时间，往往得跟踪超新星几十天到上百天。因此，尽管超新星是确定宇宙距离的好工具，但是它们不但稀少，而且“使用”起来也很麻烦。

十年前，天文学家发现了一个窍门：Ⅰa型超新星的光谱中有几条谱线，它们的强度比与超新星最大亮度之间十分对应，知道它们的强度比，也就知道了最大亮度。这样，即使超新星过了极大时刻也没有关系，只要拍一张超新星光谱，把这几条谱线的强度比测量下来，立即可以算出它的最大亮度。这种方法还有个优点，不需要长时间地跟踪观测，这就大大节约了观测时间，提高了工作的效率。Ⅰa型超新星的这种特点马上被用来测定宇宙深处星系的距离，目前最远的超新星大约达到近百亿光年。正是利用这些超新星宇宙学家才发现，那里星系的膨胀速度比我们附近的星系小一些，也就是说，宇宙现在的膨胀比宇宙早期要快，从而得出宇宙膨胀在加速的结论。

（傅承启）

神秘的宇宙暗能量

宇宙主要由什么组成？是恒星、星系，还是不发光的暗物质？都不是，我们的宇宙主要由暗能量组成，它占到宇宙质量的73%。什么是暗能量？暗能量是一种能量，所谓“暗”，是因为这种能量与我们熟知的动能、热能、引力势能等等都不相同，现有探测手段都无法感知。既然无法探知，又怎么知其存在，而且是宇宙的主要成分呢？回答这些问题得从宇宙的几何结构说起。

什么是宇宙的几何结构呢？这在三维空间里要形象地说清楚很难，不过，可以用二维空间来类比。假如我们的宇宙是个二维空间，那么宇宙可以是一个凹的或凸的曲面，也可以是一个平直的平面。前者的曲率是负的或正的，后者的曲率等于零。同样，我们在三维空间里可以用曲率是负、是正，还是零，来表述宇宙的几何结构。对宇宙几何结构的研究始于爱因斯坦，近百年来，各种理论研究以及对宇宙的各种观测最后几乎得出了惟一可能的结果：宇宙的几何曲率等于或非常接近于零，或者说我们的宇宙是或几乎是平直的。如果宇宙是平直的，那么这个宇宙中的物质密度不能高，也不能低，它要恰好等于某个数值，这个数值称为临界密度，我们宇宙的临界密度为每立方米6个氢原子质量。

数百年来，天文学家一直在计算宇宙中发光物质——恒星、星云、星系和星系团的数量和质量，发现了暗物质以后，又开始计算暗物质的质量。目前的认识是宇宙的物质密度大约为每立方厘米2个氢原子，也就是临界密度的1/3。那么还有2/3的物质上哪里去了？难道现有的各种理论都错了？还是存在一种现今未知的新物质形态，我们还无法探测到？

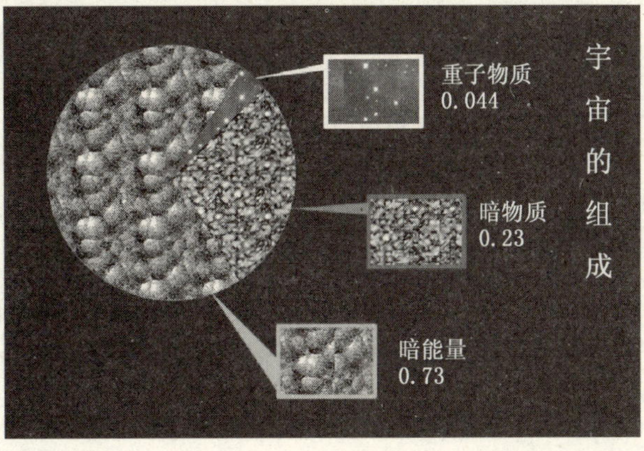

宇宙的组成

20世纪80年代末，宇宙学家开始寻找处在宇宙深处的超新星，因为这些超新星距离我们都在数十、上百亿光年以远，所以它们实际上都是在数十、上百亿年前爆发的，这样可以利用它们来研究宇宙早期的情况。特别是其

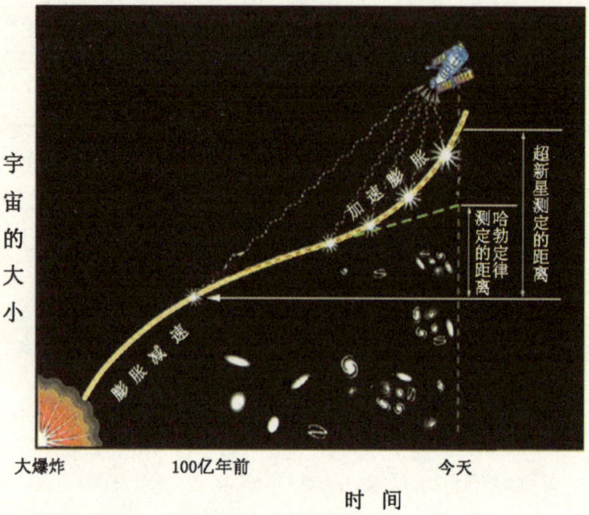

通过超新星的观测发现宇宙在加速膨胀

中有一类称为Ⅰa型的超新星，爆发时的光度非常一致，可以当作标准光源，来测定超新星所在星系的距离。出乎宇宙学家意外的是，用这种办法获得的星系距离要比用宇宙红移的哈勃定律得到的星系距离大，也就是更远些。两种方法，两个结果，究竟哪个更为正确？其实问题出在哈勃定律。哈勃定律是宇宙膨胀造成的星系速度与星系距离之间的关系，其比例常数为哈勃常数。我们在应用哈勃定律测定距离时，实际上暗含了哈勃常数不随时间变化的假设，如果它不是个常数，或者说宇宙今天的膨胀速度与过去的不同，那么用哈勃定律得到的星系距离就要出问题了。如果宇宙今天的膨胀比过去要快，那么星系的距离比哈勃定律得到的要更远些，这正好解释了上面的矛盾，也就是说，超新星测量的星系距离比哈勃定律计算的星系距离更大，意味着我们的宇宙正在加速膨胀！

宇宙膨胀在加速是个令人极其惊奇的结果，它不仅与宇宙学家们原先所想的宇宙在减速的图像完全相反，而且紧接着会产生一个新的问题：加速需要能量，是什么力推动宇宙加速的？

现在摆在科学家面前的有两个矛盾：一个是宇宙中物质密度太低，还有2/3的物质不知上哪里去了；另一个矛盾是宇宙在加速膨胀，宇宙中一定存在一种神秘的能量。显然，要同时解决这两个矛盾的惟一可能就是：宇宙中存在着能量形态的物质，这就是暗能量。这种暗能量既推动了宇宙的加速膨胀，又以能量的形式填补了物质密度的缺口，因为按照爱因斯坦的质能关系，能量与质量是一回事。

暗能量的发现被美国《科学》杂志评选为1998年头条最大科学新闻，甚至有人誉之为20世纪第二个最伟大的宇宙学发现。2001年6月30日发射的威尔金森微波背景各向异性探测卫星在作了一年观测后发表了结果，它证实了宇宙的各种成分的比例：4.4%的重子物质，23%的暗物质，剩下73%则是暗能量。

暗能量的发现向现代物理学提出了巨大的挑战，它不仅改变了人类对宇宙的认识，而且很可能将促使物理学爆发一场新的革命。

（傅承启）

γ射线暴的真面目

1963 年，美、苏、英三国签署了《部分禁止核试验条约》。为了监督这一条约的执行情况，美国发射了一系列卫星，这些卫星能够发现核试验造成的 γ 射线爆发。奇怪的是，这些卫星发现有些 γ 射线爆发不是来自地球，甚至也不是来自包括太阳在内的太阳系天体。这一发现太出乎科学家的意外，科学家一开始以为是卫星上探测仪器偶然出现的偏差，可是，进一步核对不同卫星的探测结果，发现这种现象竟然被不止一颗卫星观测到。最初发现宇宙中的 γ 射线爆发是在 1967 年，可是科学家还是慎重地等待了好几年，有了更多发现之后，才在 1973 年正式宣布发现了一种新的天体爆发现象——γ 射线暴。

在 20 世纪的 70 年代和 80 年代，都有新的探测 γ 射线暴的卫星发射升空，可是这些卫星上的 γ 射线探测器都较小，不但灵敏度比较低，而且无法确定探测到的 γ 射线暴在天空中的准确位置。因此，在很长的时间里，科学家不能确定这些宇宙中的 γ 射线暴究竟发生在哪里。当时很多天文学家认为，这些爆发应该发生在银河系之内。

1991 年，一颗以曾经对 γ 射线研究做出过卓越贡献的科学家康普顿的名字命名的 γ 射线天文观测卫星发射升空。这颗卫星上安装了一套专门用来研究宇宙 γ 射线暴的实验仪器。康普顿卫星获得的大量的观测结果使得科学家能够描绘出 γ 射线暴的位置在全天的分布，发现它们分布得非常均匀。可是，如果 γ 射线暴发生在银河系中，就不该是这样的，而是应该像银河系内大量恒星一样密集在银河附近。

这使科学家感到困惑不解。这就是说，γ 射线暴应该发生在银河系以外。γ 射线暴发生在那么远的地方，卫星探测到的射线还那么强，这说明一次 γ 射线暴释放的全部能量要比科学家原来想象的多得多。科学家们感到，关键的一点还是要设法知道 γ 射线暴爆发源的位置离开我们究竟有多

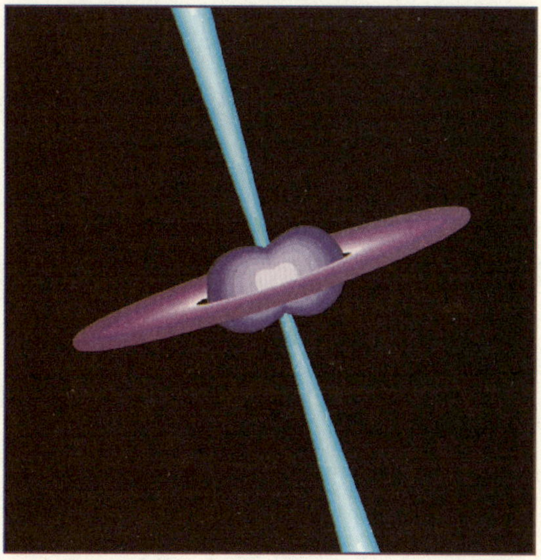

有的理论认为两颗中子星合并时形成吸积盘和喷流，产生 γ 射线暴现象

远。这需要测量爆发源的红移。

可是测定γ射线暴爆发源红移极其困难。问题在于,γ射线暴后爆发源发出的可见光不但很微弱,而且很快变暗,6小时内亮度就可下降到只有最亮时候的百分之一,一天之内可变得即使用最大的望远镜也看不到。这就要求在观测到一次γ射线暴以后迅速准确确定爆发源在天空中的方位,并立即通知天文学家用光学望远镜拍摄它的光谱,可是康普顿卫星不能做到这一点。

第一次成功的红移测量是依靠意大利和荷兰发射的一颗卫星取得的。1997年,这颗卫星在一次γ射线暴发生后几小时,就准确地定出了这次爆发在天空中的方位,一些天文台根据这个方位用光学望远镜观测到了可见光余辉。根据这次观测得到的光谱,天文学家测量出这次爆发竟然发生在离开我们120亿光年的远处,因此能量大得不可思议。

后来又有几次成功的观测。其中最成功的是1999年1月23日发生的一次γ射线暴,爆发源离开我们至少有110亿光年远。这次爆发是迄今为止观测到的最亮的γ射线暴之一,根据它的亮度和距离推算,这次γ射线暴在不到两分钟内所释放的能量竟然超过太阳在100亿年漫长的生涯中释放的全部能量1 000倍以上。至少从目前的物理理论来考虑,这是完全不可思议的。

于是,一些天文学家认为,γ射线暴可能像脉冲星一样,发射出的是像灯塔那样的射束,那么能量就没有那么多了。天文学家根据对1999年1月23日γ射线暴余辉的观测,认为这次爆发产生的冲击波也许受到强大磁场的约束,确实集中在一个方向。如果真是这样,这次γ射线暴所释放的能量就减少到了原来的百分之一。

当然,即使减少到百分之一,依然还是不可想象的巨大的能量。γ射线暴究竟是什么样的天体现象,对于物理学和天体物理学理论是极大的挑战。尽管现在已经提出了各种各样的假说,例如有的认为γ射线暴的能量来源于两颗中子星或者恒星级黑洞的碰撞并合,也有的认为是一种特殊的超新星,可是还没有取得共识。现在,距γ射线暴的发现已过去近40年,对这种现象的认识依旧扑朔迷离,成为天文学上最神秘的难题之一。

（陈　力）

奥伯斯佯谬

现在,在上海这样的大城市,欣赏星空的美丽和神秘,已经成了一种奢望。人们用各种各样的灯光,把夜都市装扮得好似水晶宫殿,但同时夜天空也跟着明亮了起来,使得银河隐退,众星黯然,即使是最晴朗无月的夜晚,也只能看到三两颗最明亮的星星。幸亏在偏僻一些的农村和山乡还并非如此,仍然保持着天空的黑暗,使得城里人偶尔因为旅游、探亲或公务来到这些地方,还能看到明亮的银河、闪闪的繁星,在静谧中思想宇宙的广袤和深邃。

可是,你考虑过吗,夜空为什么那么黑,难道是故意为了反衬星星的明亮?确实,如果全天空布满了星星,那将是明亮一片,也就不再有白天和黑夜的区分,也就不再能看到任何星星。这也是一种物极必反。

我们的宇宙并没有走到这种极端,这初看起来似乎并不值得去做什么探讨。科学家的头脑与众不同之处,就在于能够从一些极平常的现象,看出其中包含的深奥道理。1826 年,德国天文学家奥伯斯就是抓住了夜空黑暗这个再平常不过的事实,提出了一个理论和观测相矛盾的问题,就是所谓奥伯斯佯谬。

奥伯斯指出,如果宇宙是无限的,并且在这个无限的宇宙中均匀地分布着无限多颗像我们太阳一样的恒星,那么,夜空就不应该是黑暗的,相反,应该处处像太阳一样明亮。

所谓佯谬,就是说一个命题,貌似错误,实际上却是正确的。你仔细想想,奥伯斯佯谬是不是这样。的确,离开我们越远的恒星,我们看起来应该越暗,可是同时,距离越远、天空面积应该越大,而我们假定了恒星分布是均匀的,因此你看到的恒星数量也就越多。两者都是按距离的平方变化,但一个是成正比,一个是成反比,其影响正好互相抵消。因此,奥伯斯并没有讲错。

然而,我们看到的夜空,确确实实是黑的啊!这个佯谬,说明了我们作为考虑问题出发点的两个假定——宇宙的无限性和均匀性,其中至少有一个是错误的,甚至两者都是错误的。

17 世纪,牛顿认为,宇宙在空间和时间上都是无限的,空间和时间本身可以离开物质独立存在,与物质之间没有相互作用。20 世纪初,爱因斯坦对牛顿的宇宙观进行了一场颠覆性的革命,他提出了相对论,认为空

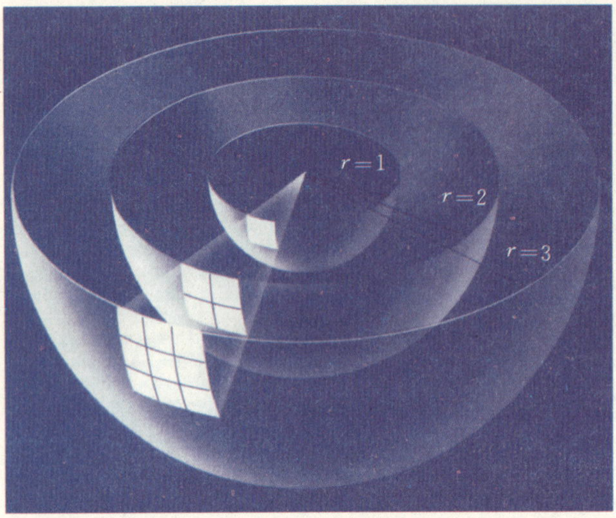

星光按距离平方反比减弱，天空面积按距离平方正比扩大

间和时间是物质存在的形式，它们不能离开物质单独存在，并且指出，宇宙在空间和时间上可以是有限的。

宇宙这个名词，有两个不同的概念，一是指物质世界的总体，关于它有限还是无限，科学界有各种不同的学说；另一是指我们采用一切可能的观测手段所能观测到的，并依据观测到的结果在理论允许的范围内合理外推所能达到的这部分物质世界。我们说宇宙在空间和时间上有限，主要是指后一个概念。

在牛顿的宇宙中，奥伯斯佯谬提出的问题几乎是不可避免的，惟一的解决办法就是假定宇宙中的物质分布不均匀。可是实际的观测结果是，宇宙中的天体虽然有逐级成团的结构，例如恒星组成星系、星系组成星系团、星系团又组成超星系团……，可是这种结构随着等级的升高（也就是尺度的增大）变得越来越不明显。比如说，在银河系中，恒星间的距离大致是太阳系大小的5 000倍，然而星系之间的距离，只是星系直径的几倍或几十倍。宇宙在大尺度上趋向均匀。

相反，奥伯斯佯谬在爱因斯坦的宇宙中就根本不会存在，我们之所以看到夜空是黑的，这只不过说明了我们能够观测到的物质宇宙在空间和时间上是有限的，仅此而已。按照现代的宇宙学说，我们的宇宙形成于大约140亿年前，然后通过膨胀演变为现在这个样子，并且还在继续膨胀。这样的宇宙在空间上也是有限的，因为一切物质的运动速度不可能超过光速，这个宇宙中最远的天体距离不会超过140亿光年。

奥伯斯佯谬的提出，启发了科学家去进一步思考宇宙的结构和演化问题，并且通过他们的努力，以爱因斯坦杰出的理论为开端，逐步建立起现代宇宙学的理论。

（王家骥）

"白痴"的问题

天有多高？这是每个孩童观望天空时都想获得回答的问题。关于这个古老的问题，人类已经思考了 6 000 多年，直到现在还没有完整的答案。

宇宙在膨胀，说明它在时间上是有限的，那么它在空间上是有限还是无限的呢？古今中外，人类的精英们一直在争论着。古希腊人认为宇宙的最高层是恒星天，全部物质都包含在恒星天之内。在我国，有限宇宙的代表当数浑天说，"浑天如鸡子，天体如弹丸，地如鸡子中黄"，宇宙就像个鸡蛋，大地浮于其中，就像蛋壳裹着蛋黄。不过，我国古代的宣夜说是主张宇宙无限的，它说"天了无质"，"高远无极"，"日月众星，自然浮生虚空之中"。当然，宇宙有限的观念似乎更符合古人的经验，不过，这种观点也会遭到非议：有限必定有界，要是有界，那边界以外是什么呢？显然它与囊括一切的宇宙概念相互矛盾。所以，古希腊人认为恒星天之外是"神"和"灵魂"的世界，假设了晶莹天、最高天和净火天三个天层，它们不是物理的空间。

这种观念一直维持到了哥白尼时代。在哥白尼提出日心说以后，人类关于宇宙的范围大大扩大了，但是究竟有多大依然争论不休，最典型的例子当数牛顿与数学家莱布尼茨之间的激烈争论。牛顿主张宇宙是无限的，但是星体必定分布在有限的空间里，否则无限空间中无限多的星体产生无限的引力，使得宇宙不能稳定。莱布尼茨也主张无限的宇宙，但是他认为牛顿的说法是不能接受的，有限分布意味着宇宙是有界的，也就是有中心的，所以星体必定均匀分布在无限的宇宙空间上。最后康德想出了一个结束争辩的结论：宇宙既不能是有限的，也不能是无限的，所以有限无限问题的本身就没有意义，根本不应再讨论它。我国明朝与哥白尼同时代的杨慎也有类似的说法："天有极乎，极之外何物也？天无极乎，凡有形必有极。"

传说高斯在哈尔兹山区企图测量空间的曲率

讨论宇宙有限无限毫无意义的思想甚至蔓延到当代的科学巨匠爱因斯坦。在 1917 年爱因斯坦给天文学家德西特的一封信中提到宇宙究竟是

古代对宇宙大小的认识

无限伸展的还是有限封闭时，说这是"一个白痴才会期望有一个回答"的问题。

19世纪中期，数学家黎曼才第一次明确地指出空间的无界性不等于空间的无限性。按黎曼的理论，空间的有限还是无限取决于空间的曲率，而空间的曲率原则上是可以测量的。传说数学家高斯就曾到过一座叫哈尔兹的山中去测量空间是否是弯曲的。他选择了三个山峰，它们构成了一个三角形。如果空间是平坦的，则三角形的内角和等于180度；如果空间是弯曲的，则内角和不等于180度。

那么，我们的宇宙空间究竟是哪种情形呢？有人说，宇宙在膨胀，膨胀的体系应当是有限的，所以宇宙是有限的。其实，这并不正确，无限的体系也可以有膨胀，那是从无限到无限的膨胀。例如下面两个无穷数列

$$n = 1, 2, 3, 4, 5, \cdots\cdots$$
$$m = 2, 4, 6, 8, 10, \cdots\cdots$$

有一一对应的项，项数谁也不比谁多，但是第二个数列的每一项都比第一个膨胀了一倍。宇宙也可以是这种情况，宇宙永远在膨胀，而无限空间却保持同样的无限性。所以，宇宙究竟是无限的还是有限的，不取决于宇宙的膨胀而取决于宇宙的曲率，就像一个平面就是无限无界的，一个球面就是有限无界的，而一个双曲面则是无限无界的。按照爱因斯坦的广义相对论，宇宙的曲率取决于宇宙内包含的平均物质密度。如果平均物质密度超过某个临界数值，引力最终将战胜膨胀，宇宙膨胀将逐渐减速至零，最后将变膨胀为收缩，对于这样的宇宙，曲率是正的，就像二维的球表面，这是有限而无界的宇宙。如果平均物质密度低于这个临界数值，引力不足以阻止膨胀，宇宙将永远膨胀下去，对于这样的宇宙，曲率是负的，就像二维的双曲面，这是无限也无界的宇宙。

为此，宇宙学家一直企图测定宇宙的平均物质密度和它的曲率，企图解开这个白痴的问题。数十年的测定使他们得出结论：宇宙的平均物质密度很接近于、也可能就等于这个临界数值，宇宙的曲率既不是正的，也不是负的，而是很接近于零甚至就等于零，要真是这样的话，我们的宇宙则是有限而无界的。

（傅承启）

宇宙学的古往今来

古文《淮南子·原道训》中有这样的说法："四方上下曰宇，古往今来曰宙。"这短短的12个字比较正确地说明了宇宙乃天地万物之总称，它兼容了空间和时间两方面的含意。天文学以宇宙中的各类天体和天象为研究对象，而宇宙学则是天文学的一门分支学科，它的主要研究内容是通过观测和理论研究，从整体角度来探讨宇宙的结构和演化。

中国古代的宇宙观主要有三派学说，这就是盖天说、浑天说和宣夜说。

两千多年前，在古代希腊和罗马，人们对宇宙的构造和本原也有许多不同的学说，如毕达哥拉斯学派的中心火焰说、赫拉克利特的日心说、柏拉图的正多面体宇宙结构模型等等。到中世纪，地心说占据正统地位，并受到教会的支持。直到16世纪，才诞生了哥白尼的日心体系。

从历史上看，人们对宇宙的认识，无论是深度上还是广度上都处于不断扩展之中。16世纪哥白尼正确认识了太阳系的结构和基本运动状态，18世纪赫歇尔的工作把人们带入了广袤的恒星天地，哈勃则在20世纪使天文学最终进入尺度超过100亿光年的星系世界，而关于宇宙学的研究也随之逐步深入。17世纪，牛顿开创了用力学方法研究宇宙学的途径，建立经典宇宙学。牛顿认为万有引力决定一切，他认为宇宙是无限的，与时间和空间毫无关系。

1915年爱因斯坦提出广义相对论后，随即开始用这一理论考察宇宙。经过研究，他认识到无限宇宙与牛顿理论之间存在着难以克服的矛盾。爱因斯坦认为，宇宙是无限的还是有限的这个问题，只有依据科学而不是单凭信仰来加以解决。1917年他建立了一个"静止、有限、无界"的宇宙模型，其中用到了动力学方法，引进宇宙学原理、弯曲时空等概念，从而开创了现代宇宙学研究的时代。爱因斯坦的宇宙学理论是他对天文学的最大贡献，并有着深远的影响。

1922年前苏联数学家弗里德曼率先探讨非静态宇宙及宇宙膨胀的可能性，对爱因斯坦的静态宇宙模型提出了挑战。弗里德曼模型是现代宇宙学上的第一个动态宇宙模型，他认为宇宙可能是在膨胀，也可能在收缩，或者经历膨胀后收缩、收缩后再膨胀，如此不断重复的脉动式变化。

1927年比利时主教、天文学家勒梅特提出均匀各向同性膨胀宇宙模型。1929年哈勃发现河外星系的红移与星系的距离成正比，而如果红移

盖天说示意

浑天说示意

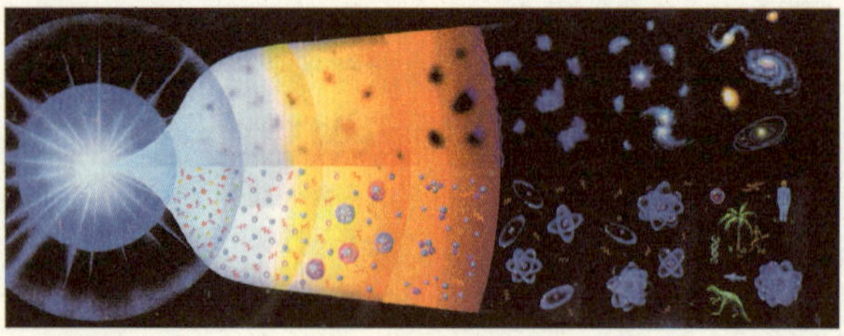

宇宙大爆炸示意图

起因于星系的退行运动，则哈勃的发现表明宇宙正处于膨胀之中，这一结论激发起人们对膨胀宇宙的极大兴趣。1932 年勒梅特明确提出“原始原子”爆炸形成宇宙的概念。他认为，整个宇宙最初密聚在一个体积很小的所谓“原始原子”的范围内，后来发生了大爆炸，碎片向各个方向散开，经演化后形成了我们今天的宇宙。1948 年美国天文学家伽莫夫发展了勒梅特思想，他认为宇宙最初处于一种极高温度、极高密度而体积极小的状态，经大爆炸后，随着温度由高到低、密度不断下降的过程，最终演化成现在的宇宙，从而奠定了热大爆炸宇宙论的基础。嗣后，人们在这一基础上对大爆炸模型不断加以改进，其中最重要的也许是 1981 年 Guth 所提出的暴涨宇宙模型，即认为极早期宇宙曾经历了一段非常短时间的极度快速膨胀，从而更好地解释了一些观测和理论上的矛盾。

由于大爆炸宇宙论能说明天文学上若干重要的观测事实，因而为天文学家所普遍接受，并成为标准宇宙模型。

1948 年，英国天文学家邦迪、霍伊尔和戈尔德共同提出稳恒态宇宙模型。在这种模型中，宇宙也是在膨胀的，但物质密度始终保持不变，因此要求物质不断地从虚无中创生出来，产生率为平均每 5 000 亿年每立方米空间内生成 1 个氢原子。尽管这种物质“无中生有”的论点难以为大部分人所接受，但仍有人坚持这一观点，并认为大爆炸模型实质上是物质的一次性创生，而稳恒态模型只不过是要求物质慢慢地创生，在“物质创生”这一点上两者没有本质上的差别。最有意思的是，“大爆炸”这个名词是反对大爆炸理论的鼻祖霍伊尔首先提出的，并带有贬义性质，然而后来却为天文界所广泛采用。

（赵君亮）

爱因斯坦放出的妖魔

宇宙膨胀，这在 20 世纪初是完全不可思议的事，就连 20 世纪最伟大的科学家、具有超越想象力的爱因斯坦也免不了世俗的观点：宇宙是静止的，永恒的。这一点明白无误地表现在他提出的引力场方程中。

1915 年，爱因斯坦把相对论引入了引力理论，提出了广义相对论。嗣后，开始用自己的理论研究宇宙。他简单地假设宇宙中物质均匀分布，而且从各个方向去看宇宙都是相同的(这就是所谓的宇宙学原理)。作为研究的结果，爱因斯坦惊讶地发现，在这种假设下宇宙不可能保持静止，会发生膨胀或收缩。对于这样一个离经叛道的结论，爱因斯坦当然是不愿意看到的，于是他在方程里添加了一项常数项，用来抵消宇宙的膨胀或收缩，从而使宇宙保持静止。对于这个毫无物理意义的常数项，爱因斯坦只好把它称作“宇宙学常数”，并用希腊字母 Λ 来表示。言下之意，凭空增加这一常数是为了宇宙的“需要”。1917 年，他公布了自己的研究结果——爱因斯坦引力场方程。

爱因斯坦

爱因斯坦在作了一定的假设后获得了这个方程的第一个解，这就是爱因斯坦的静止宇宙模型。凭借世俗的观点和自己的名望，没有人敢非议他的宇宙学常数项。尽管当时有些学者，如前苏联的气象学家和数学家费里德曼、比利时神父兼天文学家勒梅特和荷兰天文学家德西特都提出宇宙可能会膨胀的结论，但丝毫没有动摇静止宇宙的主流观点。

1929 年，哈勃与他的助手赫马森发表了他们的观测结果，在总共 6 页的一篇论文中，他们第一次发表了遥远的星系都在远离我们的结论，而且星系越远，远离的速度越快。哈勃的发现成为开创现代观测宇宙学的标志，被誉为 20 世纪最伟大的天文学发现，甚至与 400 年前哥白尼革命相提并论。因为哈勃的发现可以直接得出宇

宙膨胀和宇宙诞生的结论,它完全改变了人类对宇宙的认识。

爱因斯坦获悉哈勃的发现后深感后悔,据说他把引进宇宙学常数这件事自责为"一生中最大的蠢事",因此错失了20世纪最伟大的宇宙发现。宇宙学常数虽然是爱因斯坦引进的,其实他本人也不喜欢它,他说这样做"有被送进疯人院的危险"。1931年爱因斯坦宣布放弃宇宙学常数。然而,潘多拉盒子已经打开,妖魔已经逸出。宇宙学常数并不因为爱因斯坦的宣布而永久地消失,事实上,每当宇宙学研究出现危机、观测与理论出现矛盾时,宇宙学常数就会被人搬出来拯救世界,一旦矛盾解决,又随之被抛弃。

早在20世纪30年代,宇宙学常数就再度被人搬出。事情十分简单:宇宙既然在膨胀,那么按膨胀速率沿时间反演回去,就会回到宇宙大小为0的那一刻,这意味宇宙是在那一刻诞生的,这样就可得出宇宙的年龄。采用哈勃当时测到的宇宙膨胀速率,得到的宇宙年龄为20亿年,这个数字显然十分荒谬,因为它甚至比地球年龄还小。要使宇宙的年龄更大些,就得使宇宙膨胀得慢一些,这正好是宇宙学常数的功能。于是宇宙学常数再度被引入,以缓和年龄矛盾。20世纪50年代以后,天文观测得到了改进和提高,天文学家重新测量了星系距离,发现新的哈勃常数只有原先的1/5～1/10,宇宙年龄一下增大到100～200亿年。年龄的矛盾消失了,宇宙学常数却再次被扫地出门。这种情况后来曾多次发生,宇宙学常数犹如幽灵数度徘徊于宇宙学的边缘。

尽管如此,宇宙学家和物理学家还是十分讨厌这个"丑恶的"常数,因为它毫无物理意义,数十年来一直想方设法消除它,希望将它剔除出去,只是始终不能如愿。大爆炸宇宙论的创始人、宇宙学家伽莫夫曾经一针见血地指出:"直至今天还有宇宙学家不时地使用着爱因斯坦抛弃的'蠢家伙',这个宇宙学常数Λ一次又一次地昂起它丑陋的脑袋。"20世纪40年代末,物理学家卡西米尔用实验证明了真空也具有能量,这种能量称为零点真空能。1998年,科学家们还用原子显微镜测出了"零点能"。显然,广袤的宇宙空间也应当具有这种能量,这正是宇宙学常数物理意义所在:一无所有的空间所具有的零点真空能。自那时起,宇宙学常数才真正地高昂起它的脑袋,理直气壮地出现在爱因斯坦的场方程之中。

1998年,宇宙学家从宇宙深处的超新星发现宇宙膨胀在加速,加速需要有动力,科学家把这种动力称为暗能量。至于这种暗能量是什么,谁也不知道,但是,许多人又联想到宇宙学常数,认为它可能是暗能量的来源。遗憾的是,计算结果否定了这种观点,因为比起暗能量来,零点真空能太大了,如果它就是暗能量的话,宇宙早就被膨胀得烟消云散了。

(傅承启)

贝尔博士的小绿人

作为英国剑桥大学休伊什教授的博士研究生，贝尔小姐参加了教授领导的一项新射电技术的实验工作。

20 世纪 60 年代初，天文学家发现了类星体。类星体是宇宙早期形成的天体，离我们非常遥远，寻找这种天体是当时最热门的领域，休伊什教授也投入了这项工作，他设计了一架很特殊的射电望远镜，专门用于寻找类星体。1967 年 7 月望远镜正式投入观测，贝尔博士主要负责观测和资料的分析。

在休伊什的监督下，贝尔博士每天细心地分析这些图形，识别出闪烁的射电源。她没有用电脑进行分析，一则望远镜刚研制出来，对它的性能不了解；二则用眼睛检查判别比电脑更便捷。一天，贝尔博士偶尔发觉记录图形上有一个小小鼓包，它不像是闪烁的射电源，也不像别的人工干扰的信号，她回忆起几天前也是观测这个天区时曾看到过类似的小鼓包。但是正好在子夜，那是闪烁最小的时候，所以，她决定加快记录纸的走速，以便能看清这个小鼓包。接下来的几周中，每天她在完成教授规定的观测后，就到观测室去调快记录，等待鼓包出现。开始除了噪声还是噪声，什么都没有，这个怪源似乎消失了。一天，贝尔博士没有去观测室而是去听演讲了。第二天，她发现那个鼓包又出现了。几天后，小鼓包终于被快速记录了下来，贝尔发现这个鼓包原来是一串靠得很近的脉冲，脉冲非常规则，间隔相等，每 1.3 秒出现一个。“这是个什么东西?”贝尔非常奇怪，她立即通知了正在剑桥讲课的导师休伊什教授。休伊什没有什么反应，扔下了一句话“这是人工信号”。第二天夜里教授去了观测室，他心中毕竟也在疑惑。很幸运，脉冲又出现了。经过仔细检查，发现脉冲信号不是来自地球。休伊什和贝尔还一一分析了周围建筑、人造卫星、月球产生脉冲的可能性，但是最终都被排除了。这些信号显然来自太阳系外，但是仍然在银河系内。情况似乎越发令人不解了，假如这是些人为信号，那么它们不就是地外智慧生命发出的信号吗？难道

贝尔博士和她的射电望远镜天线

常常出现在科幻作品中的小绿人

正是科幻作品中的小绿人吗？在一些科幻作家看来，外星生命必须能够进行光合作用，他们一定有绿色的皮肤，矮矮的个子。

1967年圣诞前的下午，休伊什参加了一个高层会议，商量如何报道这些观测结果。人们不相信这是其他文明的信号，但也无法证明那是自然信号。因此，对于怎样报道这个结果，会议没有达成一致意见。贝尔回到了家，信号令她十分烦恼，博士论文还等待着她去完成。晚饭后，贝尔又赶到实验室，继续对记录进行检查。突然，她又看到一个鼓包，它对应着仙后A的天区。贝尔赶快找出前几天的记录，发现那里确实也有鼓包。那天清晨，当仙后A天区经过望远镜时，她作了5分钟的快记录，清楚地显示出一连串的脉冲，不过，这次脉冲的间隔是1.2秒。贝尔将结果留在休伊什的桌子上高兴地离开实验室去度她的圣诞节去了。她已经明白，她发现的是一种新的天体，因为不可能有这么巧的事，两种小绿人选择了相同的时间、相同的频率同时与毫不起眼的地球进行联系！

圣诞节后贝尔又发现了两个类似的鼓包，事情更清楚了，这不是什么小绿人，而是某类特殊的天体。休伊什抛弃了原先的观点，提出它们可能是一种在脉动的恒星，每一次脉动都对应着一次能量爆发，对应记录上的一个脉冲，因而把这种天体称为“脉冲星”。这种称呼其实并不确切，它们是高速自转的中子星，只不过搞清这件事是后来的事了，而这个名称也就这么被沿用了下来。休伊什和贝尔将发现脉冲星的文章寄给了《自然》杂志，文章中提到，他们曾一度以为信号来自另一个文明社会。这正好给了媒体一个极佳的炒作机会，“小绿人”一时成为最热门的话题，更多的人以为人类苦苦等待的外星智慧生命终于出现了。到处是贝尔的照片，有站的，有坐的，有招手的，还有在装模作样检查记录纸的。不过，大名鼎鼎的宇宙学家霍伊尔很快给了大众一盆冷水，在听了休伊什的演讲后，他明白无误地指出，这是超新星的遗迹，但不是白矮星！

现在知道脉冲星是质量很大的恒星死亡后的残骸，天文学家已在银河系里发现了1 000多颗脉冲星。脉冲星的发现使休伊什获得了1974年的诺贝尔物理学奖。遗憾的是，第一个真正发现脉冲星的贝尔博士却被那些评委们遗忘了。1986年美国天文学会将廷丝蕾奖授予了贝尔，不过，这永远成了贝尔无法弥补的遗憾。

（傅承启）

宇宙，在“砰”声中诞生

宇宙膨胀的发现彻底破除了宇宙永恒静止的观点，第一次展现出一幅运动和演化的宇宙图像。假如将宇宙膨胀退回去，立即会发现在过去的某一刻宇宙处于一个范围极小又灼热高密的状态，今天宇宙中发生的一切都开始于那一时刻。那么，在那一刻究竟发生了什么事件？它又是如何造成今天宏大的宇宙图像的呢？

首先注意到了那一刻宇宙图像的是一位比利时的神父兼天文学家勒梅特，早在1932年他就把宇宙这种最初的状态称为原初原子，并夸张地应用了哲学家康德说的一句话：“给我一个原子，我将用它建造出一个宇宙。”他认为宇宙的膨胀是这个原初原子蜕变的结果，起先宇宙很小很密集，引力很强，膨胀速度开始减慢，后来随着膨胀引力减弱，斥力超过了引力，膨胀开始加速，最后造就了今天的宇宙。勒梅特这个简单的宇宙模型没有得到很大反响，不过他却深深地影响了另一个年轻的学者，前苏联的物理学博士伽莫夫。1928年到1931年，刚取得博士学位的伽莫夫两次到哥本哈根理论物理研究所从事核物理的研究，在那里他首次接触到了勒梅特的原初原子思想。后来他又在英国剑桥大学和伦敦大学从事核嬗变和热核反应的研究，所有这些经历为他后来提出宇宙大爆炸模型奠定了基础，模型中关于原子核合成的计算都得益于此。1948年伽莫夫以阿尔法、贝特、伽莫夫的名义发表了一篇题为《化学元素的起源》的论文，正式提出了宇宙大爆炸模型。伽莫夫在这里开了一个著名的科学玩笑，原来这篇标志大爆炸模型诞生的经典论文只是他的学生阿尔法和他完成的，生性幽默的伽莫夫把他的朋友、物理学家贝特的名字也添加了上去。伽莫夫后来解释为什么这样做时说：“按希腊字母顺序，一篇文章只由阿尔法和伽莫夫署名时是不公正的。”文章恰好在1948年4月1日发表，其日正逢愚人节，这个巧合使伽莫夫更加高兴。作为著者姓名的谐音，后人称这篇文章为“αβγ”论文，这个称呼很恰如其分，因为它反映了这是篇论述万物开端的文章，而且反映了粒子物理在宇宙学中的重要性。

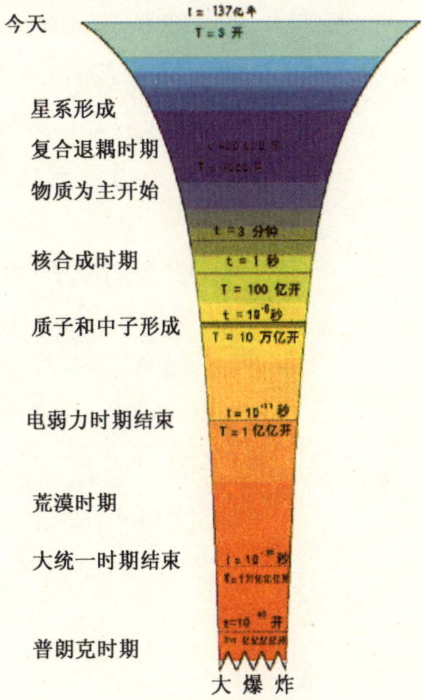

标准的大爆炸宇宙模型，图的左侧注明了它的各个主要时期

伽莫夫

与勒梅特认为宇宙由一个重原子裂变形成轻的原子的思想相反，伽莫夫认为宇宙是由最小的基本粒子合成为大的原子。在伽莫夫的理论中，宇宙最初是个原始火球，处于高温高密状态，后来发生了巨大的热核爆炸，宇宙开始膨胀和冷却，通过核合成形成了化学元素和今天的宇宙。

按照伽莫夫大爆炸宇宙论的学说，宇宙经过了一个由热到冷、由密到稀的诞生和演化的过程。在很久前的某个时刻，今天观测到的物质世界都集中在一个范围极小的区域，它的密度和温度都无限大。后来发生了一次大爆炸，能量转换成了物质，粒子产生了，这时宇宙的温度为1亿亿亿亿摄氏度。随着宇宙的膨胀，宇宙开始变冷，这时的宇宙就像一锅基本粒子汤，主要由光子、中微子和少量的电子、质子、中子组成。大爆炸后10多秒钟，温度下降到几十亿摄氏度，核力开始发挥作用，质子和中子形成了氘核（氢原子核的一种同位素，由一个质子和一个中子组成）、氦核和最轻的一些元素，这个过程进行得很快，在大爆炸最初的3分钟里就完成了，它决定了今天宇宙的基本化学组成。以后宇宙继续膨胀和冷却，在大爆炸后35分钟时，温度下降到3亿开，核合成过程因温度不足而停止了，但这个时期还没有原子，因为宇宙温度对于原子的形成来说还太高。这时的宇宙充满了光子、正反中微子，以及质子、电子、氦核，由于温度仍然很高，密度很大，光子和粒子彼此不断交换能量动量，处于热平衡状态，它们的温度是相同的。直到大爆炸后30多万年，当宇宙冷却到了3 000开时，辐射大大减弱，自由电子能够与质子、氘核、氦核结合成原子，原子的形成使得宇宙一下子透明了，光子可以自由地飞行，几乎不与物质发生作用，从那时起辐射与物质开始了各自的膨胀、冷却和演化，不再发生作用，它们的温度也不再相同。随着宇宙的膨胀和冷却，3 000开的辐射冷却为今天的3开微波背景辐射，而原子物质则在自引力的作用下开始凝聚，最后形成了今天的星系和恒星的世界。

大爆炸宇宙论成功地解释了20世纪80年代前发现的一些重要天文观测事实，除了宇宙膨胀以外，宇宙3开微波背景辐射成为它最强有力的证据，大爆炸理论还完美地解释了宇宙的化学组成，为什么宇宙中有约72%的氢元素、28%的氦元素，为什么宇宙中见不到反物质等等。迄今为止，大爆炸宇宙论已成为与天文观测符合得最好的理论，并为绝大多数科学家所接受。

（傅承启）

宇宙的暴涨

宇宙大爆炸理论完美地解释了哈勃星系退行、宇宙微波背景辐射和宇宙轻元素丰度的观测事实。但是,老的问题解决了,新的矛盾又产生了。作为宇宙起源和演化标准理论的宇宙大爆炸论又陷入了新的困境,其中有两个重要的观测事实向它发出了挑战:一是宇宙为什么这么均匀?二是宇宙为什么恰好是平直的?

宇宙学家在观测宇宙微波背景辐射时,发现辐射是如此的均匀,不论你向什么方向看,这种背景辐射的差别只有十万分之一!从现有物理知识来看,一个系统要达到均匀,它的各个部分必须经过充分的相互作用,这是需要时间的。宇宙也不例外,各处的辐射场必须经过充分的相互作用,彼此交换能量才能达到均匀,这种辐射能交换所需要的时间由光速决定。可是,宇宙的年龄只有137亿年,而宇宙相反两个方向上的距离却相差270多亿光年,在宇宙的有生之年里光子根本不可能从宇宙的这一端跑到那一端,那么它们是怎样达到如此均匀的呢?

宇宙学家在观测中还发现,宇宙物质密度始终徘徊在临界密度附近,一些观测得到的结果比临界密度大,一些观测得到比临界密度小的结果,而且要说大也大不了多少,要说小也小不了多少。这种情况使宇宙学家产生一种想法:宇宙物质密度很可能就是等于或非常接近于临界密度!时而大时而小只是测量的误差。如果宇宙物质密度等于临界密度,那根据爱因斯坦的引力理论就意味着宇宙的几何曲率等于零,也就是说我们的宇宙是平直的。最近的测量结果表明宇宙物质密度与临界密度之比等于1.02,误差只有±0.02,它证明了宇宙学家的猜测是正确的。宇宙的几何曲率可以大于0,也可以小于0,而等于0正好是临界的状态,难道宇宙有一种自我调节的本领,使自己的曲率变得非常接近于0?考虑到宇宙膨胀对宇宙曲率的放大作用,那么在宇宙的早期宇宙曲率与零差别更小,小到难以想象的程度,有人算过这个数字比1后面60个零分之一还小。因此,宇宙处于这种情况的概率小到微乎其微,就像你能够倒立一枝铅笔使它几百万年不倒,其实,这时任何一丝“风吹草动”,它就会“倒下”,宇宙也会离开曲率为0的状态。所以宇宙学家始终不得其解,是什么力量能使宇宙自我调谐得如此完美?

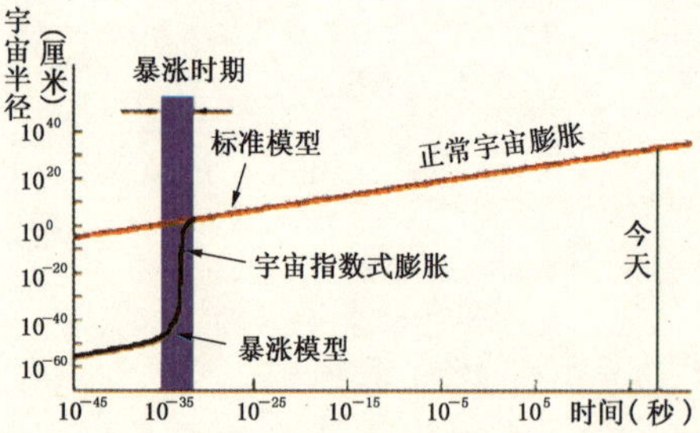

宇宙因暴涨尺度急剧膨胀。红线是标准宇宙大爆炸模型,黑线是宇宙暴涨模型

宇宙大爆炸论无法解释这两个事实,因此只能说:宇宙在大爆炸之前就是这样的。1981年美国有个名叫古思的年轻物理学家,他提出了一种理论,这就是宇宙暴涨理论。所谓暴涨,就是在极短暂的时间里宇宙的大小急剧膨胀。按古斯的暴涨理论说法,在大爆炸刚刚发生后的10^{-35}秒时宇宙发生了暴涨,宇宙以极大的速度向各个方向暴涨。暴涨前的宇宙极其微小,大约10^{-25}厘米大小,完全处于光的作用范围之内,所以宇宙在暴涨前已有足够的时间达到均匀,这样暴涨理论解释了均匀性问题。另外,暴涨的时间很短暂,只有10^{-33}秒,但是体积却增大了10^{26}倍,暴涨结束时宇宙达到了10厘米左右大小,此后宇宙又变为正常的膨胀,直至今日成为一个半径达10^{28}厘米的浩瀚宇宙。经过暴涨,宇宙得到充分的伸展,在暴涨前无论是平直的还是弯曲的已经都无所谓,即使是弯曲的,经过暴涨也变得平直了。就像吹一个大气球,随着气球的迅速膨胀气球表面的皱纹消失了,变得非常光滑。古斯的暴涨理论成功地解决了宇宙大爆炸论的两道难题。

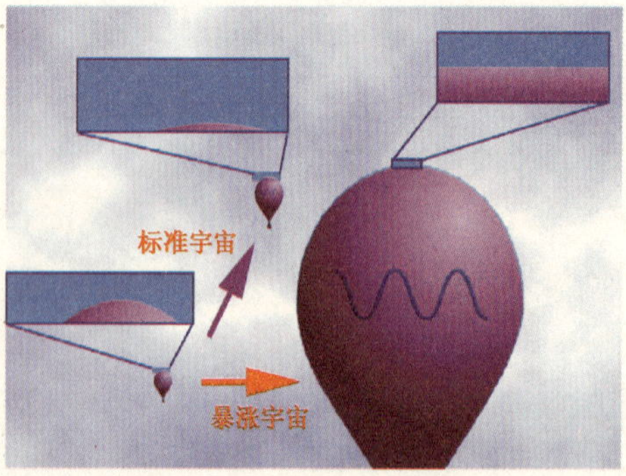

宇宙的暴涨像个吹大的气球,表面原先的皱纹和弯曲变得很光滑、平直

古斯最初提出的理论并不完善,问题很多,后来经过许多人的改进,提出了多种暴涨模型。虽然暴涨模型至今尚未完善,但是,作为补充宇宙大爆炸理论的重要思想,已为多数宇宙学家所接受。

(傅承启)

大爆炸宇宙的未来

在发现暗能量之前,宇宙学家认为宇宙的未来存在两种图景:如果宇宙能量密度超过临界密度,宇宙会在膨胀到最大体积之后坍缩,在坍缩过程中,宇宙的密度和温度都会再次升高,最后终结于同爆炸开始相似的状态——即大挤压;相反,如果宇宙能量密度等于或者小于临界密度,膨胀会逐渐减速,但永远不会停止。恒星形成会因各个星系中的星际气体都被逐渐消耗而最终停止;恒星演化最终导致只剩下白矮星、中子星和黑洞。相当缓慢地,这些致密星体彼此的碰撞会导致质量聚集而陆续产生更大的黑洞。宇宙的平均温度会渐近地趋于绝对零度,从而达到所谓大冻结。

大爆炸的余辉

20世纪40年代末，伽莫夫的学生阿尔弗和另一位年轻学者赫尔曼完成了一项研究，他们预言，大爆炸后存在于宇宙中的热辐射经过膨胀的稀释和冷却，还应当残留在今天的宇宙中，这种余辉的温度大约为5开。1948年，这篇极为重要的文章以他们两人的名义发表了。伽莫夫重新对大爆炸的余热进行计算，得出了50开的结果。不过，无论是5开还是50开，他们的预言都没有引起人们的重视。这种温度的辐射落在微波波段，但对于射电天文学正在起步的20世纪50年代，要想探测几开温度的微波辐射简直是异想天开。不久，伽莫夫离开华盛顿大学去了科罗拉多，转行从事生物学的研究，后来在DNA的领域中又创出了一番新天地，那是后话。随着研究小组的散伙，关于大爆炸余辉的预言也渐渐地"人走茶凉"了。

无独有偶，除了伽莫夫小组外，当时还有一个探测微波背景辐射的小组，为首人员是普林斯顿大学的迪克教授。他们用自制的仪器居然探测到20开的微波背景，巧合的是，1948年他们发表这个结果的文章正好与伽莫夫的"αβγ"论文出现在同一杂志同一卷上，更有趣的是彼此居然都不知道对方的文章。后来迪克也开始宇宙大爆炸和膨胀的研究，他并不知道自己在重复阿尔弗和赫尔曼的计算，他得出宇宙应当充满一种温度为10开的背景辐射。奇怪的是，迪克这时却不记得自己在10多年前做过的测量。

时间转眼到了20世纪60年代的中期。1964年，美国贝尔实验室有两位无线电工程师彭齐亚斯和威尔逊，他们于新泽西州一个小镇附近的实验室基地将一架原用于卫星通讯的天线改装为射电望远镜。由于早期的卫星通讯信号很弱，所以这架天线十分灵敏。该镇一派田园景色，宁静的环境很有利于天线的调试。起先，他们记录到一些来历不明的噪声，这在无线电中是很平常的，所有的电子元器件、周

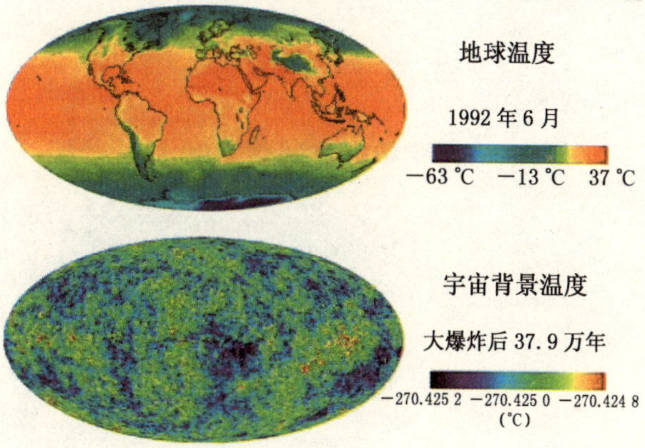

COBE卫星测定的全天空的宇宙微波背景辐射图（下）与地球温度（上）的比较，地球上温度的差别达到100℃，而宇宙微波背景辐射温度的差别只有0.0004度

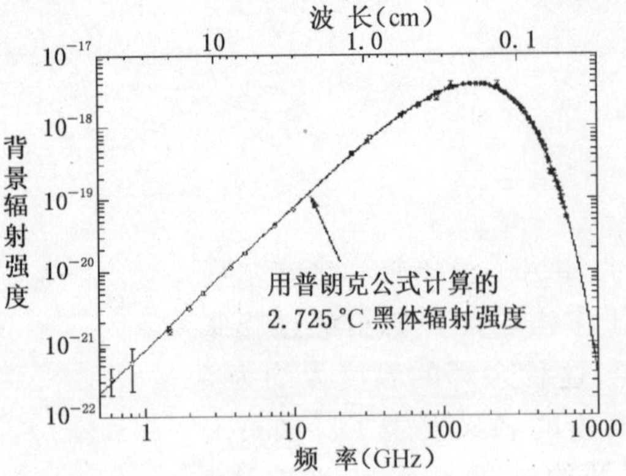

宇宙微波背景辐射的理论强度与各种观测(图中不同的符号)的比较

围的环境、地球大气都会产生噪声,调试目的本来就是要设法消除这种噪声。但是,当他们做了一切努力之后,依然还有 3.5 开的额外噪声。他们甚至怀疑是鸽子在天线里面作祟,对鸽巢和鸽粪作了专门的清扫,可是额外噪声依然存在,而且它与天线的方向无关,为此他们迷惑不解。

在一次偶然的机会里,彭齐亚斯将探测到来历不明的噪声一事跟麻省理工学院的伯克教授谈起,后者告诉彭齐亚斯他听说过有一种电磁辐射的背景噪声充满宇宙,并建议他去找迪克。消息终于传到了迪克的耳朵里,他们立即驱车赶到实验室基地,理论与观测终于会合了,迪克证实这种额外噪声就是他们梦寐以求在寻找的宇宙微波背景辐射,大爆炸理论终于获得了强有力的观测证据。1978 年彭齐亚斯和威尔逊获得了当年的诺贝尔物理学奖,遗憾的是,创立大爆炸理论的勒梅特和伽莫夫都没有享受到这份殊荣,他们先后于 1966 年和 1968 年去世,按诺贝尔奖的规定,它从不授予死人。

在这以后的 30 多年里,天文学家对宇宙微波背景辐射进行了反复测量,特别是 1989 年和 2002 年分别发射了宇宙背景探测卫星(COBE 卫星)和威尔金森各向异性探测卫星(WMAP 卫星),准确地测定了背景辐射的温度,得出当年大爆炸的余热到今天已经降到了 2.725 开,它们是大爆炸后宇宙空间中热辐射的余辉。更有趣的是,宇宙不同方向上的微波背景辐射几乎相同,差别不超过十万分之一。宇宙学家非常的诧异,为什么背景辐射这样均匀?这个问题难倒了大爆炸宇宙论,不过,却催生出宇宙的暴涨理论。

(傅承启)

宇宙微波背景辐射

2003 年初,威尔金森微波各向异性探测器(WMAP)的探测结果否定了某些具体的宇宙暴涨模型,但总体而言仍然符合广义的暴涨理论。此外,WMAP 还证实了有一片“中微子海”弥散于整个宇宙,这清晰地说明了最早的一批恒星诞生时曾经用了约 5 亿年的时间才形成所谓宇宙雾,从而开始在原本黑暗的宇宙中发光。

划破宇宙黑暗的第一缕星光

几乎所有的天文学家和物理学家都同意一点，即我们是处在一个由简单走向复杂的宇宙之中。大爆炸以后，宇宙变得越来越冷，越来越暗，当宇宙的温度降低到了能使质子与电子结合成中性原子的程度，就形成了中性氢，同时形成的还有中性氦和其他极少量例如锂等轻元素的原子。这时候的宇宙处在黑暗之中，直到大约1亿年后第一批恒星形成，宇宙才重新出现光明。

宇宙中的第一批恒星形成于原星系云中。根据模拟计算，这样的原星系云应该在大爆炸之后约1亿年到2.5亿年之间悄然露面，它们是直径约为30至100光年的小尺度系统，质量在10万到100万个太阳质量之间。这些原星系云，与现在的星系有一个根本区别，即不含重元素。宇宙中几乎所有比氢和氦更重的元素，都是通过恒星内部的热核聚变和恒星死亡时发生的一些核反应过程生成的。在第一批恒星形成之前，它们自然都不存在。因此，在天体物理学中，把除了这两种元素以外的其他所有更重的元素称为“金属”元素，以显示它们与氢和氦两种元素的不同来源。当然，对于氦元素，也有不小一部分来自恒星内部的热核聚变。

原星系云中的气体在自身内部的万有引力作用下收缩，密度变大，同时引力势能转变成热能，温度上升到1 000开以上。在这种稠密的热气体中，只能形成极少量的氢分子，同时使这些区域的温度降低到200～300开。温度的降低使得气体压力也随之降低，从而使它们能够收缩成一些靠引力结合在一起的团块，而第一批恒星就是从这种团块坍缩形成的。

通过计算机模拟，科学家初步掌握了有关第一批恒星特性的一些推测数据。根据这些推测，宇宙中最早一批恒星的质量是太阳的100到1 000倍，半径是太阳的4到14倍，光度是太阳的100万到3 000万倍，温度为10万到11万开，寿命只有300万年。相比之下，太阳的寿命约为100亿年。这批宇宙中最早的恒星，由于不含金属，它们内部的热核反应与含有金属的大质量恒星有很大不同。在恒星内部发生的氢聚变成氦的反应有两种，一种是质子链式反应，还有一种是碳氮氧循环反应。后一反应的产能率比前一反应高得多，可是必须有少量碳、氮、

宇宙中最早的恒星在原星系云中形成

氧元素存在作为催化剂。

含有金属的大质量恒星，以碳、氮、氧循环反应为主。最早的恒星不含有碳、氮、氧这些“金属”元素，只能进行质子链式反应，单位质量的氢聚变成氦所产生的能量比较低。因此，它们的核反应区必须更热、物质密度更高，与太阳相比单位时间内必须有远远多得多的氢聚变成氦才能产生出足以抵消引力的能量，其表面层也将更热，并且寿命也就远远比太阳短得多。

最早的恒星有效温度极高，因此，宇宙中最初的星光主要是这些极热恒星发出的紫外辐射。在这些恒星形成之后不久，紫外辐射便开始加热它们周围的中性氢与中性氦的气体并使这些气体电离。随着越来越多的恒星陆续形成，恒星周围的电离气团开始相连，而星系际气体也被电离。电离后的气体变得透明，于是宇宙重见光明。

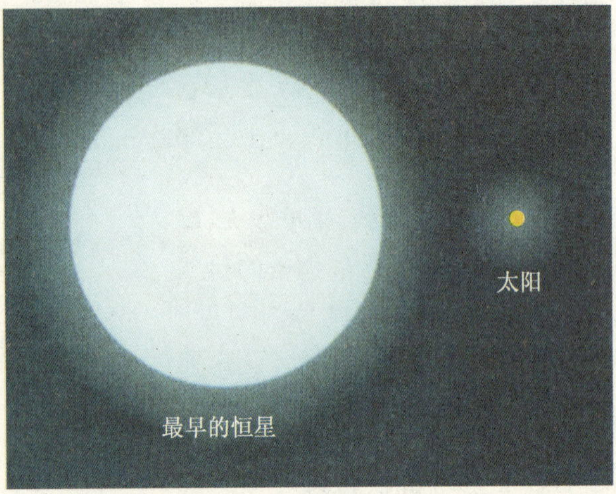

宇宙中最早的恒星与太阳的比较

几百万年以后，当这批最早的恒星走到它们短促一生的终点时，其中的一部分恒星变成超新星爆发，质量最大的恒星则变成黑洞。在此过程中，这些恒星通过星风和超新星爆发，把它们一生中通过核反应生成的各种重元素输入到星际和星系际气体中，使得这些气体开始含有金属元素，第二代恒星就将由这种含有金属元素的气体形成。

（王家骥）

引力，最后的赢家

恒星内部始终存在着两种敌对的势力——引力与压力，无论是从分子云诞生还是在爆发中走向死亡，都是这两种力的斗争产物或斗争牺牲品。引力力图将恒星物质吸引到越来越小的范围里，但是它遭到了内部压力的抵抗。这两种力在恒星生存的大部分时间里平安相处，现在的太阳就是这种情形，而且还可以平安相处三五十亿年。发生在恒星核区里的热核反应维持着恒星内部的温度和压力，微妙地平衡着恒星自身的引力。但是这种平衡是以消耗恒星内部核燃料为代价的，一旦燃料耗尽，热压力遽然下降，平衡遭到破坏，引力将无情地把物质拉向恒星中心，恒星的收缩使得引力更快地增强，引力的增强又使收缩更快地进行，像滚雪球似的，恒星收缩得越来越快，最后收缩变成坍缩，坍缩将无情地进行下去，直至出现新的压力建立新的平衡。一旦恒星残骸质量超过太阳 2 到 3 倍时，引力成为绝对的赢家，所有的物质都被越来越强大的引力拉向恒星中心，即使光子也无法逃脱，一切都从我们的视线中消失，恒星残骸成了一颗不可见天体，这就是黑洞。

这种黑洞形成的思想早在 200 多年前就已经有人提出，他就是英国地质学家兼天文学家米歇尔。在那个年代科学界盛行光的微粒说，认为光微粒跟普通物质一样也受引力的作用，因此，光的速度不是无限的。1728 年，天文学家布拉德雷准确地测定出光的速度为每秒 295 000 千米，证实了光速的有限性。既然光速是有限的，那么就可能发生光线也被引力吸住而逃脱不掉的情况，只要天体质量足够的大。米歇尔就是这样想的。他在 1783 年提出，假如有一颗密度像太阳又比太阳大 500 倍的恒星，那么星光也因自己的引力吸引而返回恒星。这时我们将看不见这颗星，他将这种恒星称为“暗星”，这是黑洞最早的名称。15 年后，数学家兼天文学家拉普拉斯在《宇宙体系论》中也提出了同样的见解。他认为一个密度如地球而直径为太阳 250 倍的发光天体，由于引力吸引，光线将不能离开它。他得出结论说：宇宙中最大的天体可能是完全看不见的。进入 19 世纪后，光干涉实验使得光的波动说成为当时的流行学说，光波是不可能受引力吸引的，于是拉普拉

物体弯曲了周围的时空，质量越大，弯曲越严重，从物体旁边经过的光线只能沿弯曲的时空运动。对于黑洞，视界内的时空被完全弯曲，光线也不可能从中逃逸

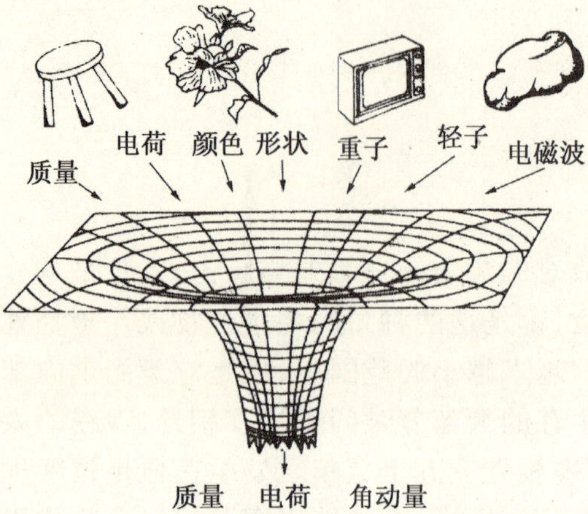

黑洞像一个无底的漏洞，将不同特征的一切物质和光都吞噬下去，只剩下质量、电荷与角动量三个特征

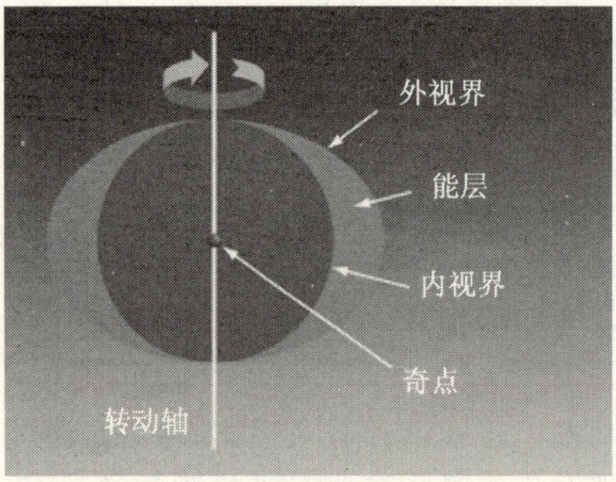

旋转黑洞的结构，进入能层的光线还可以离开黑洞，但是进入内视界的光线将永远消失。对于不转动的黑洞，外视界、内视界和能层合成一个视界

斯的“不可见星”或“暗星”说被视作疯狂的念头，并随之销声匿迹。

1915 年爱因斯坦发表了广义相对论，1916 年德国天文学家史瓦西根据广义相对论立即提出了黑洞的设想。1939 年，美国物理学家奥本海默也指出，一颗质量足够大的恒星，在自身引力的作用下，将坍缩到它的引力半径范围以内，使它发射出的光子都不能逃出这个范围。1967 年美国理论物理学家惠勒在一次演讲中首先创造了“黑洞”的名称，以刻画这种天体黑得不可见和落入其中永不返回的特征，从此，黑洞的名称被流传开来。

什么是黑洞？黑洞就是包括光在内的一切物体都不能从中逃逸的时空区域。例如一颗质量很大的恒星在发生超新星爆发后，就有可能形成黑洞。黑洞的引力如此之强，它不断地吞噬周围的物质，无论是物质还是光，一旦进入黑洞的时空区域，就将永远地消失，这个时空区域的边界称为视界。视界大小决定于黑洞的质量，质量越大，视界半径也越大。要是太阳成为黑洞的话，半径只有 3 千米，假如地球变成黑洞，半径只有 1 厘米。黑洞的中心称为奇点，因为那里体积为零而密度无限大，一个物体一旦进入黑洞的视界就将永不返回地掉向奇点。黑洞内部究竟发生了什么，我们一无所知。

（傅承启）

探测引力波的望远镜

迄今为止，人类对于周围世界的认识几乎全部来自宇宙天体的电磁波，从光波、无线电波、红外光、紫外光到X射线、γ射线，每开辟一个新的观测波段，人类的“眼界”就会发生戏剧性的变化，对宇宙就有一种更新更深刻的认识。今天，科学家正在力图开辟另一个崭新的观测窗口，那就是探测完全不同于电磁波的引力波。一旦人们“看到”了引力波，一个崭新的世界将会突然展现在我们的面前，也许会引起人类知识库翻天覆地的变化，将人类带入一个前所未知的认知领域。

引力波的重要性是无可置疑的。例如，人类目前认识宇宙演化史的最古老“化石”就是宇宙微波背景辐射，这是我们可以捕捉到的最古老的宇宙大爆炸遗迹。但那已是大爆炸37万年后残留的余辉，在此之前宇宙没有提供任何电磁波辐射。然而引力波不同，在宇宙诞生的最初瞬间，各种事件都会产生强大的引力波。当宇宙处于迅速膨胀的暴涨阶段，宇宙的密度突然下降，原始的引力波能不受妨碍地穿过原初宇宙的最高密度区域。如果能捕捉到它们，那我们将可追溯到比微波背景辐射更为久远的时代，获得大爆炸最初瞬间原初宇宙的宝贵信息，或许只有引力波才能提供宇宙诞生的确切证据。可是怎么能够捕捉到引力波呢？

正如电磁波引起接收天线振荡一样，当引力波经过物体时，也使该物体以一定方式振荡，引起两个物体之间的距离在短暂的时间内变小或增大，或者引起一个固体的不同部分沿不同方向发生移动，即出现形变。当然，这种变化或变形是极微小的。设想有两个物体分别处在太阳上和地球上，当超新星爆发产生的引力波通过这两个物体时，它们之间的距离只发生一个原子直径大小的变化。显然，引力波的能量越大，物体距离的变化或物体变形也越大，这就启发我们该怎么建造引力波望远镜。

设在美国路易斯安那州的激光干涉仪引力波观测站（LIGO计划）

最早建造探测引力波望远镜的是美国马里兰大学的韦伯，他在20世纪60年代设计了一个很大的铝质圆柱棒当作耦合引力波

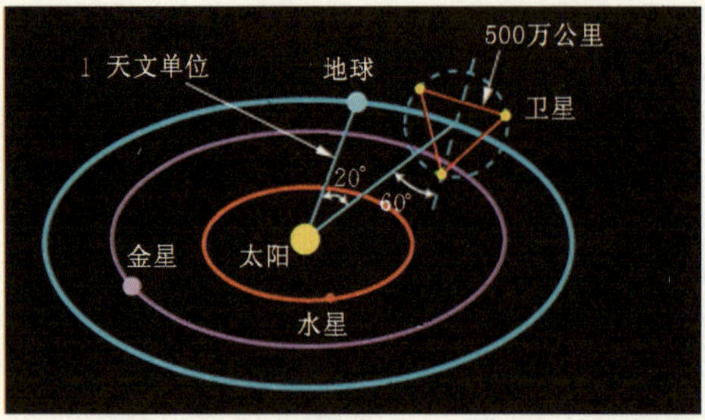

定于 2011 年发射的激光干涉仪太空天线在地球轨道上的位置

的天线，在引力波作用下棒的长度会发生变化，棒上安装有许多压电石英，将棒长度变化转换成电信号，测量电信号就可以知道是否探测到引力波。为了印证收到的信号属于真实的引力波信号，韦伯造了两个棒状天线，相距 1 000 千米。1969 年，韦伯声称找到了引力波，因为两个铝棒都记录到同样的信号。韦伯的实验引起很大轰动，但是随后许多人都重复做了类似的实验，它们却否定了韦伯的结果。尽管这样，韦伯的实验成为引力波天文学的里程碑，从此探测引力波的实验如火如荼地发展壮大起来。

引力望远镜完全不同于光学望远镜，后者观测时都是瞄准一个特定的天体，捕捉该天体射来的光波，而引力波望远镜对所有方向来的引力波都将同时进行监测，因此必须对收到的信号做认真细致地分析，才能识别它的引力波波源来自哪个方向。为此，科学家设想将世界上现有和在道的引力波探测器联合起来，构成一个地球大小的多台站系统，它们组成一个检测引力波的国际网络，这样可以更精确地确定引力波波源的位置。

不过，现有设备都是建在地面上的，受地面噪声的限制，而且监测的引力波频率也被限制在 1 赫兹以上。为此，美国正与欧洲航天局合作，从 2001 年开始共同建造一个激光干涉仪太空天线(LISA 计划)。该计划要发射 3 颗卫星，它们组成一个边长为 500 万千米的巨大三角形，相互之间以激光束相连。这样就可以通过测量 3 颗卫星两两之间的距离变化，确定卫星因引力波通过而产生的微弱位置变化。LISA 除了有极长的臂长之外，它能够探测低于 1 赫兹频率的引力波，可配合地面干涉仪的探测，彼此相互补偿。卫星计划在 2011 年发射，它们将停留在地球的公转轨道上与地球同步环绕太阳运行 5 年。由于 LISA 比以前探测设备的灵敏度高出 100 倍，届时，或许会给人类带来莫大的惊喜。

（傅承启）

引力波与脉冲双星

物体之间的引力又是通过什么发生作用的呢？在牛顿的理论中，引力是不需要媒介的，它瞬时发生并具有超距作用本领。后来，科学家发现了电磁力和电磁场。受此启发，科学家相信，任何有质量的物体一定在其周围建立起另一种特殊的物质场，物体之间的引力作用正是通过这种物质场发生的，他们称这种物质场为“引力场”。

任何有质量的物体，周围都存在引力场，当物体静止不动或者匀速运动时，引力场是稳定的。如果物体受到作用力而改变自己的运动状态时，物体周围的引力场就会受到扰动，这种扰动就会产生波动并以光速向四周传播，这种波就是引力波。加速运动的物体会产生引力波，这就是爱因斯坦在 1916 年根据广义相对论所作的理论预言，也是迄今为止惟一一个没有被直接验证的爱因斯坦预言。

任何物体无时无刻不在变化的运动之中，因此也无时无刻地辐射引力波，可以说，引力波无处不在。例如，地球绕着太阳运行就会发出引力波，并由此而损失能量，渐渐地沿着螺旋线越来越落向太阳。但是，我们从来没有观测到地球正在落向太阳，也没有察觉到任何引力波的存在，这是为什么呢？是爱因斯坦预言不正确吗？关键在于引力波太弱，维持原子的电磁力要比引力强 10 万亿亿亿亿倍，因而引力波又是自然界中最微弱、最不易察觉的波，它不会产生我们通常能察觉到的任何效应。例如，地球绕太阳公转时引力波的辐射功率只有约 200 瓦，比起地球公转的动能来实在微不足道，即使在太阳系存在的百亿年中，它落向太阳的距离也不到半个厘米。如此微弱的引力波，加上引力波可以毫发无损地通过周围物质的特性，使得引力波的探测难上加难。

1974 年两位美国天文学家泰勒和赫尔斯在观测和研究脉冲星时，发现了一颗不寻常的脉冲星 PSR 1913＋16，这颗脉冲星发射的射电脉冲与别的脉冲星不同，脉冲的间隔会周期性地发生变化，显然，这里不止一颗脉冲星，它一定有颗伴星，也就是说它是

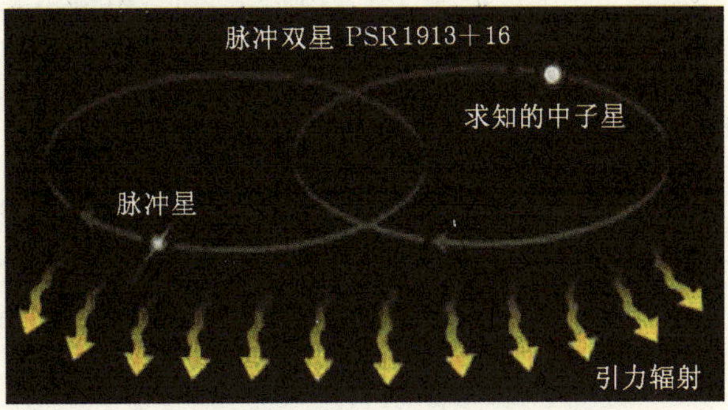

脉冲双星 PSR 1913 + 16 在相互绕转的过程中发射引力波

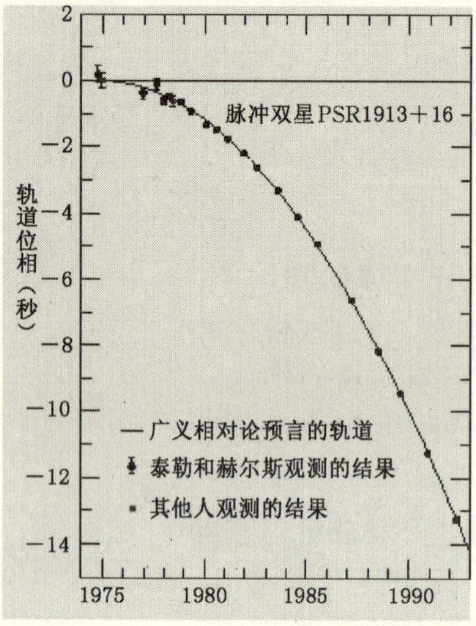

脉冲双星 PSR 1913＋16 在 1975～1992 年间的轨道变化，实线为广义相对论计算的轨道变化，黑点是观测的结果，彼此符合得很好

颗双星，更重要的是他们发现这两颗星都是脉冲星，这是第一次发现的脉冲双星，后来还发现这对脉冲双星彼此靠得很近，只有月地距离的几倍，每 8 小时不到就绕转一周。所有这些特点使得这颗脉冲双星成为天然的广义相对论实验室。按照爱因斯坦关于引力波的预言，双星的转动要辐射引力波，结果造成双星系统能量减小，两颗星彼此靠得越来越紧、旋转得也越来越快，使得轨道转动的周期越来越小。所以，原则上测量双星轨道的转动周期，定出周期的变化率便可以检验关于引力波的预言。但是通常的双星或是质量不够大，或是相距甚远，以致引力辐射非常弱，结果确定双星的轨道周期的误差远远超过广义相对论预言的数值。但是，泰勒和赫尔斯发现的双星是对脉冲双星，脉冲星的质量通常是太阳的几倍（后来测定发现它们的质量分别为太阳的 1.44 倍和 1.39 倍），而且这对脉冲双星又靠得特别近，彼此物质受到的扰动也特别强烈，因此会有很强的引力辐射。更有利的是，脉冲星通常发射的电波的脉冲频率极其稳定，PSR 1913＋16 也不例外，它的脉冲频率为 16.940 539 184 253赫兹，误差仅仅发生在小数点后第 12 位数字上，精确程度甚至赛过一台原子钟，这就给引力波的检验提供了一台准确的计时钟，将引力波引起的电波频率变化准确地记录下来。泰勒和赫尔斯坚持不懈地观测这对脉冲双星，精确地测定它们的转动周期，经过几年的精心努力，他们终于得到了该双星的轨道周期的变化率，结果是每年大约减小百万分之七十五秒，这与用广义相对论计算的数值极为吻合，相差不超过千分之五。1978 年末，泰勒和赫尔斯公布了他们的成果，引起了学术界的极大轰动。

脉冲双星 PSR 1913＋16 轨道周期的变化率间接地证实了爱因斯坦预言的引力波，再一次高精度地验证了爱因斯坦的引力理论。鉴于引力波的重要性，1993 年泰勒和赫尔斯被授予当年的诺贝尔物理学奖。后来，赫尔斯较早地离开了脉冲星及射电天文研究，但是泰勒及他的学生们却对脉冲星进行了长达 18 年之久的连续观测。

泰勒和赫尔斯的工作虽然极为出色，但是它仅仅是引力波探测历程的开始，而且它毕竟还只是间接证据，我们还没有真正地捕捉到引力波。因此，引力波的探测还任重而道远，并将是科学家下一步的宏伟目标。

（傅承启）

宇宙的归宿

世间万物，都是有生有死，这是自然界不可抗拒的规律，宇宙也不例外。大爆炸是宇宙的起点，从那一瞬间起，宇宙也在走向生命的另一端。那么，我们的宇宙最后的归宿是什么呢？

从诞生以来，宇宙已经历经了 137 亿年，在这百亿多年中，宇宙一直在向外膨胀，从最初 10^{-33} 厘米半径膨胀到今天的 10^{28} 厘米。那么，它将永远地膨胀下去，还是有朝一日停止膨胀并反过来重新收缩呢？这涉及推动宇宙膨胀的动力与阻止宇宙膨胀的引力之间的竞争。

宇宙的命运取决于现在的宇宙物质密度。当宇宙物质密度低于某个数值时，它们的引力将无力阻止宇宙的继续膨胀，宇宙将永远加速膨胀下去，这种宇宙称为开宇宙。当宇宙物质密度高于该数值时，它们的引力将阻止宇宙的继续膨胀，宇宙膨胀将逐步减速，最后膨胀速度变成零，然后宇宙开始收缩，重新回到宇宙大爆炸的起点，这种宇宙称为闭宇宙。这个数值称为临界密度，表示区别开宇宙和闭宇宙的物质密度，从理论上得知它等于每立方米 6 个氢原子质量。最后一种情况是，当宇宙物质质量等于临界密度时，宇宙膨胀的速度将不断地减慢并无限地趋近于零，宇宙将永远地膨胀，但是膨胀得越来越慢，这称为平直宇宙。

假如宇宙永远膨胀下去，物质密度将越来越稀疏，天体间的距离越来越大，星际尘埃气体很难再集聚起来形成恒星，随着老一代恒星的逐渐死亡，新生的恒星越来越少，恒星的数量也就越来越少，宇宙变得越来越暗。当所有的恒星都死亡之后，浩瀚的太空中留下的只是些黑洞、中子星、白矮星、黑矮星、行星，以及残余的气体尘埃。由于引力辐射，这些剩余的天体还在损失能量，彼此渐渐地接近、吞并，其中不少为星系中心的大黑洞所吞没。在 1 亿亿亿亿年后，质子也开始衰变，变成正电子，只要有足够长的时间，所有剩余的白矮星、黑矮星、行星、彗星、气体云、岩石、尘埃都因质子的衰变而消失，只留下电子和正电子的混合体。这些正负电子一旦相遇将跳起死亡之舞，最后在一阵闪光中湮没消失。由于宇宙还在不断地膨胀，物质越加稀疏，最后连正负电子也不可能相遇。10^{100} 年过去了，超大质量的黑洞也已蒸发，宇宙中就剩下光子、中微子，少量的正负电子、质子及其他的粒子，而且它们彼此还在继续地远离。宇宙真正进入了一个萧瑟荒凉、空虚冷漠、死气沉沉的状态。然而，宇宙还在不断地膨胀。

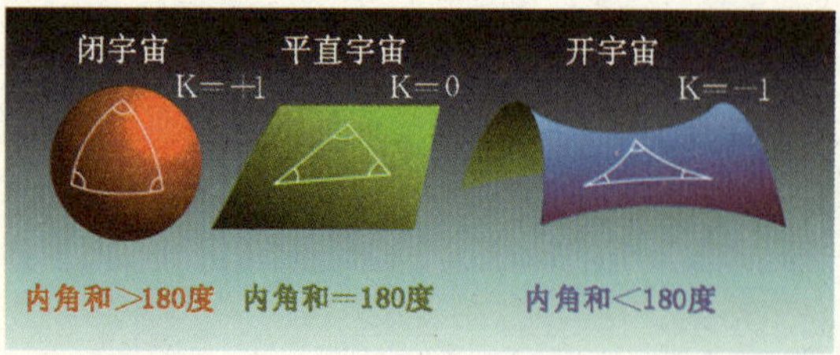

几何曲率为正的闭宇宙（左）、为负的开宇宙（右）和等于零的平直宇宙（中），K是宇宙的几何曲率，表示宇宙时空的弯曲程度。在不同的几何里，三角形的内角和是不同的

另一种可能性是宇宙有一天会停止膨胀并开始收缩，这时的情况甚至更糟。假如是这样，我们连宇宙什么时候会收缩都不知道，譬如1 000亿年以后，即使收缩开始了，由于光速的有限性，我们也不会知道，当天文学家观测到宇宙收缩时宇宙也许已经收缩了几百亿年。宇宙的收缩与膨胀在时间上是对称的，收缩的过程会渐渐地加快，宇宙越来越小，宇宙背景辐射温度会渐渐地上升，从接近绝对零度的温度重新回到3开。当温度到达200开时，地球上的热量已经散发不出去了。随着收缩步伐的加快，收缩渐渐变成了坍缩，宇宙体积急剧变小，温度急剧上升。最后，天空从淡红的光辉很快变成黄色、白色，这时整个宇宙成为一个大熔炉，在灼热的环境中，人类已经没有生存的可能。恒星因热量散发不出去而发生爆炸，空间里充满了各种带电粒子。温度还在上升，几千开、几万开、几亿开、几十亿开……最后连原子核也无法存在，分裂成质子、中子，宇宙又回到了初期状态，被熬成了一锅基本粒子汤，宇宙剩下了最后几光年的空间。然而，坍缩还在继续，温度还在上升，连质子、中子也都分裂成夸克。最后的时刻到来了，物质与空间都被碾得空空如也，一切都不再存在，曾经灿烂辉煌的宇宙不再留下一丝回忆的痕迹，宇宙又回到它的起点——时空奇点。

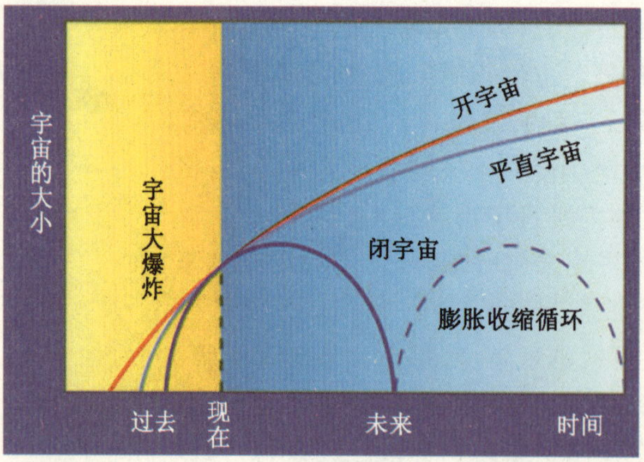

宇宙的三种不同的归宿

稍微值得庆幸的是，我们今天的宇宙基本上是平直的，我们可能要面对的只是前一种开放式的宇宙。今天的观测表明，宇宙物质密度（亮物质加暗物质）只有临界密度的1/3，还有2/3的物质密度以暗能量的形式存在，因此它们没有足够的引力减慢宇宙的膨胀。观测表明，今天的宇宙膨胀不但没有减速，恰好相反，在暗能量的推动下宇宙膨胀正在加速。当然，现在还很难说这种加速是否会变化。假如没有任何变化的话，那么荒芜冷寂将是宇宙最后的归宿。

（傅承启）

宇宙的年龄

盘古开天，是我国古代流传下来的神话。公元3世纪三国时代吴国徐整所著的《三五历纪》中说道："天地混沌如鸡子，盘古生其中。万八千岁，天地开辟，阳清为天，阴浊为地。"他说宇宙已经万八千岁了，其实那只是宇宙诞生于"很久很久以前"的另一种说法。所以，在20世纪20年代末以前，人类相信宇宙是永恒的，在时间上是无限的，没有开端，也没有终结，当然也是无法用年龄计量的。但是美国天文学家哈勃的发现改变了一切。

20世纪20年代中期，在天文界延续了近200年的一场大辩论终于结束了，那是一场关于星云究竟是不是都是在银河系内的论战。崭露头角的哈勃通过出色的观测，在一些星云中发现了一些造父变星，这些"量天尺"无可争辩地证明了这些星云位于银河系外。不知什么原因，哈勃始终称呼这些星云为"非银河星云"、"河外星云"，拒绝使用"星系"的称呼，但是"星系"的名称终于成为非银河星云的专用天文名词并流传至今。有了这个工作的基础，哈勃开始全身投入河外星云距离和速度的测定工作。在美国威尔逊山天文台工作的哈勃有两个极为有利的条件，一是他拥有当时世界上最大的2.5米反射望远镜，能够看到最暗最远的星系；二是他有一个杰出的观测助手赫马森。赫马森有个传奇色彩的经历，在成为正式观测助手之前他只是威尔逊山天文台的看门人。赫马森少年时代到威尔逊山上夏令营时爱上了天文，他拒绝返回学校，在山上开始了工人的生涯，那时他才14岁。赫马森在山上当过打铃人、服务员、驴夫，为天文台洗盘子、盖小屋、运木材。夜间他偷偷地请教于正在观测的天文学家，学习观测技术。15年后他成为山上一名出色的观测能手，并被哈勃选中作为观测助手。

1929年，哈勃与赫马森根据几年的观测，发表了一篇题为《河外星云的速度与距离关系》的论文，第一次发表了遥远的星系都在远离我们的结论，而且指出：星系越远，远离的速度越快。这就

哈勃定律

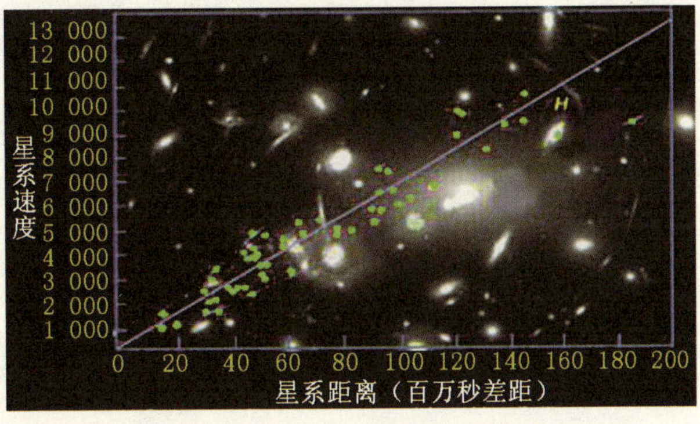

是著名的哈勃定律:星系远离(退行)的速度与其距离成正比,其比例常数写作大写字母 H,后来人们称它为哈勃常数。两年后,他们新增加了 40 个河外星云,把测定的距离扩大了 18 倍,但是原先发现的定律依然成立。1931 年 2 月爱因斯坦夫妇访问了威尔逊山天文台,这是两位宇宙学巨人的第一次会面。访问结束后,爱因斯坦对新闻界宣布他放弃了宇宙是静止的观点。哈勃的发现终于轰动了整个科学界,后来,这项发现成为现代观测宇宙学的开创性标志,还被誉为 20 世纪最伟大的宇宙学发现。

在哈勃定律中,星系远离的速度与星系的方向是没有关系的,在任何一个方向上都可以观测到星系以相同的规律远离我们。显然,哈勃的发现意味着宇宙在膨胀。今天我们看到所有的星系彼此远离,可以想到,在许多亿年前这些星系一定处于一个尺度的密集区域,这就是后来形成的宇宙起源于大爆炸的思想。结论是不言而喻的:哈勃的发现意味着宇宙的膨胀,宇宙的膨胀又意味着宇宙是有开端的,有开端的宇宙当然也是有年龄的。那么宇宙有多大年纪了呢?从哈勃定律马上可以推断,我们把星系的距离除以星系的膨胀速度可立即得出宇宙的年龄:它简单地等于哈勃常数的倒数。

哈勃第一次得到的哈勃常数为每百万秒差距 500 千米/秒,或者每百万光年 150 千米/秒,于是容易得到宇宙的年龄为 20 亿年,宇宙的年龄居然比地球上化石年龄还小!这显然是荒谬的。开始天文学家并不知道问题出在哪里,后来才发现哈勃犯了一个无知的错误:把“量天尺”用错了。造父变星虽然是一种很好的量天工具,但是它有两种不同的类型,这两种类型有不同的量天“刻度”,就像市尺与公尺,用错了尺量出来的距离就会全然不对,不过在哈勃的年代里对此是根本不清楚的。在哈勃发现后的 70 多年里,天文学家对哈勃常数进行了反复测量,发现它大致在每百万秒差距 50～100 千米/秒,或者每百万光年 15～30 公里/秒,这样我们的宇宙的年龄在 100 亿年到 200 亿年之间,所以,以前天文学家常常采用 150 亿年这个数字。21 世纪初,天文学家根据天文卫星最新测量精确地得出:我们的宇宙现在高寿 137 亿年,误差不超过 2 亿年。

(傅承启)

宇宙灯塔

脉冲星是20世纪60年代的四大天文发现之一，它是英国剑桥大学教授休伊什和贝尔博士在1967年发现的。著名的宇宙学家霍伊尔在脉冲星发现之初就曾经猜测，它们不是白矮星，而是超新星爆发后的残骸！不久，天文学家在蟹状星云方向也发现了周期为0.03秒的脉冲信号，那里正是1054年超新星的位置，蟹状星云就是它爆发后的余迹。脉冲星确实是超新星爆发的遗骸吗？问题很快就有了答案。1969年初，几位年轻的天文学家在蟹状星云中间找到了第一颗发出光学脉冲信号的恒星，证实了脉冲星与超新星的关系。

脉冲星以脉冲的形式向外辐射能量，在射电波段、光学波段、X波段和γ波段上都观测到这种脉冲式的辐射，而且脉冲的间隔非常稳定，像标准的时钟那样，周期最小的几毫秒，最大的也只有5秒。仔细观测表明，脉冲星的脉冲周期在逐渐变长。鉴于脉冲周期极其规则，天文学家认为它肯定与天体的某种周期运动有联系。休伊什最先想到的是造父变星，他以为脉冲星是与造父变星一样，依靠恒星外层的脉动（不断的膨胀收缩）产生了脉冲式的辐射，脉冲星的得名也由此而来。但是，如此庞大的恒星表层作每秒几十次甚至几百次的大幅度振荡简直是不可思议的。

于是人们想到了自然界另外一种极有规律的周期运动，那就是双星的相互绕转。但是，脉冲星的脉冲周期很短，要两颗恒星彼此每秒钟绕转几十、上百周有可能吗？有人算了一下，发现要两颗星这么高速地旋转，相互间的距离比白矮星的半径还小，除非有比白矮星密度更大的天体。于是天文学家想到了中子星。早在20世纪30年代刚刚发现中子后不久，两位天文学家巴德和兹威基就已经提出完全由中子构成的恒星的假设，它们的大小不超过十几千米，却有着恒星般的质量，这使中子星物质的密度达到每立方厘米几十亿吨以上。但是，要是两颗中子星相互绕转的话，强大的引力辐射会使两颗星的距离很快缩短，脉冲周期变得越来越小，最后两颗星合并到一起，这显然与绝大多数脉冲星周期越来越长的观测结果不相符合。

自然界还有一种规则的运动，那就是自转，所有的天体都在自转。但是，高速的自转会产生离心力带来的问题，每秒几十周的自转将会产生强大的离心力而把恒星撕裂成碎片。所以对于普通的恒星，自转速度是有限度的，不能转得太快。只有那些引力非常巨大的恒星，也就是密度很大

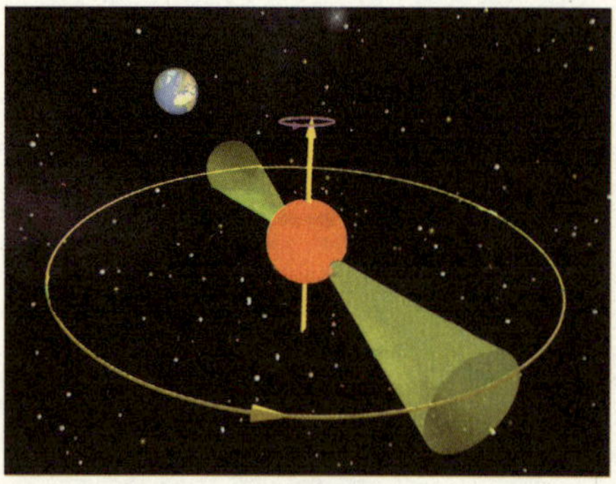

“宇宙灯塔”中子星的辐射随它的自转扫过地球

的恒星才能高速旋转，例如白矮星可以每秒钟转 1 周，不过假如让它以蟹状星云脉冲星的速度去自转，它也是要被离心力扯碎的。只有密度更大的恒星，才能这样快地自转。显然，高速转动的中子星是不会被撕裂的。后来，观测也证明脉冲星的直径不会大于几十千米，这正好符合中子星的尺度。因此，脉冲星就是高速自转的中子星的观点，也就很快为大家所接受。

中子星的自转非常快，其道理与冰上芭蕾舞演员通过收回双手到胸前来加快旋转是一样的，恒星的坍缩使得残骸的旋转加快。像太阳大小的恒星，一旦收缩到 10 千米大小，它自转的速度将变快几十亿倍，原来 27 天的转动周期就会变成千分之一秒了。所以，脉冲星发射脉冲的周期就是中子星转动的周期，由于中子星内部已经没有核能，它只能依靠转动能维持自己的辐射。随着转动能的消耗，中子星自转会慢下来，周期逐渐变长，这也正是观测到的情形。

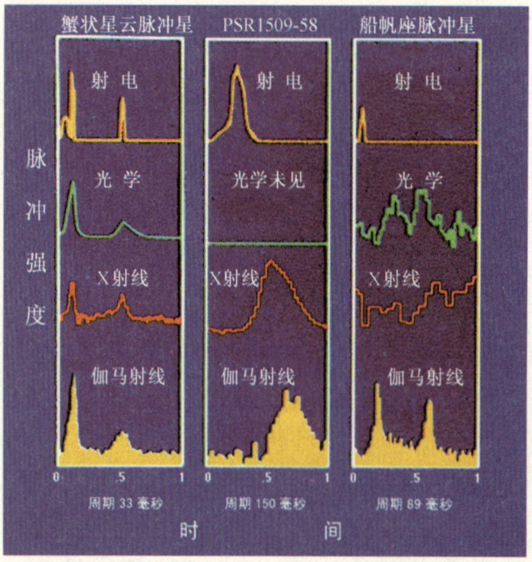

3 颗脉冲星的脉冲观测记录

至于中子星为什么会产生脉冲式的辐射，与中子星表面有很强的磁场是分不开的。由于坍缩，恒星原先的磁场也被压缩到很小的体积里，磁力线变得非常紧密，磁场强度甚至高达数百万亿高斯。在这种磁场的作用下，中子星周围的带电粒子几乎被加速到光速，它们沿着磁力线流向磁极，这种带电粒子流在加速运动中会产生很强的锥状辐射，当它们撞击在中子星极区表面时也会产生很强的 X 辐射。中子星的磁轴通常与自转轴是不重合的，就像我们地球一样。于是，这种锥状辐射像一束探照灯光，随中子星的自转在宇宙中扫描，一旦扫过地球，我们便能观测到一个脉冲。中子星不停地转动，使得“探照灯光”一闪一闪，就像遥远的灯塔，在我们看来，它表现为一颗脉冲星。

（傅承启）

诞生高等智慧生命的苛刻条件

生命不可能出现在像太阳那样自身发光、发热的恒星上，但生命的存在又须臾不能离开恒星的光和热。因此，生命只能出现在恒星周围并围绕恒星运转的行星上，这是诞生生命以及高等智慧生物的基本条件。

生命从最简单的形态进化到高等生物需要十分漫长的时间。地球上大约在 35 亿年前出现了比较高级的单细胞生物。10 亿年前因进化而生成比较高级、复杂的多细胞生物。4 亿年前，各类植物和动物相继出现。北京人是在约 69 万年前才出现的，而人类有文字记载的历史不过只有 4 000 年左右。

为了更形象化地认识这一点，我们引入所谓"宇宙时标"。现在假设 1 宇宙年＝50 亿年，那么 1 宇宙日＝1 400 万年，1 宇宙秒＝160 年。用这一时标，宇宙大爆炸发生在 3 年前。第三年的 1 月份，太阳和地球先后形成。单细胞生物出现在第三年的 3～4 月，到 10 月下旬进化成高级复杂的多细胞生物。植物和动物出现在 11 月底，而 12 月 15～25 日这 10 天是恐龙的生存期。12 月 31 日 23 时北京人出现了，现代人则是在除夕之夜的最后 5 分钟才得以诞生的，而人类开始有文字记载之时，离开新年钟声敲响就只剩下 30 秒了。在这样的时标中，高科技时代的到来几乎只是在最后的一瞬间，比如人类是在旧历年的最后 0.3 秒时才发射了第一颗人造地球卫星。

由此可见，高级智慧生物的进化过程大约需要 40～50 亿年的时间，而诞生拥有高科技手段的高等生物，只是这一过程中最后非常短的一段时间内发生的事。在这段漫长的时间内，行星和它的母恒星必须保持稳定。恒星的质量越大，恒星的寿命就越短。大质量恒星的寿命只有几百万到几千万年，它的周围即使有合适的行星并诞生任何形式的生命形态，但却没有足够的时间进化为

不可一世的恐龙在 6 500 万年前突然灭绝

高级智慧生命。因此，高等生物只能在像太阳那样的恒星周围的行星上出现。太阳能够像现在这样稳定发光、发热的寿命约为100亿年。

恒星周围一定像太阳那样有行星甚至有多颗行星吗？答案是否定的。近期的研究表明，在太阳系外有些恒星的周围确有行星存在，有的还不止一颗。不过，这类行星都是通过间接的方法推算出来的，由于它们离开恒星太近，目前的技术水平还不能直接观测到，更不要说去研究它们的详细性质了，因而无法明确区分它们究竟是类地行星还是类木行星，更谈不上去研究这些行星上的环境是否适合于生命的诞生和进化。

有行星不等于有生物，更不等于有高等生物。这是指行星到母恒星的距离必须恰到好处，或者说必须位于所谓的“生态圈”内——既不能离开恒星太近，又不能太远。生态圈的范围是很窄的，而且随恒星的不同而不同。1977年，美国航空航天局的哈特曾经证明，对太阳系来说，我们到太阳的距离比现在的位置再靠近5%，地球上就不可能存在生命，而只要离太阳再远1%地球也会彻底冻结。这是一个非常苛刻的条件，也许，这正是迄今没有在火星或太阳系其他地方发现有生命的原因。

满足以上各种条件的行星还不一定有生命诞生。须知，要有生命出现，行星上必须存在合成生命所必要的各种化学元素，比如由纯铁构成的行星就不可能有生命诞生。在这个问题上，人们的看法分歧很大。一种观点认为，地球上的生命是自然进化的结果，因此，如果其他行星上也有生命存在，那么它们的基本样式应该与地球上的生命没有本质上的差别，比如也要喝水，需要呼吸氧气等等。另一种观点则与之相反：其他行星上可以诞生并进化成与地球上生命完全不同的生命形态，比如不需要喝水，或者呼吸另一类气体。可惜的是，迄今我们只知道一个样本，即地球上生命所具有的形态，无法对上述两种观点做出明确的是非判断。也许，第一种观点比较容易为人们所接受。要是这样的话，对能够出现生命，并进化为像人类这样高级智慧生物的行星的要求就更高了。

银河系中大约有1 000多亿颗恒星。有人曾经做过估算，如果乐观地假定每颗合适的恒星周围至少有一颗行星，它位于母恒星的生态圈内，并进一步乐观地假设一颗行星只要理论上能够形成生命，实际上确实就能形成生命，也就是说这颗行星上一定存在诞生生命和维持生命所必要的各种化学元素。那么，在银河系中这样的行星可能有100万颗。但是，要能进化成像人类那样的高级智慧生命，这个数目就要少得多了，也许只有几百颗，甚至更少。因为这些符合条件的行星的年龄可能已有80亿年,也可能只有10亿年,而对于后者即使确有生物存在,也是非常原始的,不可能进化到我们人类的水平,更谈不上掌握高科技手段了。

当然,上面的推理仅仅是一家之言,而且其中还有很大的不确定性。不管怎么说,宇宙中能够进化出高级智慧生命的行星肯定是存在的,但一定不会很多,因而外星人造访过地球的说法就更不可信了。

(赵君亮)

生命进化

生命的进化是一个极其缓慢的过程,其进程之慢完全可以同恒星演化的时间尺度相比。一种称为蓝一绿藻类的比较高级的单细胞生物早在35亿年前就已经出现了,人类这种智慧生命是在太阳形成后经过45至50亿年漫长时间出现的。因此,年轻的恒星,即使它周围存在行星,也不可能存在较高级的生命形式。另外,大质量恒星的发光发热寿命只有几百万年,对于生命进化所需要的时间来说也是远远不够的。只有类似太阳或更小一些的恒星才是合适的候选者。在我们的银河系中符合这一条件的恒星约有1 000亿颗。

并非所有恒星在形成时都会伴随有一个行星系统。在银河系内,双星约占恒星总数的一半。有一种观点认为,对于双星系统来说,即使已有行星形成,那也要不了多久,这些行星不是落到其中一颗恒星上,就是会被抛入星际空间而远离双星系统。于是,只有单星才是可能的第二轮候选者。如果乐观地假定所有单星都拥有数量不等的行星,那么,银河系内大约可以有400亿颗带有行星的恒星。

生命不可能在任何一颗行星上诞生,行星离开恒星的距离必须恰到好处。同时特别假定液态水的存在是生命存在的前提,那么,这两个条件是十分苛刻的。如果地球离开太阳的距离比现在靠近百分之五,生命就不可能存在;再远百分之一,地球会彻底冻结。恒星周围具有能维持生命所必需的气象条件的行星是极为罕见的。计算表明,能满足这一条件的第三轮候选者充其量也只有100万颗恒星。

UFO现象与外星人风马牛不相及

UFO是“不明飞行物”的英语缩写词。有意思的是，中国台湾地区把它形象地音译为“幽浮”。不明飞行物是在天空中看到的，一时还无法找到恰当解释的物体。正由于找不到现成的解释，有人就把不明飞行物与访问地球的外星人的飞船联系在一起，于是UFO便名声大振，引起人们极大的兴趣。人类太希望找到自己的地外伙伴了，所以不明飞行物一旦出现，各种媒体便争相报道，并给以种种猜测，谣传也就因此而四起。

那么，不明飞行物，或者至少某些不明飞行物确实是外星人的飞船吗？

近代的UFO热始于1947年。当时，飞行员阿诺德在飞行中看到有一个明亮的圆形物体掠过山顶，按他的描述是“像一个跳跃着越过水面的碟子”，有人把不明飞行物称为“飞碟”即由此而来。实际上，在这之前早就有目击UFO的报道，而且并不都是碟状的。比如，根据记载，1566年8月7日在瑞士巴塞尔的上空出现过一组圆形物体并朝着太阳飞去，然后渐而消失，等等。

阿诺德之后，有关UFO的报道层出不穷，且日趋离奇。例如，1988年8月，《世界周刊》报道一架UFO在西伯利亚失事，前苏军俘获8名外星人，其中更有一名孕妇，并于8月25日生下一个外星孩子。1989年11月，前苏联报道有外星人乘UFO着陆地球，等等。照相术发明后，不少人发表了所拍到的各种UFO照片。甚至有报道说，某地某时发现飞碟，空军飞机立即起飞以探其究竟，飞碟则瞬即消失，或迅速逃之夭夭，飞机追之不及。这类例子可以说不胜枚举。热衷于探索UFO现象的人们成立了协会或小组，并出版专论UFO的刊物。

英国人拍摄的“飞碟”

尽管有关目击UFO的报道数以千计，但所有此类报道均见于小报或非正规杂志，大都是转载来的消息，甚至以讹传讹、添油加醋、转载了再转载，而从未见诸正式学术刊物。事实上，超过95%的不明飞行物已经找到了成因，如流星尾迹、金星、彗星、形状奇特的云块、球形闪电等大气现象，以及大群的昆虫、人造卫星、运载

火箭，等等。

最有趣的例子也许是UFO调查员亨得利谈到的这样一件事：某日拂晓时分，一个繁忙机场的航空交通控制员正在等候某个班机的到达。当他们看到窗外的金星时，居然对这颗行星发出准许着陆的信号！亨得利总结说："这说明即使是训练有素的观察者，也会受到这颗异常明亮行星的愚弄。"如果在金星位置附近有一些在缓慢移动的薄云，而附近又没有其他参照物，不识金星的人往往会误认为金星在移动；就这样，金星已多次被人看成为UFO。

北京市民拍下的不明飞行物

换一个角度来看，如果确有外星人飞船已经来到地球，而且在长达几十年的时间中我们居然发现不了他们，那么说明这些外星人的科学技术水平显然已大大超过了地球上的人类。试想，今天人类正以科学的态度在努力探索外星生命，或设法让外星智慧生物知道地球上有人类存在，那么正在造访地球的外星人为什么始终避而不见，不愿意设法与我们联系呢？从逻辑推理上讲这是说不通的。科学的精神就是实事求是的精神，知道的就是知道的，不知道就是不知道。即使个别UFO现象一时无法解释，那么不管人言如何传说，媒体怎样报道和宣传，哪怕有人出示"证据确凿"的照片或录像片，我们切切不可轻易相信UFO就是外星人的飞船，特别是各类媒体的记者们务必牢牢地记住这一点。

法国比利牛斯山区见到的UFO

（赵君亮）

UFO研究现状

全世界约有三分之一的国家在开展对不明飞行物的研究，已出版的关于不明飞行物的专著约350余种，各种期刊近百种。世界上较大的研究机构都拥有一批专家参知这项工作，在美国，一些理工大学甚至已把不明飞行物问题正式列入博士论文的选题，一些大学和空军院校还开设了不明飞行物课程。中国也建立了以科技工作者为主体的民间学术研究团体——中国UFO研究会。在中国台湾和港、澳地区均建有类似的飞碟研究组织。中国关于不明飞行物的科普刊物《飞碟探索》于1981年创刊。

识别外星人智能的方法

假如在电波中发现了地外文明的信号,我们怎么知道它们比我们人类的文明程度更高还是更低呢?搜寻外星文明研究所的科学家找到了一种识别外星人智能的方法,一旦拦截到地外文明信号,就可以用这种方法显示出外星人的程度。有趣的是,这种方法根本不需要知道这个外星人信号究竟在说些什么!

为了用这种称为"信息熵"的方法来识别外星人的智能,科学家们先用海豚和其他动物的叫声作为研究样板,通过动物智能的测试来检验这种方法。

"熵"是物理学中的一个概念,是衡量一个系统秩序的一种量度,就像我们用温度来衡量一个系统内部分子运动的快慢那样,所以它也是系统的一个宏观物理量。我们用"温度"表示一个系统的"冷热程度",而用"熵"表示系统的"紊乱程度"。系统无序的程度越高,越混乱,熵就越大;反之,系统越有序,熵就越小。物理学家发现,一个与外界没有任何联系的孤立系统只能发生从低熵到高熵的过程,而且是不可逆的。例如,水蒸气从热水瓶里自发地挥发到房间里的空气中,但是,它绝不会从房间的空气里自发地回到瓶子里,在这个过程中,热水瓶和空气总的熵增加了。1948 年,信息论之父香农将物理学"熵"的概念引进了通讯理论中,这就是"信息熵",它用来衡量信息中的无序性,即衡量信息是杂乱无章的,还是包含一定的规律的。除了引进之外,香农还进一步把熵划分成各种等级:零阶熵、一阶熵、二阶熵等等,用来评价一个通讯系统的复杂程度,阶数越高,这个系统越复杂。

零阶熵刻画组成信号的元素(例如字母、词汇、音素、叫声等等)的数量。例如,英语中用 27 个字符(26 个字母和 1 个空格)来表达一件事。假设每个字符出现的概率均等,都是 1/27,对这个概率以 2 为底取对数并乘以-1,我们就获得英语的零阶熵为 4.755。实际上,各个字符出现的概率是不相等的,研究发现,英语中空格出现的概率最大,字母 E 其次,而字母 JQZ 出现的概率最小。因此,英语实际的零阶熵为 4.046。零阶熵也常常被称为信息量。

一阶熵量度的是每个元素在语言中出现的频数。至于二阶以上高阶熵都是与事件预测有关。以英语为例,如果你知道一个英语短语的第一个词,二阶熵能告诉你猜对第二个词的概率有多大,三阶熵能告诉你猜对第三个词的概率有多大。根据对英语和俄语的分析,这类语言能达到八

也许宇宙中存在将人类视同为海豚的高智商外星人

阶或九阶熵。这意味着如果有一个短语知道了前面8个词，你有一定的概率预测出第九个词是什么。当然，这种“掷骰子”的游戏也就到第九阶为止，你不可能再赌下去。如果你想猜第十个词是什么，尽管你已经知道前面9个词也是无济于事的。这就是人类语言或者人类通讯的复杂程度。

科学家发现，成年松鼠猴的叫唤声中表现出二阶或三阶熵，它们的“语言”结构中有某些预测的成分，但并不很多。海豚的叫声则具有三阶或四阶熵。科学家打算用这种方法再研究几种别的动物，像头鲸、乌鸦和渡鸦等，看看它们通讯有多复杂。

什么叫智能，我们现在还无法确切定义，不过，通讯的复杂性可能以某种方式与智能有关，而通讯的复杂程度可以用信息论定量表述。地球上除了人类，不会再有第二种有更高智能的物种了，这种物种如果潜伏在银河系的什么地方，它们也许会向我们发送信号。我们相信，地外文明发出的信号应当与他们的智能有关，而且也一定服从信息论的规则。因此，通过用信息论研究地外文明信号的复杂性，就可以了解它们的智能。

那么，我们怎么知道拦截到的是这种更高级别物种的信号呢？

按照搜寻地外文明研究所科学家的观点，在搜寻地外文明时首先要寻找有没有1赫兹的窄带信号，因为自然界不可能产生出这么窄的信号来。这是发现地外文明的主要判据之一。然后将记录下来的信号画出各种分割的齐帕夫图，看看是否能获得－1斜率的直线，如果能够获得，说明它不是随机信号。接着，应当寻找信息熵，看看信息熵达到几阶。一旦我们截取了一个带宽很窄的信号，它有－1斜率的齐帕夫直线和高阶信息熵，这就表明已经截获了地外文明的信号。到那时，也许我们依然不知道地外文明使用的语言是什么，它说了些什么。但是，我们可以确信：“我们不是孤独的！”而且我们还知道这个地外文明的发达程度，我们正在与之交涉的是一个多么高级的生物。这也就是这种方法的美妙之处。

要是外星人的信号显示出它们具有30阶熵的话，那么比起人类9阶熵来又意味着什么呢？在我们看来它们的语言深奥得不可想象，而在这些外星人的眼里，人类就像我们眼中的海豚，是那样的原始、落后，根本可以不屑一顾。

（傅承启）

在家搜寻地外文明

波多黎各阿雷西博市西南的一片山区，静静地躺着一面硕大无比的碟形天线，充满了整个山凹，这就是当今世界上最大的射电望远镜——直径305米的阿雷西博射电望远镜。这架望远镜的天线太大了，只能固定不动，而是让天体随地球的自转通过望远镜那狭小的波束，每次通过约有12秒钟的记录时间。天线的面积相当于18个足球场，巨大的面积和先进的设备保证了望远镜极高的灵敏度，以监听最微弱的太空电波，即使远在135亿千米之外、处于太阳系边缘的“旅行者1号”和“旅行者2号”也没有逃脱出它的视线。

1999年4月起，阿雷西博望远镜开始执行一项特殊的计划，它称为“在家搜寻地外文明计划”(SETI@home)，那是位于美国的一个民间研究所“搜寻地外文明研究所”(SETI)制定的一项计划，目的是企图利用全世界的电脑来处理数据、搜寻地外文明。

随着地球的自转，一小片一小片天空缓缓地从阿雷西博望远镜的波束中通过，数以亿万计的数据被记录下来，要从这潮水般涌来的数据中，寻找出外星人的蛛丝马迹简直难于大海捞针，如何处理这些观测数据成了这项计划的关键。1996年两位科学家盖迪埃和卡斯诺夫产生了利用因特网作为一台超级计算机处理数据的想法，从而形成了今天的SETI@home计划。观测到的数据被分成许许多多小片的工作单元，通过因特网分给参加该计划的个人电脑，凡愿意参加此项计划的人可以自由地从SETI网站下载一个屏幕保护程序，在电脑中安装并设置成电脑的屏幕保护，那么在你的电脑闲搁休息之际，屏幕保护程序将开始工作，对分配给你的数据进行处理，搜寻地外文明的可疑信号，最后将所有的可疑信号送到设在加利福尼亚大学伯克利分校的搜寻地外文明研究所进行汇总。到2004年8月为止，遍布世界226个国家或地区的500多万台个人电脑参加过此项计划，

位于波多黎各西南山区的305米阿雷西博望远镜

生命是普遍的，还是我们是孤独的

其中家庭电脑近 400 万台，累计的 CPU 时间达到 200 多万年，递交了多达 15 亿个结果，公布了数以千计的可疑信号。我国也有 5 万多台电脑参加过这项计划，排位第 24 名，在亚洲名列第 3 位。

除了阿雷西博射电望远镜外，澳大利亚新南威尔士的 64 米帕克斯射电望远镜也在搜寻地外文明。SETI 研究所还在建造的艾伦天线阵将于 2005 年完工，它由 350 面直径为 6 米的普通卫星天线组成，排列在 1 千米的范围内，它的威力相当于直径 100 米天线，将 24 小时不间断地搜寻地外文明。

遗憾的是，迄今为止所有的努力尚未见回报，该研究所成立近 20 年来还没有发现确实可信的来自地外文明的信号，这令 SETI 科学家十分失望。所以有人讥笑这个计划为“最徒劳的胡闹”，甚至视之为一场赌博。但是，也有人认为，如果我们不去搜索，成功的概率永远等于零。虽然人类至今没有搜索到地外文明的信号，这是否意味着不存在地外文明呢？对此，现在存在两种决然相反的观点。一种观点主张“地外文明是普遍的”；另一种观点则主张“我们是孤独的”。

“地外文明是普遍的”和“我们是孤独的”两种针锋相对的观点还将旷日持久地争论下去。不过，后者的证明显然要比前者更为困难得多。

（傅承启）

地外文明探索方法

目前，探索地外文明的方法主要有 3 大类：

① 接收并分析来自太空的各种可能的电波。这方面的工作从 1960 年就开始了。

② 人类主动向外太空发出表明人类在太阳系内存在的信号。1974 年 11 月 16 日，美国利用设在波多黎各的阿雷西博 305 米直径的射电望远镜，发出人类第一组信号，对准武仙座球状星团，发射 3 分钟。

③ 发射探测器。美国发射的“先驱者”10 号和 11 号、“旅行者”1 号和 2 号，都在完成对太阳系内的探测任务后，带着许多人类的信息，作为人类使者，漫游在恒星际空间。如果巧遇人类的知音，它们将从探测器中了解人类的活动，确定进一步交往的可能。由此可见，探索地外文明是一项综合性的科学使命，我们什么时候才能得到答案？或许是明天，或许是 1 万年。既然地球上的生命能够从无生命的物质中产生出来，那么在宇宙中的其他地方也有可能发生类似的故事。

从宇宙电波中"大海捞针"

有句成语，叫做"大海捞针"，形容事情的极端困难，美国一个民间机构"搜寻地外文明研究所"干的就是这种"大海捞针"的工作。

设立在波多黎各的阿雷西博射电望远镜的巨大天线，不停顿地收集不同方向传来的电波。我们周围充满了各种各样的无线电波，每天收到的电波如同潮水，有的是我们地球自身包括人类发出的信号和噪声，有的是银河系以及宇宙发出的信号和噪声。所谓噪声，就是电波出现的时间、相位和强度都是随机的、杂乱无章的，这与携带信息的信号是完全不同的，后者是有规律的。搜寻地外文明研究所的任务之一是从中寻找出外星文明的信号。然而，在这潮水般的数据里怎么能知道那是外星人的信号而不是噪声呢？又怎么能知道它说的是些什么？关于后一个问题，至少目前还看不到解决的希望。近几十年来，尽管对地球上各种动物的通讯做了大量研究，但是没有一个动物学家能够将一种非人类的"语言"翻译出来，何况是想像中的外星人的"语言"。

在这个研究所里有一个研究课题，专门研究动物的通讯。在科学家眼里，动物和外星人的"语言"都属于"非人类语言"，它们之间也许存在某些共同点，因此，揭开动物语言的方法同样适用于外星文明的识别。

在 20 世纪 40 年代末哈佛大学的语言学家齐帕夫发现了一种语言规律。他把文章中各种字母出现的次数统计出来，然后按出现的次数从多到少排成序列，将它们点在一张半对数图上并连接起来。齐帕夫发现，这些点的连线是条从左向右倾斜的直线，斜率为－1。英语是这样，俄语也是这样，汉语是世界上用的人最多的语种，结果也一样。这个关系后来被称为齐帕夫定律，它对字母、字符、词汇和音素等说话单元都是有效的，这为识别信号与噪声提供了一种基本方法。

字母的齐帕夫图

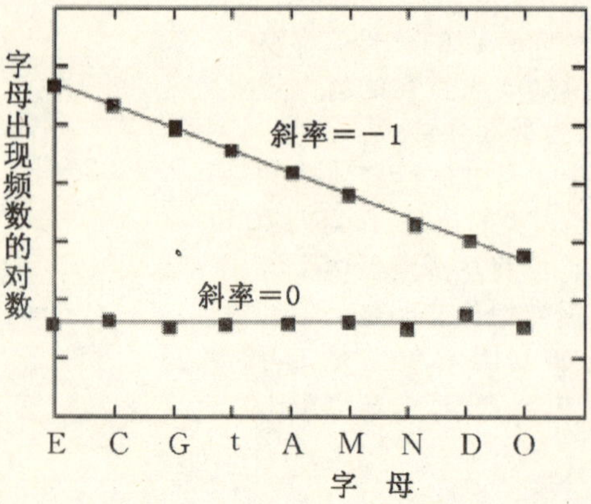

比如，有一堆字母和符号，我们怎么知道这堆字母和符号是莎士比亚的名言，而不是一只猴子乱敲键盘的结果呢？其实，只要把这些字母出现的次数统计出来，点在齐帕夫图上，如果这条直线与图的水平轴平行的

话，也就是说直线的斜率等于零的话，说明它是猴子敲出来的，因为在这种情况下每个字母完全随机出现，出现的机会都是等同的，这就是噪声。所以，噪声的齐帕夫图是一条平行横坐标的直线。如果是莎士比亚的名言或某个人书写的文章，那么它一定是一条斜率为－1 的直线。还有一种极端情况，那就是与垂直轴平行的直线，其斜率为负无穷大，它代表说话的人翻来覆去只说一个字母或一个声音的情况。在斜率为零和负无穷大之间有无数条负斜率的直线，斜率越大，某些字母使用得比其他字母更多。－1 的斜率是最佳通讯的标记，有最高的效率，信息编码最为简洁。

据说海豚是很聪明的动物，它们常常发出一长串的叫声，断断续续，那么如何知道那不是毫无意义的乱叫，而是海豚的交流呢？研究所的科学家就采用齐帕夫的方法来研究海豚的叫声。他们首先遇到的困难就是无法把海豚叫声分割成声音单元——海豚的“字母”，因为我们不知道海豚的“语言”及其规则。为此，需要判断哪处是海豚声音单元的结尾，哪处是起点，就像人类语言中的字母、字符、音素等等。虽然科学家发现有些地方可以分割海豚叫声，但是实际情况要复杂得多，所以不得不对海豚的一连串叫声作不同分割，进行各种尝试，然后对不同分割画出不同的齐帕夫图，试验哪一种分割可以获得最接近－1 的斜率。一个完全随机的噪声，不论你怎么分割，斜率总是零。但是一个有规律的信号则不同，只要你分割正确，就可能出现－1 的斜率。这种情况有点像点和划组成的莫尔斯电码，如果你把莫尔斯电码分割到每段只有一个符号即只有一点或一划的话，齐帕夫直线的斜率几乎为零，如果将它分割成每段有两个符号，那么直线的斜率开始减小，当每 4 个符号一段时，斜率接近－1，最后一种情况正是我们现在用的电报编码。

科学家试验的结果发现，海豚的叫声对通讯来说似乎已接近最佳化了。作为对比，他们也测试了人的说话和属于灵长目的成年松鼠猴的喊叫声。结果，人的语言斜率是－1，达到了最佳化，而松鼠猴的尖叫声，尽管也有节拍，但是不论你怎么分割、组合，都得不到－1 的斜率，最好的情形是－0.6。由此，动物的通讯是次佳化的，只具有有限的社会行为。

这正是科学家发现的“大海捞针”的方法，可以从潮水般的电波数据中鉴别出哪一个是外星人发来的文明信号。当然，要想从外星人文明信号中判别出它们的发达程度，那还得采用另一种方法——信息熵的方法。遗憾的是，迄今为止除了找到一些可疑信号之外，似乎还没有识别出外星文明的信号。

（傅承启）

两种不同的生命起源学说

生命起源于何处,又如何起源,对于这一重大基础理论问题人们有着两种完全不同的意见。一种认为起源于地球本土,即生命是在地球上诞生并不断进化的,可称为“本地说”;另一种则主张来自地球以外,即最初可形成生命的物质并不存在于地球本土,而是从地球外“引进”的,可称为“外源说”。

20世纪20年代,前苏联生物学家奥帕林出版了《生命的起源》一书。在这本关于生命起源的专著中,奥帕林提出在地球形成的初期,大气的成分与今天的情况很不一样。1953年,美国芝加哥大学的米勒等人向公众演示了他们关于生命起源的推测。米勒等人赞成奥帕林的观点,认为早期地球的大气并不主要由氧和氮组成,而是弥漫分布着甲烷、氢气、氨和水。自然界的放电现象触发它们之间产生化学反应,生成诸如核酸、糖之类的复杂有机分子,进而逐渐孕育出了最初的生命形态,并由低级生物向高级生物进化,直至人类的出现。米勒在他的一项实验中复制了原始地球的条件,又用电流作为能源。结果发现,经7天后参与试验的液体中有1/6的甲烷变成了更复杂的分子,其中包括蛋白质中最简单的两种氨基酸——丙氨酸和甘氨酸。以后类似的实验进一步证实了米勒的结果,这说明构成活组织的主要分子可以通过这种方式自然产生。

1985年,美国古生物学家斯坦利提出,在太古时代存在一些深海火山,其地质条件与今天深海中的洋中脊相似,生命化学合成的一系列反应就在那里发生,并形成有机分子,最后诞生了原始生命。1992年,美国分子生物学家莱克在洋底火山附近找到了黄石公园热泉中生存的嗜硫细菌,为生命的海底火山起源说提供了证据。

生命起源的本地说

主张地球上生命“胚种”来自地球之外的观点认为,早期地球本身并没有形成生命所需要的化合物。但是,形成生命所需的许多复杂分子早已存在于星际空间或行星际空间;它们附着在太阳系内的小天体(指小行星、彗星和流星体)上,而这些小天体或它们的碎片和微粒经常会闯入地球,从而为地球带来形成原始生命所需要的胚

种——有机化合物。1990年，美国航空航天局的凯文等人提出，白垩纪-第三纪交界附近地层中的有机尘埃，是一颗或几颗彗星掠过地球时所留下的氨基酸生成的。在地球形成的早期，发生这类事件的机会要比现在多得多，彗星能以这种方式把有机物质洒落在地球表面，而这就是地球上的生命之源。

生命起源的外源说

陨星是地球上惟一可以找到的地外天体样本。由于流星体长期在极度寒冷的星际环境中运行，保留了太阳系形成初期的原始状态，它们在进入地球后才成为陨星，因而陨星便为我们提供了十分珍贵的天体"化石"标本。

人们在称为球粒陨星的一类陨星中发现了多种有机物，其中比较出名的是1950年落在美国的默里陨星，和1969年落在澳大利亚的默契逊陨星。1971年，人们已从默契逊陨星的碎块中分离出了18种不同的氨基酸，其中有6种在活细胞的蛋白质中是常见的。对默里陨星的分析也得到了同样的结果。这两个前后相差19年，又分别落在地球上相距很远地方的陨星居然有如此相像的有机成分，说明陨星中含有氨基酸等有机物很可能是一种具有普遍性的事实。1973年又发现了构成活细胞主要成分的脂肪酸。尽管在球粒陨星中发现的有机化合物并不是生命，但它们却是自然界的产物而不是实验室的产品。

1963年，用射电天文方法探测星际分子获得成功。在迄今所发现的几十种星际分子中，大部分是有机分子，其中复杂的如氰基辛四炔由11个原子组成。尽管关于星际分子特别是星际有机分子的形成过程及其化学演化尚不很清楚，但它们的普遍存在却是不争的事实。

尽管"本地说"显得比较自然，人们比较容易接受，而"外源说"似乎有点出人意料，好像是在标新立异，甚至是一种异端邪说。但是，越来越多的发现表明，"外源说"决不容忽视，生命或构成生命的物质决不会只见于地球一家。两种对立的观点究竟孰是孰非，还有待于进一步的研究。也许，对地球上生命的起源来说，这两种机制都曾起了作用。有人甚至认为，由大陨星对地球的撞击所产生的热和冲击波，可以在原始大气中激发起合成有机化合物的化学反应，这似乎就把"外源说"和"本地说"结合在一起了。

（赵君亮）

恒星和银河系的可居带

生命的存在，需要满足一定的自然条件。这样的自然条件可以列出很多条，要讨论在什么样的情况下这些条件能同时得到满足，这个问题实在太复杂了。我们现在把问题加以简化，简单到不能再简单的程度，只考虑其中很重要的一条，即适宜的温度。

在一颗恒星周围，温度上能够满足生命生存要求的距离范围，称为“可居带”。可居带可以这样来计算：若取适合生命存在的温度范围为200开至373开，则一颗恒星周围的可居带外边缘和内边缘离开这颗恒星中心的距离（以天文单位为单位）等于279的平方乘以这颗恒星光度（以太阳光度为单位）的平方根再除以上述温度的平方。

不同质量恒星周围的可居带

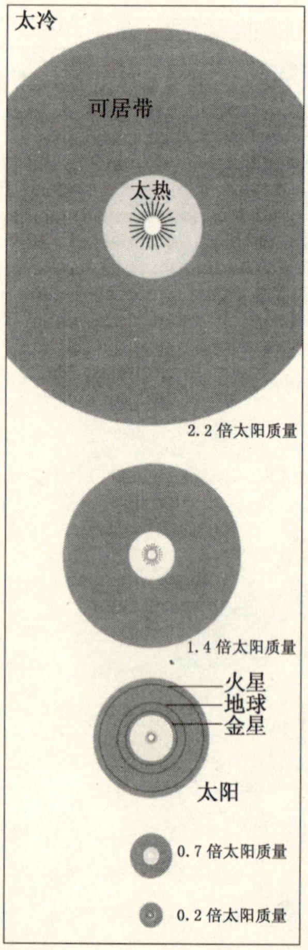

由于处于主序星阶段的恒星的光度与恒星的质量有关，因此恒星周围可居带离开恒星的距离以及可居带的宽度都与恒星的质量有关。大质量恒星寿命太短而根本不可能形成生命。对于质量从太阳几倍到几分之一的恒星，随着恒星的质量减小，表面温度降低，可居带由宽大变得越来越窄小，同时也越来越靠近恒星。

按照上述标准计算的恒星可居带，对于太阳系而言，金星、地球和火星都处在其中。事实上，我们已经知道，在金星上根本不可能有生命，这主要是由于金星浓厚的富含二氧化碳的大气层产生强烈的温室效应，使得金星表面温度高达400多摄氏度。至于火星，尽管我们仍对它至少曾经存在过生命抱着希望，可是直到今天还没有获得确凿的证据。因此，是否处在可居带内，这只是生命可以存在的一个必要条件，而不是充分条件。

质量比太阳大的恒星，周围的可居带比太阳系的可居带宽得多，可是，这些恒星的寿命比太阳短。例如，质量为太阳1.5倍的恒星，能存在约10亿年。根据地球上生命的发展史，这么短的时间，也许可以产生例如细菌那样的单细胞生物，可是要发展出高级的生命形式，以至智慧生命，是绝对不够的。

质量比太阳小的恒星，周围的可居带比太阳小的可居带窄得多，而且距离恒星很近。在这么小的可居带内，要恰好有一颗足够大的固态行星作为生命栖身之地，可能性自然也就很小。更进一步，即使在这个可居带内有这样的一颗行星存在，距离恒星这么近，这颗行星受到恒星的潮汐作用非常强烈，结果就会像地球的卫星月亮一样，永远以同一面向着恒星，结果一面热得水都沸腾成为水蒸气，一面冷得水都冻结成冰。但也有人认为，在这样的行星上，明暗两个半球之间，大气可能会发生大循环，使温差降低，会有液态水存在，能发展出很低级的生命。

银河系中的可居带(图中绿色区域)，自下而上表示可居带逐渐扩张

总而言之，真正值得考虑、可能会有比较高级的生命甚至智慧生命存在的，是质量和太阳很接近的那些恒星。

不但在一颗恒星周围存在可居带的问题，在一个星系中，也并非到处都有适合生命存在的恒星，也有类似的可居带问题存在。一个星系内的可居带，其中的恒星需要满足这样一些条件。首先，要有足够的重元素可以形成固态行星。其次，要有足够长的寿命，以保障生命进化所需要的时间。最后，处于可以免遭超新星爆发产生的伽马射线辐射的安全位置。

在像银河系这样的旋涡星系中，旋臂的存在使它们看上去格外美丽。旋臂内气体密度很高，是恒星的诞生地，但是超新星爆发也很频繁。太阳形成于人马座旋臂，在46亿年之前离开这个旋臂，然后地球上的生命开始发展起来，而在33亿年之后，太阳又将进入英仙座旋臂，那时候太阳将会接触到许多超新星。如果有一颗超新星在30光年以内爆发，它的辐射就会使整个人类消失。在考虑星系的可居带时，必须顾及这个问题。

澳大利亚新南威尔士大学的莱恩威弗和他的同事们根据这些条件，指出银河系中的可居带是一个距离银河系中心25 000光年的缓慢扩张的区域。在这一区域中有大约10%的恒星可以满足上述条件，这些恒星形成于40亿年到80亿年之前，其中3/4比太阳早10亿年以上。

不过，星系可居带的问题远比恒星可居带的复杂，有关研究还很不成熟，莱恩威弗等人的看法只是一个初步结果，并不是结论性的东西。

（王家骥）

寻找生命的空间计划

今天的科学家对寻找外星生命的兴趣越来越浓厚，制定了各种计划。用大射电望远镜搜寻地外文明的信号是一种方法，寻找处于可居住带的类似地球般的行星是另一条可行之路。

迄今，我们在太阳系外发现了100多个行星系统，绝大部分都是些类似木星的行星，质量最小的是地球的数十倍，最大的是木星的10多倍(木星的质量是地球的317倍)，而且多数非常靠近恒星。可以估计这些行星应当类似木星，都是些气态状行星，显然，在这些巨行星上要找到生命是不可能的。生命应当出现在类似地球般的固态行星上。因此，搜寻地外生命的第一步，就是搜寻地球般大小的行星，然后对这些行星进行观测，捕捉任何显示生命的可能信号。为此一系列新的太空计划正在紧锣密鼓地进行着。

美国制订了一个名为“开普勒”的卫星计划，定于2007年发射，计划用一架95厘米望远镜在4年内对10万颗亮于14等的类太阳的恒星进行连续的亮度监测，以便寻找地球般大小甚至更小的行星。天文学家认为，大多数主序星周围的可居带里都有固态行星，平均说来，离这些恒星0.5～1.5天文单位的地方可能有2颗地球大小的行星，开普勒望远镜的任务之一就是对这种观点进行检验。开普勒计划采用行星凌星方法来寻找类地行星，它将从数以千计的恒星中寻找出发生行星凌星的恒星，测定凌星时恒星亮度的变化，只要能够记录到一颗行星连续3次凌星，就可以计算出行星的大小、质量、转动周期、轨道直径等等，以便确定哪些恒星具有类似地球的行星，这些行星是否处于可居带内，是否值得进一步进行生命的考察。由于行星凌星的概率很小，估计在0.5%左右，所以为了能够观测到行星凌星，望远镜必须能够同时观测到数以千计的恒星，以保证每次能够发现一次行星凌星现象。另外，行星凌星时恒星亮度的变化又非常微小，所以开普勒望

寻找类地行星的美国开普勒空间望远镜

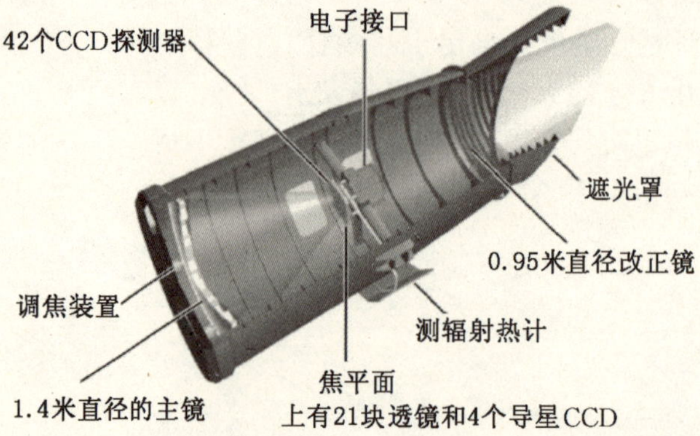

远镜被设计成有察觉万分之四～十万分之五亮度变化的能力，预计在4年内可能寻找到近千颗类似地球大小的行星。

美国还在制订一个名为"类地行星发现者"的卫星计划，计划在2014年发射，但具体方案尚未确定。

欧洲航天局也在筹划一个名为"达尔文"的编队飞船计划。打算发射8艘飞船，其中6艘飞船各携带一个1.5米反光镜，排列成一个100米直径的望远镜阵进行编队飞行，它们将同时观测同一目标。第7艘飞船跟随其后，它携带一个网络集线器，将6个反射镜获得的像综合成一个，它还担负监测和纠正前面6艘飞船位置、姿态的任务。第8艘飞船是通讯卫星，负责传送图像回地球。这样一个浩浩荡荡的望远镜列阵，它的集光能力相当于3.7米的望远镜，是哈勃太空望远镜的2.5倍，空间分辨率则等价于一架100米直径的望远镜。观测将在红外波段上进行，因为恒星与行星在红外波段上的亮度差比可见光波段小得多，只相差一百万倍。即使如此，恒星还是显得太亮，所以，在将6个图像合成起来时要设法使恒星光相互抵消，行星的光相互叠加、变得更亮。为了实现这个计划，欧洲航天局已准备在2006年先发射2艘飞船，进行编队飞行的观测试验。

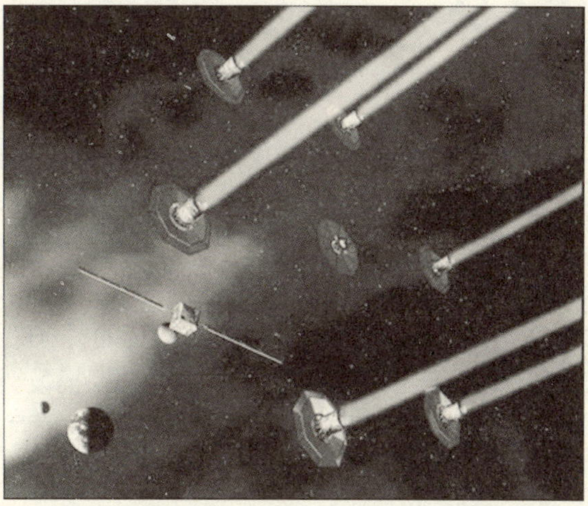

寻找类地行星的欧洲达尔文空间计划

可以预计，不久的将来我们将能找到地外生命的蛛丝马迹。

（傅承启）

"开普勒"新卫星计划

目前(2010年)，美国麻省理工学院研究人员提议的一项人造卫星勘测计划将加速系外行星勘测速度，据研究小组称，基于这项人造卫星勘测计划，未来两年内可发现数百颗类地行星，其中部分行星具备孕育生命的条件。这支麻省理工学院研究小组是由凯维利天体物理学和太空研究协会的资深科学家乔治·里克负责的，现在他们正在等待美国宇航局对于凌日系外行星勘测人造卫星(TESS)计划的审批。

这项计划扩大了宇宙勘测范围，是开普勒探测器搜索范围的400倍，预计TESS卫星发射之后能勘测到250万颗恒星，在两年之内可以探测发现1 600—2 700颗行星，其中包括100—300颗质量如同地球大小的行星。

搜索太阳系外行星的方法

宇宙中有数以百亿计的星系,每个星系有数以百亿以至千亿计的恒星。现在知道,恒星具有行星系统是比较普遍的,问题是如何去发现一颗远在数十光年甚至更远的行星呢?

行星依靠恒星的照明而发光,它的亮度与恒星的距离和亮度、行星与恒星的距离、行星的大小和表面反射率等等都有关。木星是太阳系中最大的行星,它的直径是地球的11倍。对一个居住在离我们最近的恒星半人马座比邻星的观测者来说(距离4.2光年),木星只是一颗毫不起眼的星星。所以,要拍摄到太阳系地外行星的照片,必须有最大的望远镜、最灵敏的接收器件和更长的曝光时间。更麻烦的是,如果把恒星比喻成一台强光力的探照灯,那么行星就像停在探照灯上的一只萤火虫,强烈的反差使得这个"萤火虫"很难被看到。即使具备了所有的观测技术条件,由于不知道行星在哪里,所以也只能一块块天区慢慢地搜索。望远镜越大,看到的天区越小,搜索工作量也越大。因此,人们不得不采用其他方法来寻找太阳系外的行星。

行星凌星引起星光的减弱

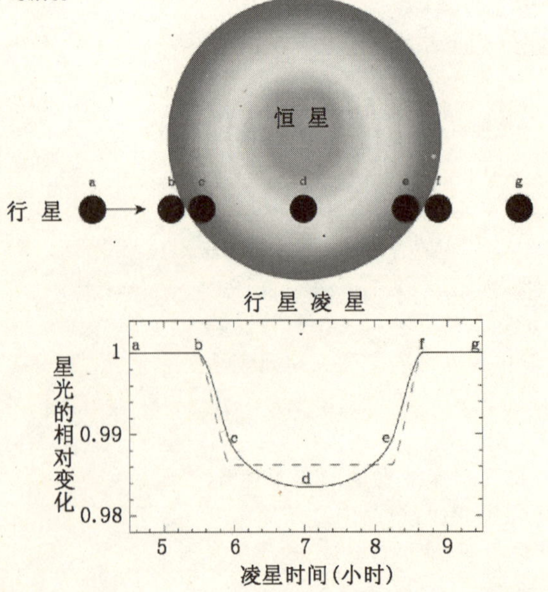

双星在天空中呈现螺旋式的运动,它们一面环绕银河系运动,一面彼此相互绕转。两种运动合成的结果是,它们在天空中左右"摇摇晃晃"地向前运动。具有行星系统的恒星也会出现相同的现象,行星每绕恒星转一圈,恒星就要"摇晃"一下,只是行星的质量要小得多,所以恒星"摇晃"的幅度也小得多。如果仔细地测量出恒星在天空中的位置,就能够发觉恒星是否在"摇晃",以及摇晃的周期和幅度,从而算出行星离恒星的距离、行星与恒星的质量比。由于恒星的摆幅十分微小,即使离太阳最近的一些恒星,要看清它们的"摇晃",也好比在地球上看一个人在月球上招手,所以这种方法只能找到质量很大、距离我们很近

的行星系统。

还有一个常用来探测地球大小行星的方法，那就是行星凌星法。行星凌星是与水星或金星凌日一样的天文现象。凌日时，我们在日面上可见到一个黑圆斑，它们是水星或金星的黑影。对于遥远的行星凌星，我们不可能见到行星的黑影，但是，可以察觉到星光会稍稍地减弱一些。这种减弱当然十分微小，比如一颗木星大小的行星在一颗太阳大小的恒星上发生凌星，星光将减弱1%，对于类似地球的行星，星光将减弱0.01%。

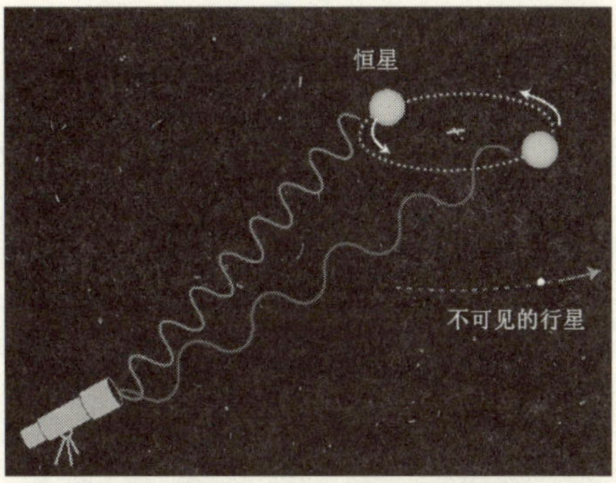

行星绕转恒星使星光产生多普勒频移，星光的颜色时而偏蓝，时而偏红

哈勃望远镜在TMR-1C周围直接拍摄到太阳系外一颗可能是行星的天体（左下小光点）

还有其他寻找太阳系地外行星的方法，不过所有这些方法都是间接的，人们总希望能够直接拍摄到太阳系地外行星的照片，这种愿望直到最近才终于实现。在金牛座的恒星形成区里，有一颗名为TMR-1C的年轻恒星，它距我们450光年，1998年5月哈勃望远镜的近红外照相机在它的周围1 500天文单位处发现了一颗可能是行星的天体，如果得以证实，那么它将是人类第一次直接拍摄到的太阳系外的行星。

（傅承启）

系外行星命名

是在母星名字后加上一个小写英文字母。在一个行星系统内首个发现的行星将加上“b”，如51 Pegasi b，而随后发现的则依次序为“51 Pegasi c”，“51 Pegasi d”等。不使用“a”的原因是因为可被解释为母星本身。字母的排列只按发现先后决定，因此在Gliese 876系统内最新发现的Gliese 876 d却是系统内已知轨道最小的一个行星。

接收无线电波的射电望远镜

无线电技术用于天文研究的历史始于1931～1932年，当时美国工程师央斯基在研究长途电讯干扰时，偶然发现了来自银河系中心方向的宇宙无线电波。1940年，美国人雷伯用自制的抛物面天线证实了央斯基的发现。二次大战中，英国的军用雷达接收到从太阳发出的强无线电辐射。战后，一些雷达科技人员把雷达技术用于天文观测，揭开了射电天文学的序幕。

射电天文学的发展离不开射电望远镜这一观测工具。所谓射电望远镜，就是用来接收来自天体的无线电辐射的望远镜。射电望远镜的外形与光学望远镜大不一样，它的作用就是一种无线电讯号接收天线。当然，在天线的后端也必须安装各种接收设备，以根据研究工作的目标，进行不同的观测，它们可以是射电谱观测、谱线观测、成像观测或者干涉测量等等。

目前，使用最广泛的是抛物面射电望远镜，也可以称为抛物面天线。1937年，雷伯所建造的是一台直径9.45米的抛物面射电望远镜。嗣后，为了获取更多、更好的信息，射电望远镜越做越大。1955年，英国建成了当时世界上最大的直径76米的全可动抛物面射电望远镜。之后，又相继建造了一批大射电望远镜，其中最大的是德国制造的直径100米的可跟踪抛物面射电望远镜，和美国制造的直径305米的固定球面望远镜，后者位于波多黎各的一个山谷之中。目前，包括中国天文学家在内的一些国家的科学家，正在酝酿建造组合式的射电望远镜，总接收面积为1平方千米。

100米射电望远镜

射电波段所涉及的范围很宽，从最短的亚毫米波到长波端的米波甚至更长，如央斯基的天线阵可以接收到波长14.6米的射电讯号。为了对天体的性质有比较完整的认识，天文学研究需要有各种波段的射电望远镜，如米波望远镜、毫米波望远镜、亚毫米波望远镜等等。不过从技术上看，波长越短，射电望远镜的制造难度越大。

那么为什么要开展射电天文观测呢？原来在宇宙中有的天体不仅发出光波，而且还会发出射电波;有的天体光学辐射并不强,而射电辐射却很强,称为射电源,有的却相反,有的两者兼有之,具体情况取决于天体的物理性质。因此,开展射电天文观测有助于对天体性质的全面了解。又由于射电波可以穿过光波无法通过的尘埃,而有些地方,例如银河系中心方向存在大量的尘埃,那么射电天文手段就可以观测到以往单凭光学方法所不能观测到的地方。举例来说,关于银河系旋涡结构的图像,就是通过射电观测取得的,这一点用光学观测很难做到。由于地球大气的阻拦,只有波长约为 1 毫米到 30 米的射电波才能穿透大气层到达地面,绝大部分射电天文研究都是在这一波段上进行的。

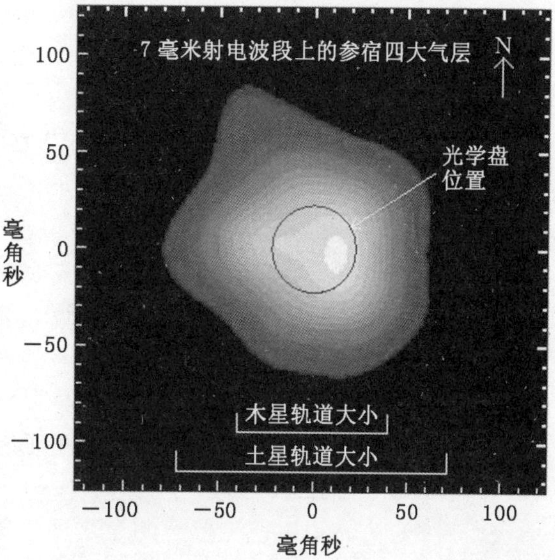

在 7 毫米射电波段观测到的恒星参宿四

用相隔很远的两台或几台射电望远镜,同时观测同一个射电源,并进行干涉测量,那么无论是测量精度还是图像的分辨率,在目前是最高的。这种技术称为甚长基线干涉测量。作干涉测量的望远镜之间的距离称为基线,基线越长,测量精度和图像分辨率越高。这一点对于有强射电辐射的遥远河外星系来说尤为重要,射电技术可以获得河外天体的精细结构图像,而光学望远镜往往做不到。对于地面射电望远镜来说,基线长度不可能超过地球的直径。为了增加基线的长度,天文学家已实现了地面望远镜和人造卫星上望远镜之间的干涉测量。有人甚至设想将来在月球表面安放一台射电望远镜,并同地面上的望远镜进行干涉测量,由于基线长度达 38 万千米以上,测量精度和分辨率将会极大地提高,有望揭示出宇宙中更多的奥秘。

射电天文学的诞生,为天文学这门古老的学科开拓了全新的前沿领域。20 世纪 60 年代天文学上的四大发现,即类星体、脉冲星、星际分子和微波背景辐射,都是用射电天文方法发现的,其中脉冲星和微波背景辐射分别获得了 1974 年和 1978 年的诺贝尔物理奖。

(赵君亮)

望远镜越做越大越好

在得知荷兰人发明了望远镜后，伽利略于1609年制成了第一架天文望远镜，并用他的望远镜很快在天文学上作出了一系列重要的发现，如观测到月球表面的环形山，木星的4颗大卫星，金星的位相，太阳黑子和太阳自转，并确认银河是由无数个肉眼无法分辨的恒星组成的图案，等等。这些发现充分说明了，望远镜的使用是天文学上一场真正的革命，可以说天文学上的任何进步，与望远镜的使用和技术的进展是密不可分的。

望远镜主要有两个功能。第一是能收集到比人眼瞳孔(直径最大为8毫米)所能接受到的更多的光线，也就是说可以观测到人眼看不到的暗弱物体，这就是望远镜的聚光作用。第二是能提高观测目标的角分辨率，也就是说能够看清楚远方物体的细节，这就是望远镜的放大作用，或者说分辨本领。这两个能力主要都取决于望远镜物镜的大小，或者说望远镜口径的大小:物镜的口径越大，聚光能力越强，分辨本领也越高。因此，到目前为止，人们一直在想方设法加大天文望远镜物镜的口径，把望远镜做得越来越大。

自从折射望远镜和反射望远镜相继问世以后，望远镜大体上便沿着折射式和反射式这两个方向不断改进和完善。1789年，赫歇尔制成了一台口径1.5米、焦距12米的反射望远镜，在天文学上做出了一系列重大发现，并使人们进一步认识到大型望远镜对天文观测的极端重要性。之后，人们便不惜工本去建造越来越大的望远镜，以提高它的聚光能力和分辨本领。就折射望远镜来说，1847年，口径做到38厘米；1896年，做到82厘米；1897年，口径1.02米的望远镜正式投入使用，这个记录一直保持到现在。在反射望远镜方面，继赫歇尔之后，1845年口径做到1.8米，1917年做到2.5米，1948年口径达到了5米，1974年6米口径望远镜问世。

1.02米折射望远镜

现代大型望远镜的建造是一项综合性的课题，涉及精密光学、精密机械、自动控制以至计算机技术等各项高、精、尖的

理论和工艺问题。巨型望远镜在制造上会给光学和机械工艺等各个方面带来巨大的甚至不可克服的困难。比如，在1897年以后，人们再也没有制造比口径1.02米更大的折射望远镜。

美国帕洛玛山5米望远镜

鉴于天文学观测研究对大口径望远镜的需要，从20世纪60年代初期以来，人们就已提出了“化整为零”的思想，即用“多镜面望远镜”来取代单镜面望远镜。这些小镜面可以放在同一个支架上，也可以是一些独立的、相对小的望远镜。现代计算机技术能够保证按照观测要求，对每一块小镜面或小望远镜的位置和形状进行实时调整，使所有小镜面对观测对象的最后成像效果，始终保持等同于单块大镜面的观测结果。这种望远镜在当时曾被称为“下一代望远镜”或“第二代望远镜”，因为它们的工作原理和以前的望远镜有很大的不同。

夏威夷岛上的10米口径Keck望远镜

如今，人们已经根据上述原理建成了一系列巨型望远镜。如夏威夷岛上2台口径10米的美国Keck望远镜，采用的是单一支架结构，由36块对角线距离1.8米的六角形镜子组成。又如口径16米的欧洲甚大望远镜，它是由4台口径8米的望远镜合成的，这几架望远镜既可以单独使用，又可以合起来相当于一台16米的望远镜。不仅如此，口径100米的超级大望远镜也已在酝酿之中。

不但光学望远镜，由于同样的原因，用于其他波段观测的天文望远镜，如射电望远镜或红外望远镜等，包括各类空间望远镜在内，情况也是一样：口径越做越大。就射电天文观测来说，今天全可动的射电望远镜最大口径为100米，而固定式射电望远镜的口径已达305米。目前，人们正希望通过国际合作，建造一台总接收面积达1平方千米的组合式巨型射电望远镜。

（赵君亮）

到地球外去做科学实验

1957 年 10 月 4 日，第一颗人造卫星上天，人类从此迈向了征服太空的历史。不到 50 年的时间，人类的足迹几乎踏遍了太阳系的各个角落，从月球、九大行星，到小行星、彗星和一些行星的卫星，都逃不过科学探测的“法眼”。

空间探测的第一步当然是地球周围环境的探测。1958 年 1 月 31 日，美国发射成功第一颗卫星“探险者 1 号”，它首次探测到地球周围存在一个高能电子和粒子聚集的辐射带，这就是著名的范 · 艾伦辐射带。1958 年末美国发射的“先驱者 3 号”探测器，在飞离地球 10 万千米的地方又发现了第二条辐射带。这是利用空间探测器最初探测的典型成果。

最为激动人心的空间探测莫过于奔向太阳系各天体的伟大计划了。几十年来，人类发射的太空飞船已经先后拜访了月球、各大行星(冥王星除外)、若干小行星和彗星，以及一些大行星周围的卫星，对其中的一些天体，如月球和火星，甚至实现了安全着陆和漫游。通过对这些天体的近距离考察研究，人类对太阳系各天体的结构特性，对太阳系演化和生命起源及演变的历史，都有了全新的认识。

空间探测还有一项十分重要的工作，那就是发射各种天文卫星和科学实验卫星，真正在太空中建立起长期工作的“天文台”和“科学实验室”。对天文观测来说，由于大气层的存在，星光被减弱和扭曲，很多波段的辐射甚至完全被遮挡，地面天文台根本无法观测。因此，科学家们早就盼望着有朝一日，能飞到大气层之外去进行天文观测。

通过空间探测了解了地球周围复杂的磁场结构

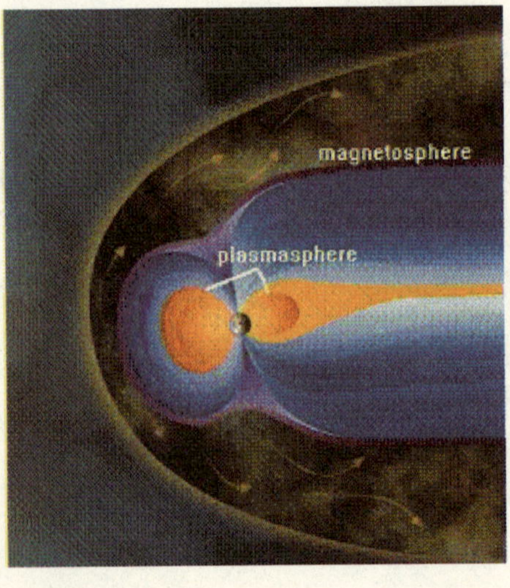

1960 年，美国成功发射了第一颗天文卫星“太阳辐射监测卫星”。从那以后，世界各国陆续发射了一系列轨道天文台和小型天文卫星，它们突破了地球大气层对天体辐射的阻挡，获取了来自宇宙空间整个波段的电磁辐射，实现了高灵敏度和高分辨率的观测，并取得了没有受到地球大气和磁场歪曲的各类粒子辐射的强度、能谱、空间分布资料。

空间天文卫星中成果最为辉煌的当属美

国航空航天局发射的“哈勃”太空望远镜，这个直径2.4米的太空“神眼”从1990年发射至今，为人类提供了无数眼花缭乱的宇宙美景。美国航空航天局后来又相继发射了“康普顿”空间γ射线观测台(1991年)、“钱德拉”X射线太空天文台(1999年)和“斯必泽”红外太空天文台(2003年)，共同构成了“四大空间天文台”计划，探测领域从光学扩大到紫外线、X射线、γ射线等波段，从而不断揭示出宇宙的真实面貌，使现代天文学真正走向了“空间天文”和“全波段天文”。

飘浮于地球大气层之上的哈勃太空望远镜

除了对宇宙天体进行天文观测之外，利用各类航天器上的观测仪器和实验设备，还可以广泛开展日地空间、行星际空间、恒星空间环境的物理、化学特性及其演化过程的研究；进行各种在地面实验室中不能实现的科学试验，例如微重力条件下和高真空条件下的各种物理化学过程、生命现象和新型材料合成的研究等。

广袤的行星际空间，为人类了解宇宙、探索宇宙提供了最为宝贵的实验基地。随着航天技术的进一步发展，这个空间实验平台将越来越发挥出地面实验室无法想象的优势，成为科学家们进行科学研究的重要基地。

“钱德拉”X射线太空天文台拍摄的宇宙美景，成为“哈勃”太空望远镜的重要延伸和补充。

(林　清)

空间天文观测

在距地面几十千米的高空到地球大气层外的太空进行的天文观测。空间天文观测按观测手段分为气球观测、火箭观测、卫星观测和其他航天器观测，而按观测对象或波段则分为空间太阳观测、紫外天文、X射线天文、γ射线天文和红外天文观测等。空间天文观测与地面天文观测相比的优越性在于：突破了地球大气层对天体辐射的阻挡和对观测分辨率和灵敏度的限制，可实现全波段、高灵敏度和高分辨率的观测，还可以利用航天器对太阳系内的天体就近观测。在航天器出现以前，人们用火箭和气球进行空间天文观测。

天文学的新时代

约150年前，照相和分光技术广泛应用于天文观测，对探索天体的运动、结构、化学组成和物理状态起了极大的推动作用，也结束了用人眼充当记录终端的历史，古老天文学的新分支——天体物理学由此诞生，最终发展为现代天文学的主流。

50多年前，得益于二战期间蓬勃发展的无线电技术，射电天文学应运而生，人类的视野超越了可见光波段。射电天文学的诞生以及迅速取得的一系列成果鼓励了天文学家向电磁波的其他波段进军。可是他们的这种渴望受到了地球大气的阻碍。天文学家曾经使用高空气球和发射火箭，突破大气的阻碍，观测天体发射出的其他波段的电磁波。可是，火箭工作的时间短暂；高空气球工作的时间虽然较长一些，但还是很有限，另外高度也受限制。

20世纪的后50年中，随着空间时代的来临，天文观测跳出地球大气的樊笼，观测宇宙的视野也进一步从可见光、射电波段扩展到包括红外、紫外、X射线和γ射线在内的电磁波各个波段，形成了多波段天文学，并为探索各类天体和天文现象的物理本质提供了强有力的观测手段，一个风光无限，空前广阔的“全波段”宇宙正在显露真容。天文学发展到了一个全新的阶段。

从20世纪90年代起，天文学研究步入信息时代，新的革命性变革正在酝酿和进行中。导致这种变革的基础来自空前速度的技术进步，首先是望远镜及终端探测器的设计和制造技术的重大进展；再就是计算机能力的指数式增长和网络技术的飞速发展。随着观测手段的进步，新时代天文研究的模式也有显著的演进。以往，通常“单干户”式地由少数天文学家对少量天体和小范围天区作探测；现在，先进的地面和空间天文台更多地进行大范围、多波段的巡天观测，同时开展大规模的国际合作研究。

伴随大量先进天文观测设备的使用，前所未有的海量数据流汹涌而至，这正是天文学新时代的又一鲜明标志。目前“哈勃”空间望远镜观测数据的日产量约5 GB(1 GB=10^9比特，即千兆字节)，而新一代空间望远镜每天产生的数据将多达10 TB(1 TB=10^{12}比特)，需500个20 G的硬盘才能容纳。另一方面，这些雪崩式的数据流往往由某个大规模的巡天观测产生，覆盖大块天区，常常包含上亿个天体在多个电磁波段上的信息，蕴藏其中的科学内容的丰富和深度是空前的。如何处理和充分利用这些信息宝藏，便成为极具挑战性的课题。在此背景下，以高速发展的电脑科学和网络技术为支撑，虚拟天文台（或称数字天文台）的设想便应运而生，这也是美国科学院天文学与天体物理学发展规划委员会所优先推荐的小型项目，计划用五六年左右时间初步建成。

由上而下，从射电到伽马射线，银河系在9个波段上得到的观测图景

将所有从伽马射线直至射电波段的巡天观测数据“一网打尽”，统一进行规范的整理、归档存入一个庞大的数据库，便构成一个全波段的数字虚拟天空；通过查询软件，用户能方便地获取某个天体或指定天区的各类数据，就仿佛在用一架虚拟的望远镜瞄准目标；配合功能强大的统计分析和数据挖掘工具，就相当于拥有虚拟的各种探测设备。这样，虚拟的数字天空、虚拟的望远镜和虚拟的探测终端便组合成一个独一无二的虚拟天文台。

信息时代的虚拟天文台，联合利用地面与空间望远镜的海量数据，全球的天文学家得以快速便捷地访问并“挖掘”其中的科学潜能，必将涌现出全新的重要科学成果，在这个意义上，虚拟天文台将成为天文学新发现的强力推进器。

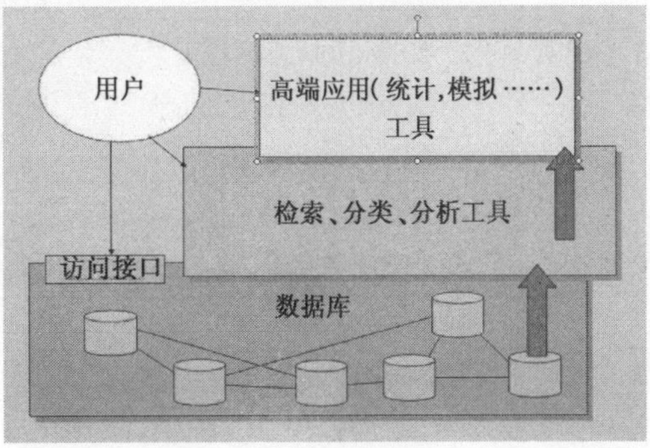

虚拟天文台功能结构示意图

（陈　力）

虚拟天文台

巡天，就是对整个天区进行观测、普查。如果利用伽马射线巡天、X射线巡天、紫外巡天、光学巡天、红外巡天和射电巡天所得到的观测数据，用适合的方法对数据进行统一规范的整理、归档，便可以构成一个全波段的数字虚拟天空；而根据用户要求获得某个天区的各类数据，就仿佛是在使用一架虚拟的天文望远镜；如果再根据科学研究的要求开发出功能强大的计算工具、统计分析工具和数据挖掘工具，这就相当于拥有了虚拟的各种研究设施。这样，由数字虚拟天空、虚拟天文望远镜和虚拟研究设施所组成的机构便是一个独一无二的虚拟天文台。虚拟天文台将彻底改变人们对天文学研究工作的看法：将来不会再有天文学家在黑暗中用手调节望远镜，要取得数据只需要打开电脑、登录网站、输入几个参数、点几下鼠标即可。

未来的空间天文望远镜

天文学的研究以观测为基础。但由于地球大气对电磁波有严重的吸收,我们在地面上只能进行射电、可见光和部分红外波段的观测。波长在3 000埃以下的紫外光波段对地面观测者来说是一个“盲区”。即使在可见光和近红外波段,由于大气宁静度的制约,通常大型地面光学望远镜对星象的分辨率很难优于1角秒。

随着空间技术的发展,在大气外进行观测已成为可能,所以就有了可以在大气层外观测的空间望远镜。空间观测设备与地面观测设备相比,有极大的优势:以光学望远镜为例,望远镜可以接收到宽得多的波段,短波甚至可以延伸到100纳米。没有大气抖动后,分辨本领可以得到很大的提高,在大气层以外的观测只受衍射极限的限制,角分辨率可比地面观测提高近10倍,达到0.1角秒,这相当于能分辨出约10千米以外的一枚5分硬币。对于天文学上许多悬而未决的“宇宙之谜”来说,高分辨率的观测正是破解谜底的关键,这也是人类不惜工本进行空间天文观测的主要原因。

如今,新的太空望远镜研制计划正紧锣密鼓地在全世界范围内展开。其中,美国国家航空航天局(NASA)计划实施一系列重大空间观测项目,前后预期用十余年的时间,把4台大型天文观测设备送入外层空间。这将是继哈勃太空望远镜取得辉煌成功之后,人类探测太空的又一次大手笔。

首先于2003年8月25日成功发射升空的是斯必泽太空望远镜。它起先名为“空间红外望远镜”,后来为了纪念天文学家赖曼-斯必泽(Lyman Spitzer)而改名。斯必泽太空望远镜是天文学家的得力助手。“斯必泽”的主镜口径为84厘米,配备极高灵敏度的红外探测元件,能穿越气团和尘埃查看恒星的诞生和死亡,还能观测那些在宇宙大爆炸之后不久形成的星系,让科学家了解宇宙早期的模样。为彻底避开地球红外辐射的干扰,它巡游于近千万千米之遥的深空轨道。当望远镜在外层空间,处于极低温的条件下进行观测时,红外波段的宇宙“面容”可谓纤毫毕现,比之于地面观测何止清晰百万倍!

艺术家笔下的空间干涉望远镜(SIM)

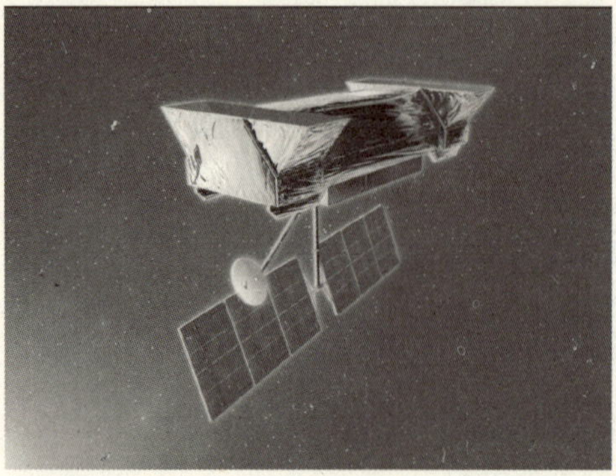

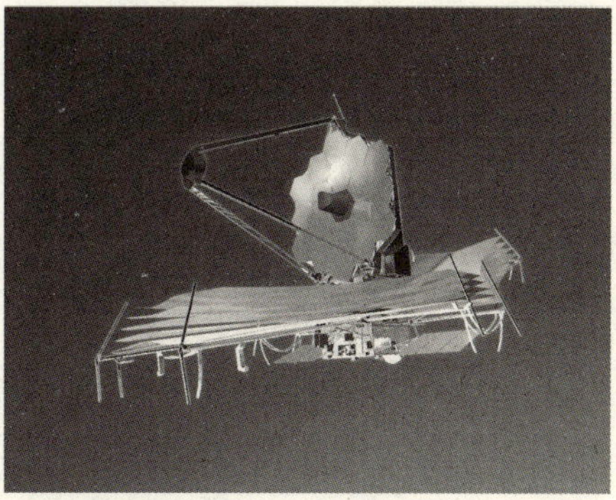

新一代空间望远镜(NGST)

计划中的第二台仪器是“空间干涉望远镜”(SIM),预计在 2009 年送入近地轨道。它实际上是一个在空间释放的由 7 架 30 厘米口径镜面排列而成长达 10 米的望远镜阵。运用光学干涉技术,其最终的空间分辨率可比 HST 强近千倍,能提供毫角秒级精度的恒星的绝对精密定位测量,同时由于具有综合成图能力,能产生高分辨率的图像,所以可以用于实现搜索其他行星等科学目的。建造这台望远镜的技术要求极高,它的应用将使天文学家分辨遥远恒星的能力迈上新的台阶。

下一个登场的新一代空间望远镜(NGST)格外引人注目,也是计划中的头号项目,定于 2011 年上天。NGST 也是专为红外观测而设计的,它将配备一块直径约 7 米的反射镜。作为哈勃空间望远镜的继任者,NGST 造价只及 HST 的 1/4,但它对天体结构的分辨率可提高近 10 倍,探测遥远星光的灵敏度则激增 100 倍,据此人们可望追溯宇宙早期的景象,捕捉到来自首代恒星和星系形成时的“第一缕阳光”。NGST 也会使我们对银河系结构与演化的了解跨入崭新的境界,它将真正成为一双“洞察宇宙的眼睛”。

对地外生命的不懈探索乃是 NASA 空间计划的点睛之笔。“地外行星发现者”(TPF)集空间望远镜技术之精粹,欲为人类寻觅太空知音建立不世之功。TPF 计划在 2014 年以后发射上天。它是一台空间红外干涉仪,用来探测 45 光年以内近邻恒星周围的类地球型行星,研究它们的大气状况,搜寻生命存在的迹象。它的设计思路与 SIM 相仿,但在规模和性能上已不可同日而语。SIM 的可收卷镜阵延伸 9 米上下,而 TPF 的镜面阵列则可达百米尺度。利用其空前的高分辨率,人们足以探明,在太阳系邻近数十光年之内,是否存在与地球条件相似的行星。

TPF 的具体项目规划尚在襁褓之中,然而人们有理由相信,TPF 的上天会为行星科学领域送来令人惊喜的“礼物”,人类破解生命之谜,寻找太空知音也将步入新的历程。

(陈　力)

地外行星发现

迄今发现的质量最小的太阳系外行星——OGLE-2005-BLG-390Lb。它的质量约是地球的 5.5 倍,最有可能是覆盖着冰的岩石球体,围绕一颗距地球约 21 000 光年远的冰冷红矮星旋转。另一颗新发现的太阳系外行星 HAT-P-1 再次改写了历史纪录。它是至今为止发现的体积最大、密度最小的行星,直径大约是木星直径的 1.5 倍左右。

月球天文台

自1957年10月4日世界上第一颗人造地球卫星上天后，美国于1960年即发射了第一颗天文卫星"太阳辐射检测卫星1号"，对太阳进行了紫外和X射线观测。迄今为止，世界各国已经发射了大量的天文卫星用于天文观测和研究。尽管天文卫星的空间环境比地面优越得多，但是近地卫星上的仪器仍然会受到高层大气一些效应的有害影响。例如，在几百千米高空，地球大气虽已十分稀薄，但剩余大气的阻尼作用仍然会使卫星的运行轨道不断降低，若要长期使用必须适时对卫星作重新推动。卫星的运行速度高达每秒8千米，这使它在与微粒和地球离子相撞时容易受到损坏。在失重环境下，要使卫星上的天文望远镜实现对观测目标的高精度指向和高精度跟踪颇为不易。此外，由于近地卫星绕地球的公转周期通常仅为90分钟左右，观测一批天体所能连续用的曝光时间不可能很长，使卫星天文观测受到一定限制。最令天文学家感到头痛的是，一旦卫星上出现故障，很难派人去实地进行维修或改进，或者需要花很大的人力、物力代价。要是把天文探测仪器放到高轨道卫星上去，剩余大气的影响将大大降低，天文观测的环境和效率也将大为改善。但是，这时要想对仪器进行维修那就更困难了。

能不能为天文望远镜找到一种比人造卫星更好的观测基地，以进一步克服上述种种不利因素的影响呢？

天文学家经过仔细论证后发现，以月球为基地开展天文观测有着卫星天文观测所不能企及的优点。首先，月球为天文望远镜提供了一个巨大而极为稳定的观测平台，因而可以采用结构简单、造价低廉的望远镜跟踪系统，这是处于失重状态的天文卫星所望尘莫及的。同时，月球的表面重力只及地球的1/6，在月球上建造任何巨大的建筑物要比地球上容易得多。月球上没有空气，因而也没有风，表面环境实际上处于超真空状态，天文观测不会受到大气因素的不利影响。如果我们想得更远一点，经过充分开发之后，月球将会逐步为我们提供各种必需的原材料。以上这

想象中的月球天文台（后方天空中的是地球）

些因素对于在月球上安置理想的大型天文望远镜以及与之相匹配的观测室是十分有利的。

从天文观测工作本身的条件来讲，由于月球远离地球，它所受到的人类活动的影响和地球本身各种活动的影响要比人造卫星小得多。由于月球的自转周期和它绕地球的公转周期恰好相等，因而它始终以同一面对着地球，只要把观测仪器(特别是射电望远镜)放在背向地球的那一边，地球对天文观测的影响就更小了。月球的天空即使在白天也是全黑的，而且它的自转周期长达近一个月，这就使得我们能够观测到望远镜视线所及的全部天区，并对很暗的天体进行充分长时间的累积观测。

同其他各种空间天文技术相比，月球上开展天文观测的最大优点很可能在于随着月球基地的发展，人力、物力的支援可以就近提供。可以预料，随着科学技术的发展，人类对月球的开发和利用势在必行。同天文卫星相比，在月球上建造大型、复杂的天文望远镜不仅成本低廉、安装简便，而且所有部件都能由熟练的技术人员实地进行维修和更新，这对于卫星上的望远镜是相当困难的，哈勃望远镜的使用过程充分说明了这一点。也许有人会问，月球离开地球要比人造卫星远得多，把望远镜送上月球不是要比发射卫星困难得多吗？确实，月球的距离要比近地卫星远 1 000 倍左右，但我们首先需要考虑的并不是距离的远近，更重要的条件是飞行器到达目的地所需要的能量大小。实际上，到达月球表面所需要的能量只是发射近地卫星的 2 倍左右。而且，随着航天运输技术的进步，这两者的实际费用的差值还在逐步缩小。当然，许多细节问题还有待于进一步的探究。例如，人怎样才能在真空条件下有效地工作？如何防止宇宙射线和微陨星对人和仪器的威胁？怎样克服月球表面昼夜温度的剧烈变化的影响？等等这类问题都是必须加以解决的。毫无疑问，真正实现月球上的天文观测还需要很长一段时间，而月球基地的充分开发和利用更是一项耗资巨大的工程。不过我们可以相信，人类必将会克服种种困难，朝着这一目标前进，并在这一过程中把科学技术水平和对宇宙的认识提到一个新的高度。

（赵君亮）

月球天文台的缺点

当然，月球上建造天文台也不是没有缺点的。地球上，由于大气的存在好像加了一个防护罩，一般的小流星进入地球大气后，由于高速运动与大气间的摩擦所生之热将流星烧蚀，而月球就没有这种“防护罩”。因此，容易遭到各种流星的撞击。为此，必须给各类设备加上特殊的“保护罩”。

月球上的天象景观

若干年前放映的科教影片《宇宙与人》曾风靡一时，取得了很好的科普教育效果。可惜的是，其中有一小段镜头表现了蔚蓝色的地球在月球地平线上缓缓升起，而这种现象是绝不可能出现的。为此，笔者很快与有关部门取得联系，并指出了这一误点。

为什么在地球上可以欣赏到月亮的升起和下落，而在月球上却不可能看到地球会出现类似的景观呢？这个问题得从月球的运动规律谈起。

月球一方面有自转，同时又绕着地球公转，当然，它还随地球一起围绕着太阳公转。运动都是相对的，以太阳为参考点的月球绕地球的公转周期是 29.530 6 天，这就是月球圆缺变化的周期，称为朔望月。以远方恒星为参考点的月球公转周期是 27.321 7 天，称为恒星月。另一方面，以恒星为参考点的月球自转周期恰好也等于恒星月。因此，月球总是以同样的一面朝着地球，这一点自古以来就知道了，它是长期以来地球对月球的潮汐作用的结果。在人造飞行器到达月球背面之前，人们对月球的另一面可谓是一无所知，从地球上永远看不到月球的背面。

鉴于上述事实，对月球上的任何位置来说，地球在天空中基本上是固定不动的。比如，要是宇航员站在月面中央的那一点，那么在他看来地球永远处于他的头顶方向。如果他的登陆地点在月面的边缘部分，那么所看到的地球总是位于月球地平线附近。对于月球的背面来说，在那里永远不可能看到地球。

不过，实际情况要复杂得多。由于各种因素，月球并不是严格地始终以同一面对着地球，因而在地球上可以看到月球表面的 59%，而不是恰好为 50%。在所看到的 59%中，41%是在任何时候都能看到的，余下的 18%中在同一时刻只能看到其中的 9%，而在不同时刻这 9%部分则是不同的。造成这一结果的原因称为月球天平动。

光学天平动是月球天平动的主要成分，但它并不是月球本身的真实摆动。月球的真实摆动称为物理天平动，它是因月球不是一个均质圆球而造成的，但只占月球天平动中的很小一部分。

在月球上所看到的太阳和恒星的景象，与地球上看到的情况也有所不同。首先，月球星空中的恒星是每个月东升西落一次。另外，由于月球自转轴与地球自转轴并不平行，所以月球星空中的北极星就不是地球星空中的北极星——恒星小熊 α。实际上，月球北天极位于恒星天龙座 δ 和 ς 之间，南天极处于剑鱼座 ε 和 η 星之间，这两个位置上都没有可以作为月球星空中北极星或南极星的明亮恒星，就像地球上没有南极星一样。

从月球上看地球

从月球上看到的太阳，同恒星一样也是每月东升西落一次。不过，由于月球还参与地球绕太阳的公转，太阳东升西落的周期比恒星长 1 小时 47.7 分，一年中比恒星东升西落的次数约少一次。

当地球上发生日食时，月球上便发生“地食”，不过这时只是在地球上出现小小的月球黑影，当然更不可能出现“地全食”。当地球上发生月食时，月球上便发生日食，日全食的持续时间可长达 3 个多小时，而地球上的日全食过程只有数分钟。

月球天空中最美丽的天体当然就是地球了。地球呈现蔚蓝色，而且很大，月球上看到的地球圆面的直径，要比地球上所看到的月球直径几乎大 3 倍，可以很容易看出地球上空的白色云系。人类总有一天会实现到月球上去旅游，当你从月球上仰望自己遥远的家乡——地球时，心中自然会产生无穷的遐想。不过，在月球上所看到的地球也会有位相变化，即在同一地点、不同时间所看到的地球，尽管在天空中的位置大致保持不动，但地球的形状是有圆缺变化的。

（赵君亮）

月球天平动

月球天平动共有四种形式区分：纬度天平动、经度天平动、周日天平动和物理天平动。有些天文年历能查看到每月之月球天平动数据。

经度天平动是月球绕着地球公转的轨道有少许的离心率造成的结果。纬度天平动是月球自转轴的法线对月球绕地球的轨道平面有少许的倾斜造成的，其起源类似于地球公转太阳时造成季节变化的现象。周日天平动影响较小，是地球自转所造成，它使地面上的观测者从地月中心连线的西侧转至东侧，因而先多看见一些月球的东侧，然后多看见一些月球的西侧。

物理天平动不同于前面三种，这是月球真正的摆动。